[新西兰] 菲利普·V. 姆拉德诺夫 著　张弛 李昂 译

海洋生物学

牛津通识读本·

Marine Biology

A Very Short Introduction

译林出版社

图书在版编目（CIP）数据

海洋生物学 / （新西兰）菲利普·V.姆拉德诺夫(Philip V. Mladenov) 著 ; 张弛, 李昂译. -- 南京 : 译林出版社, 2025. 6. --（牛津通识读本）. -- ISBN 978-7-5753-0632-4

Ⅰ. Q178.53

中国国家版本馆CIP数据核字第2025AK9420号

著作权合同登记号　图字：10-2017-475 号

海洋生物学　[新西兰] 菲利普·V.姆拉德诺夫 / 著　张　弛　李　昂 / 译

序言作者　曾晓起
责任编辑　伍江南　杨雅婷
装帧设计　景秋萍
校　　对　施雨嘉
责任印制　董　虎

原文出版　Oxford University Press, 2020
出版发行　译林出版社
地　　址　南京市湖南路 1 号 A 楼
邮　　箱　yilin@yilin.com
网　　址　www.yilin.com
市场热线　025-86633278
排　　版　南京展望文化发展有限公司
印　　刷　江苏扬中印刷有限公司
开　　本　890 毫米 × 1260 毫米　1/32
印　　张　11.875
插　　页　4
版　　次　2025 年 6 月第 1 版
印　　次　2025 年 6 月第 1 次印刷
书　　号　ISBN 978-7-5753-0632-4
定　　价　39.00 元

序　言

曾晓起

海洋是生命的摇篮、风雨的故乡、联通全球的航道，亦是人类发展的重要空间。广袤无垠的海洋里，生活着种类繁多、奇妙无比的生物，它们不仅令世人着迷，而且构建起一座巨大的可再生资源宝库。海洋生物学是研究海洋生物现象与本质的科学，属于一门综合性极强的交叉学科。它既是海洋科学的重要分支，也是生命科学的关键组成部分，涵盖了广泛的学科知识。具体而言，海洋生物学研究的是海洋生物的分布、形态、结构、生理、生化、发生、遗传、进化，以及生物之间、生物与其所处的海洋环境之间的相互作用和相互影响。

海洋生物学的起源最早可回溯至古希腊时代，伟大的哲学家、博物学家亚里士多德对众多海洋生物进行了形态描述并予以命名，他被公认为首位海洋生物学家。在欧洲大航海时代，哥伦布和麦哲伦等航海探险家开展的环球探险，不但发现了新大陆，极大地增加了人们对海洋的了解，还拓宽了人们对海洋生物的认知。自1831年起，达尔文随“小猎犬”号进行了长达5年的环球考察，通过对大量第一手观察资料与样本的分析思考，提出了基于自然选择的进化论，同时也为海洋生物学做出了诸多贡献。19世纪下半叶，在查尔斯·W.汤普森的带领下，一批科学家搭乘“挑战者”号科考船，进行了为期3年多的环球考察，带回了数千种未知物种的样品。他们耗费19年时间整理科考资料，发表的考察报告多达50卷，为现代海洋科学和海洋生物学奠定了基础。近十几年来，伴随着科学技术的飞速发展，特别是深海探测装备的研发创新，全球深海探测与科考不断取得新突破。我国先后成功研制出7 000米级载人潜水器“蛟龙”号和万米级载人潜水器“奋斗者”号，实现了下潜至马里亚纳海沟10 909米深处进行探测与采样，在深海海洋生物学研究领域取得突破性进展。

本书作者菲利普·V.姆拉德诺夫是出生于加拿大的新西兰海洋科学家，他在海洋保护与恢复、海洋无脊椎动物、珊瑚礁生态学、海水养殖和渔业管理等方面进行了多年的深入研究，并对气候变化、可再生能源、可持续农业等科技领域的话题怀有浓厚兴趣。由这样一位视野开阔的研究者来撰写关于海洋生物学的通识读物，自然再合适不过。

姆拉德诺夫在有限的篇幅中巧妙地融入大量信息，对海洋环境与海洋中的生命活动进行了精要的介绍，详细而生动地解释了典型海洋生态系统的运作机制。从近岸摇曳的海藻床到极地冰封的生物群落，从深海热液喷口的化能合成生态系统到珊瑚礁区的生命绿洲，作者以化繁为简的科普表达串联起海洋生命的壮美图卷。尤为发人深省的是他对人类开发活动的深刻反思——温室效应引发的海水酸化、过度捕捞导致的种群崩溃、微塑料污染形成的生态陷阱，这些危机如同达摩克利斯之剑，高悬于蓝色星球之上；而作者在笔锋回转处，又为读者勾勒出智能监测、基因保育等前沿领域的希望曙光。

本书深入浅出的内容、生动流畅的文笔、图文并茂的排版，使广大读者能够全面了解海洋生物学知识，同时享受美妙的阅读体验。本书对海洋生物学概念与理论的权威解读，以及独特的中英对照形式，则使其成为我国高校海洋生物学专业双语教学的理想范本。本书的两位译者均为从事海洋生物科研与教学10余年的青年学者，他们深厚的专业素养和扎实的英文功底，确保了译文的严谨性与科学性。读者穿梭于字里行间，不仅能系统掌握海洋生物学的知识谱系，更将深切体悟到，守护这片蔚蓝，实则是守护人类文明的未来。

献给塔曼、梅芙和杰姆——愿他们像我一样享受海洋

目 录

致　谢

我非常感谢牛津大学出版社的珍妮·努吉及其团队在整个项目过程中给予的建议和鼓励，也感谢罗杰·哈里斯对文稿的仔细审读和精辟评论。

英文缩写对照表

AMOC	大西洋经向翻转环流
CCAMLR	南极海洋生物资源养护委员会
DOM	溶解有机物
DSL	深海散射层
ENSO	厄尔尼诺-南方涛动
FAO	联合国粮食及农业组织
HAB	有害藻华
HNLC	高营养盐、低叶绿素
ICES	国际海洋考察理事会
IUCN	世界自然保护联盟
IUU	非法、未报告和无管制
MBARI	美国蒙特雷湾水族馆研究所
MPA	海洋保护区
MSC	海洋管理委员会
NASA	美国国家航空航天局

NGO	非政府组织
POM	悬浮颗粒有机物
ppm	百万分率
UNCLOS	《联合国海洋法公约》
UNEP	联合国环境规划署
USGS	美国地质勘探局
WCMC	世界自然保护监测中心
WoRDSS	《世界深海物种目录》
WWF	世界自然基金会

引　言

海洋是我们星球上最独特和最壮观的自然景观生境。它覆盖了地球表面的71%，打造出联通全球的流动生活空间，支撑起从微观的病毒、细菌和浮游生物到现存最大的动物等多彩缤纷且精妙演化的生命形式；海洋还拥有着地球上许多最重要、迷人且难以接近的生态系统。仅出于这些原因，海洋生物学——对海洋生物如何生活，如何相互作用，如何与环境相互作用的研究——是天然具有重要性且迷人的课题，培养着一代又一代人的好奇心、求知欲和探索欲。

然而，如今地球已经进入了人类世，一个人类正显著改变全球环境且海洋正经历快速而深远变化的新地质年代。因此，随着人们试图理解并应对上述变化，海洋生物学研究的重要性和紧迫性便越发突显。我们现在已充分认识到，健全的海洋生态系统为人类的生存和福祉提供了至关重要的服务：海洋给半数人类提供了呼吸所需的氧气，守护着海岸线，提供了丰富而健康的食物，生活其间的有机体为人类提供了制药和生物科技所需

1 的天然产品，海洋还支撑起丰富多彩的旅游和娱乐产业。

因此，健全、完整的海洋生态系统的价值不可估量——没有海洋，我们所知的地球上的生命将不复存在。尽管如此，经济学家和决策者却僵化地试图以货币价值衡量海洋服务的重要性，并以此强调投资保护海洋的重要性，这一举措的结果往往令人震惊。最近的一项研究非常保守地估计各项海洋服务的年“海洋生产总值”——我们可以认为它大致等同于国内生产总值——为2.5万亿美元，而总资产基础为24万亿美元。以此计算，如果海洋是一个国家的话，它无疑可跻身世界上最大的经济体之列。

不幸的是，多年以来，人类活动一直影响着海洋。现在我们清楚地认识到，过度捕捞、栖息地破坏、污染、外来物种扩散及温室气体排放正对海洋和其中的生命造成重大威胁。上述行为正在毁灭海洋的天然美景和生物多样性，并严重削弱着海洋维持生命存续和人类福祉与繁荣的系统能力。未来30年内，全球人口将从77亿增加到约98亿，如此一来，对海洋的压力将持续加剧，并对人类福祉构成日益严重的威胁。

幸运的是，关于海洋环境问题的社会关注、忧患意识与相关活动正迅速增长。其结果便是全球大众对海洋生物科学的兴趣日增，并渴望进一步了解人类对海洋的冲击。本书旨在通过以下方式为这可喜趋势做出贡献：为海洋环境及其间生命的本质提供通俗易懂、全新且全面的介绍，使读者更好地感受海洋系统
2 内在的美丽与多样性，了解海洋对地球和人类社会的重要性，知晓人类活动造成的日益严重的后果，以及明了与海洋同步可持续发展所必须采取的行动，如此一来，我们才有望为子孙后代修
3 复并妥善保护海洋。

第一章

海洋环境

从太空俯瞰，首先夺人眼球的是我们星球最大的自然特征——全球海洋，一片广阔、深邃、相互联系的海水。全球海洋表面积约3.62亿平方千米，平均深度为3 682米，含有约13.4亿立方千米的水体，其含量之巨，约占地球上水量的97%。如同科普作家亚瑟·克拉克所记述的："称呼这个行星为地球是多么不符合实际，很明显，它是海球。"

全球海洋地理

全球海洋被划分为五个大区域——太平洋、大西洋、印度洋、北冰洋和南大洋，南大洋从南极洲海岸延伸到南纬60°（见图1）。这些大洋的一些边缘区域即我们所熟知的"海"，例如加勒比海与红海。

各大洋是地球上充满海水的大型盆地，具有共同的典型结构特征（见图2）。每个大洋的边缘都由相邻大陆块延伸下来的一个浅而平缓的斜坡构成，这个斜坡被称为大陆架。大陆架通 4
常离岸延伸至几百米的深度，宽度则从几千米到几百千米不等。

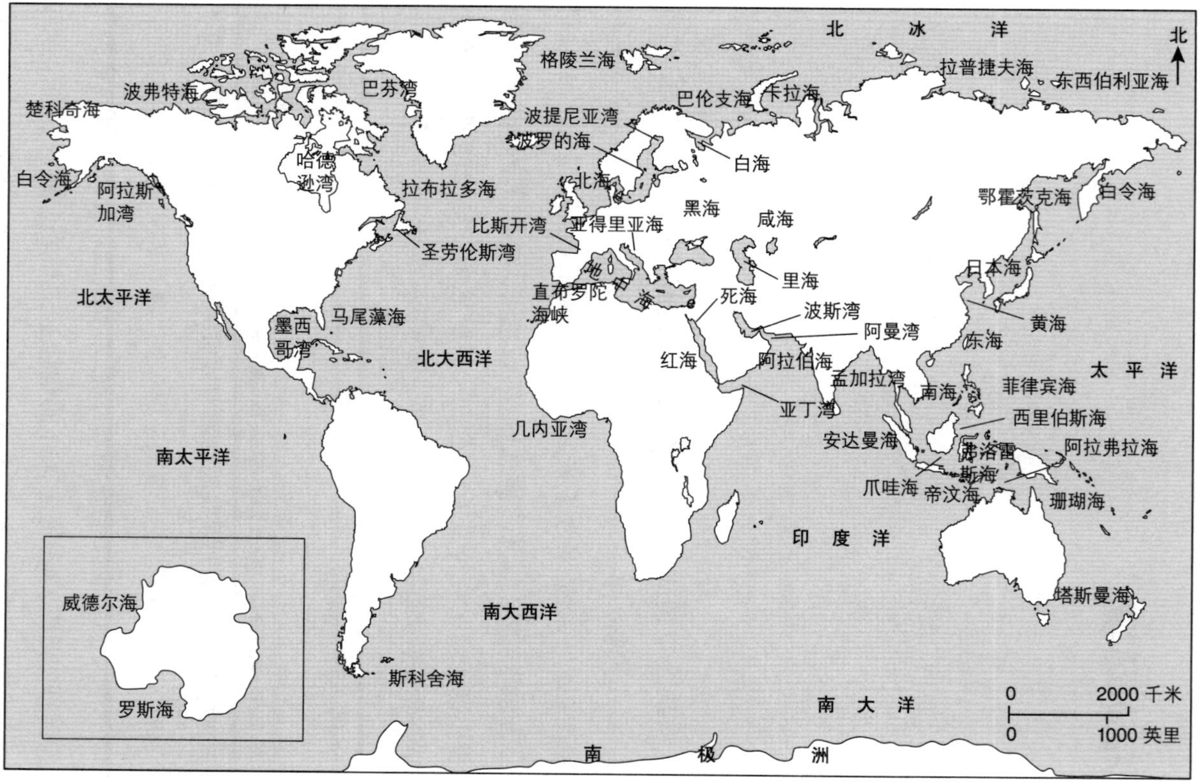
北冰洋
北
格陵兰海
拉普捷夫海
东西伯利亚海
波弗特海
巴芬湾
楚科奇海
巴伦支海
卡拉海
波提尼亚湾
波罗的海
白海
哈德逊湾
白令海
阿拉斯加湾
拉布拉多海
北海
鄂霍茨克海
白令海
黑海
咸海
比斯开湾
亚得里亚海
圣劳伦斯湾
地中海
里海
日本海
北太平洋
直布罗陀海峡
死海
马尾藻海
波斯湾
黄海
墨西哥湾
阿曼湾
东海
北大西洋
红海
阿拉伯海
太平洋
孟加拉湾
南海
菲律宾海
亚丁湾
几内亚湾
西里伯斯海
南太平洋
安达曼海
弗洛雷斯海
阿拉弗拉海
爪哇海
帝汶海
珊瑚海
印度洋
威德尔海
塔斯曼海
南大西洋
斯科舍海
南大洋
0
2000千米
0
1000英里
罗斯海
南极洲

图1　全球海洋

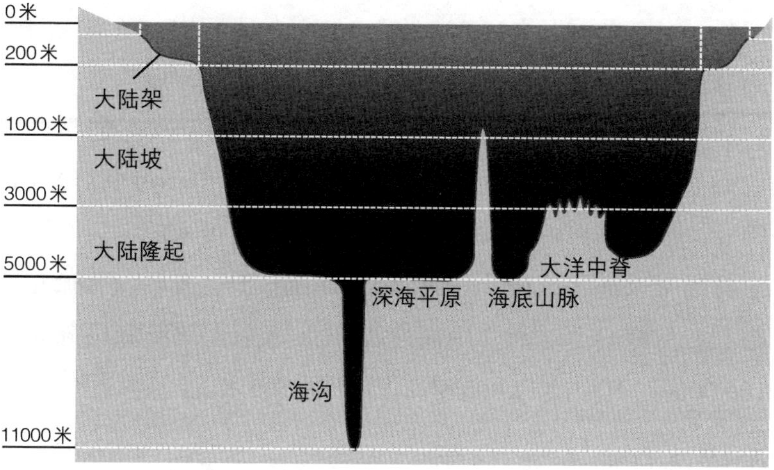

图2　海洋盆地横截面示意图

在大陆架外缘，海底突然急剧下降，大陆坡因此形成并可延伸至2—3千米深处。之后大陆坡让位于坡度更平缓的大陆隆起，再下降1千米左右，延展为广袤平坦的软底质洋底——深海平原。深海平原可延伸至约3—5千米的深度，其总面积大约覆盖了全球海底的76%。

深海平原上还耸立着因强烈的火山活动而隆起的水下山脉，即大洋中脊。大洋中脊高度可超出周围的深海平原数千米，并将平原横切开来。这些大洋中脊连接起来，形成了一条横跨全球大洋盆地、绵延起伏65 000千米的山脉，好似棒球上的缝线。

在深海平原边缘的一些区域，海底被狭长的海沟切割。这些海沟深度超乎寻常，比周围的海底低3—4千米之多，长度达 6
几千千米，但宽仅几十千米。相比之下，科罗拉多大峡谷深约1.6千米，长433千米，平均宽度16千米。全球海洋已知的最深部分——海平面下约11 000米处——就位于其中一条海沟的底部，即位于日本和菲律宾群岛附近的马里亚纳海沟。

海底山脉是大洋盆地的另一个标志性特征。它们是典型的海底火山，可高出周围海底1 000米不止，但不触及海平面。因此，它们的峰顶位于海平面以下数百到数千米的地方。海底山脉通常以链状或簇状与大洋中脊相连，但也有些山脉孤立地矗立在海底。全球海洋中高度在1 000米以上的海底山脉共约100 000座，其中约13 000座高度超出1 500米。

海洋栖息地

海洋生物生活的区域遍布全球海洋各个角落，从海表面到最深的海沟底部都有它们的身影。它们悬浮或自主游动于大洋中（大洋带），或者是生活在海底表面或海底内（底栖带）。悬浮生活于大洋带的微小生物被称为浮游生物，其中浮游植物能借助光合作用合成自身食物，而浮游动物是浮游生活的小型动物。体型更大，以至于能在水体中自由穿梭的动物，则被称为游泳生物。

生物定居于海洋环境的各个角落这一认知，在今天看来是理所当然的。然而在19世纪，人们普遍认为300英寻（约550
7 米）以下的海洋中不存在任何生命。这里的环境被认为是黑暗的死区，对任何生命形式来说都太不适宜了，因此也被称为“无生物带”。在英国皇家海军“挑战者”号（1872—1876年）的历史性考察之后，这一概念才被彻底地抛弃。该船首次全面探索了大洋盆地深层区域，并于近6 000米深处发现了海洋生物的存在。

我们现在知道海洋中充满了生命。病毒，这一最原始的生命形式，在每升海水中的数量可惊人地达到数百亿个；细菌的浓度可达到每升海水约10亿个或更多；浮游植物的浓度为每升海水数千万个；浮游动物则是每升海水数千个；除此之外，还有成千上万种不同的无脊椎动物、鱼类、哺乳动物和爬行动物生活在全球海洋的各个角落。

那么，如此多样的生命占据了何种环境呢？

盐　度

海洋中的水分以海水的形式存在，即溶解了离子或盐分的稀释混合物，所有的海洋生物都生活其间。氯离子和钠离子构成了海水中的主要盐分，海水中还包含少量的其他离子，如硫酸盐、镁、钙和钾离子等（见表1）。

表1　海水中的主要离子

离　　子	含量（克/千克海水）
氯离子（Cl^-）	19.35
钠离子（Na^+）	10.76
硫酸盐（SO_4^{2-}）	2.71
镁离子（Mg^{2+}）	1.29
钙离子（Ca^{2+}）	0.41
钾离子（K^+）	0.40
总量	34.92

8

海水中溶解盐的总量被定义为盐度。海水盐度通常为35‰上下——相当于1千克海水中溶解约35克盐。然而，盐度是可变的，尤其是在半封闭海湾，它们会受到较高蒸发率的影响（导致盐度升高），或受制于以雨水、河流、冰融化等形式注入的淡水（导致盐度降低）。

温　度

大多数海洋生物生活在海洋内部，相较于陆地环境偏极端的温度特性，海水温度保持在一个相对适中的范围内。热带海洋表层全年温暖，温度波动于20—27℃之间，盛夏时一些较浅的海湾温度可达到约30℃。另一方面，极地区域的海表面温度可低至零下1.9℃。

海水温度通常随深度增加而下降，但并不是以一种均一的方式。表层温暖海水与深层低温海水间常出现一个温度快速变化的分界层，将这二者隔离开来，这一分界层被称为温跃层（见图3）。

热带海洋之中，温跃层是一个典型的、分界明显的永久性特征，它发端于水深约100米处，深度可达100米上下。温跃层上方的热带海水温度为25℃或以上，下方海水温度仅为6—7℃，也是从此处起，海水温度随深度增加而循序下降。温带海域的温跃层表现为一种季节性特征，夏季随海表面升温而出现，秋冬季
9 消失。极地海域通常无温跃层。

人类活动导致的全球气候变化正使得全球大气升温，同时也正引发全球海洋温度的升高。人类排放温室气体及由此引发的温室效应产生的额外热量，海洋几乎照单全收。在过去的40
10 年里，海洋吸收了惊人的额外热量总量的93%。因此，这种海洋散热器通过调节大气温度的上升，保护着人类免受气候变化侵害。从这个角度来看，如果1955年至2010年间产生的热量全都

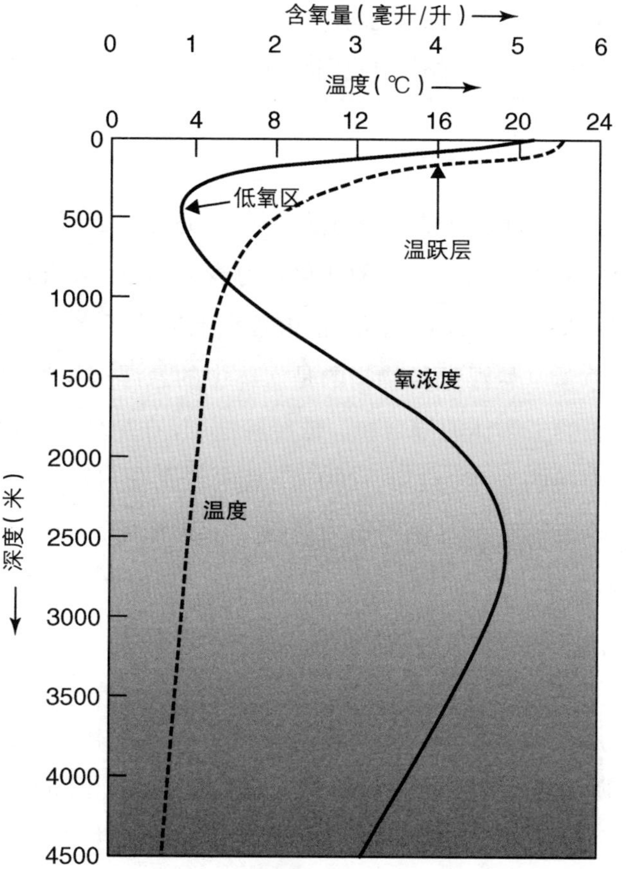

图3　热带海洋典型剖面图，展示温跃层与低氧区

进入地球大气而非海洋，那么全球平均地表气温将增加约36℃，而不是迄今为止的仅仅1.1℃。

正因如此，现今全球海水平均温度较140年前提升了约1℃，部分区域升温甚至超过3℃。在本世纪后期，随着温暖的海洋表层水逐渐与深层混合，海洋深层的温度也将开始升高。这一升温趋势正导致北冰洋海冰厚度和覆盖范围迅速减小，也使得南极洲冰架持续衰退。它还以多种方式有力地冲击着海洋生物及海洋生态系统功能，本书中我们将逐一介绍。

光

照射到海洋表面的阳光量随一天中的时间、云层覆盖度、季节和纬度的不同而有很大的变化。海表面以下，太阳光能到达的深度（即日光层或真光层）很大程度上取决于水体中的悬浮颗粒物总量。悬浮颗粒物指的是水体中的悬浮沉积物、生活着或已死去的生物体的混合物。依经验法则，在全球大多数海域，光线能穿透的深度为150—200米，其中红光在初始的几米即被海水吸收，而蓝、绿光的穿透力最强。在温带沿岸海域的某些季
11 节，因为海水中有大量颗粒物，光线仅能穿透数十米深的水。

水　压

水压是海洋环境的最典型特征之一。海洋中，深度每增加10米，压力即增加1个大气压（1个大气压约等于海平面的大气压力）。因此，生活于100米深处的大陆架上的生物，其承受的压力是海表面的10倍；生活于5 000米深处的深海平原上的生物，其承受的水压是海表面的500倍；生活于海洋最深处海沟的生物，其承受的水压是海表面的1 000倍——此深度的压力相当于每平方米10 000吨。

含氧量

除少数特例外，全球海洋的各个区域溶解氧含量相当充足。然而，海水中的含氧量仍远比空气中少：20℃时每升海水约含有

5.4毫升氧气，同温度下每升空气含氧量则为210毫升。水温越低，含氧量越高，例如，0℃时每升海水的氧气量可升至7.8毫升左右。

海洋中各深度的含氧量并不均匀。通常，浅表层10—20米深处含氧量水平较高。在此深度，空气中的氧气大量溶解于水中，还有大量的浮游植物通过光合作用生成氧气。之后，氧气浓度随深度增加而迅速降低，且能达到相当低的水平，在200—1 000米深处有时甚至接近于0。这一区域因此被称为低氧区（见图3）。
表层海水向下层的低氧气补充率，以及从表层沉降的颗粒有机 12
物腐烂而导致的高氧气消耗率，共同促成了低氧区的形成。

低氧区之下，含氧量随深度增加而回升，因此，深海的含氧量虽不如表层，但也处于较高的水平。这一高含氧量也多少反映出深海水体的来源，其源于快速沉降至底层的极地海域低温、高含氧量的表层海水，因此能保有本身的氧气量。同时，相较于表层生物，深海生物相对稀少且代谢速率低，因此消耗的氧气也极少。

二氧化碳和海洋酸化

不同于氧气，二氧化碳（CO_2）可迅速溶解于海水中。其中一部分溶解后转为碳酸（H_2CO_3）、碳酸氢根离子（HCO_3^-）和碳酸根离子（CO_3^{2-}），连同二氧化碳在内，这四种化合物含量维持着复杂的动态平衡，如平衡式所示：

$$CO_2+H_2O \leftrightarrow H_2CO_3 \leftrightarrow H^++HCO_3^- \leftrightarrow H^++CO_3^{2-}$$

其中碳酸氢根离子含量居多，而其余三种的含量远逊于碳酸氢根离子。然而，二氧化碳浓度的变化影响着这一平衡式，进而影响到海水酸碱值（pH值）。例如，如果更多二氧化碳溶于海水中，部分碳酸丢失一个氢离子，将降低pH值并生成更多的碳酸氢根离子。这些富余的游离氢离子进一步与碳酸根离子反应，使其含量减少。相反，移除二氧化碳会产生更多的碳酸，从而结合更
13 多的氢离子，pH值因此增加且水体中的碳酸根离子浓度上升。

海水天然呈弱碱性，其pH值在7.7—8.2之间波动，海洋生物也已充分适应这个稳定的pH值区间。海洋近表层的水体pH值接近此区间的上限，原因在于透光带中有大量光合生物正在吸收二氧化碳。此外，表层海水温度通常比深层要高，而水温越高，水体吸收的二氧化碳越少。在海洋的深层、低温区域，无法进行光合作用，二氧化碳浓度较高，因此pH值接近区间下限。

二氧化碳—碳酸—碳酸氢盐—碳酸盐平衡式的结果之一，就是全球海洋成了巨大的无机碳库，对海洋生命和人类社会有着深远影响。从生物学角度来看，碳含量绝非海洋光合生物生长的限制性因素，这一点与陆地植物大为不同。从全球角度来看，全球海洋是大气二氧化碳（造成气候变化的温室气体之一）的天然汇槽。

目前每年因人类焚烧化石燃料和砍伐森林而排入大气的二氧化碳总量约为410亿吨（每小时约120万吨二氧化碳），其中不少于25%为全球海洋所吸收。另外25%左右被森林吸收，剩余部分累积在大气之中。结果即是大气二氧化碳浓度正以每年约百万分之三（3 ppm）的速度增加着，也正因此，地球大气二氧化碳浓度从前工业化时期的278 ppm上升到现今的380 ppm以上，并继续快速上升。如果不是全球海洋吸收了大量人为制造的二氧化碳，大气中的二氧化碳浓度现在会超过460 ppm，这一

事实发人深省。 14

因此，海洋在延缓人类活动导致的气候变化上起着定海神针般的作用，不仅吸收来自大气层的多余热量，也清除大部分自工业革命以来排入大气的二氧化碳。不幸的是，所有这些溶于海洋中的二氧化碳正悄然改变着全球海洋的化学格局，导致平均酸度增强，这一过程即海洋酸化。

1870年，海表面平均pH值约为8.18，而如今这一数值则是8.0—8.1。假如人类以当前水平持续排放二氧化碳，至2100年，该数值将进一步下降至7.7—7.8。数值变化看似不起眼，但pH值是对数形式的，相当于酸度分别增加了30%和170%。与过去6 500万年相比，这一变化速率提升了近10倍。随着酸化的表层水与深层水混合，全球海洋都难逃此劫。

海洋酸化已经导致全球许多海域的pH值降至低于海洋生物适应的自然范围。如今，低于8.0的pH值常见于海表面，部分海域甚至低至7.6。下降的pH值影响着诸多海洋生物，尤其是具有含碳酸钙的外壳或内骨骼的珊瑚、蛤蜊、牡蛎、海胆、海星以及部分浮游生物和藻类等。这些生物利用海水中的钙质合成自身的外壳或骨骼。随着pH值降低，海水中的钙含量减少，使得上述生物难以构建适合自身的外壳和骨骼并生长发育。雪上加霜的是，随着碳酸盐枯竭，海水甚至会从这些生物的外壳和骨骼中吸收碳酸盐，逐渐侵蚀和削弱它们，最终对它们的健康造成不良影响。 15

正在进行的研究为我们揭示了海洋酸化对生物产生负面影响的许多例子。这种影响已经在有孔虫身上被观察到了，它们是微生物，在浮游动物中大量存在，具有碳酸钙外壳。现今南大洋的有孔虫外壳已明显薄于工业革命前采集的标本。有关珊瑚礁的研究也显示，酸化显著降低了部分珊瑚合成内骨骼的能力，这将影响到它们的生长及应对环境压力的能力。也有研究预测，2100年的海洋酸度将使翼足目（一种浮游生活的小型腹足类）的外壳完全溶解。而翼足目在极地和亚极地食物网中极为重要，它们是鲸、海鸟和以鲑鱼、鲱鱼、鳕鱼、鲭鱼为代表的商业鱼类的食物。一项关于海洋动物对于酸化敏感度的全面评估发现，研究涉及的153种无脊椎动物和鱼类中的大多数表现出一定程度的不良反应。这表明海洋酸化将在本世纪内对海洋生态系统造成重大改变，其中包括物种组成的永久性变化。

海洋运动

从全球尺度看，全球海洋表层一直以五道巨大的、近环形的风生流系统或环流形式运动着，单个环流直径可达数千千米（见图4）。位于北太平洋和北大西洋的北半球环流以顺时针运行，位于南太平洋、南大西洋和印度洋的南半球环流以逆时针运行。这些环流在大洋盆地间输送了海量的水和热量，也输运了许多浮游生物。

16 北大西洋环流系统为环流动态提供了一个绝佳的例子。在这里，表层海水以马尾藻海为稳定中心，呈顺时针循环运动。环流西侧北向运动的即为墨西哥湾流，它是50—75千米宽的、高流速的表层洋流，沿着北美大陆东侧以每小时3—4千米的速度输送着大量高温、高盐的热带水。湾流在南卡罗来纳偏离北美，并入北大西洋暖流后横穿北大西洋，途中将输送的热量释放到大气中。之后北大西洋环流转为南向运动，即低温、宽阔、流速较

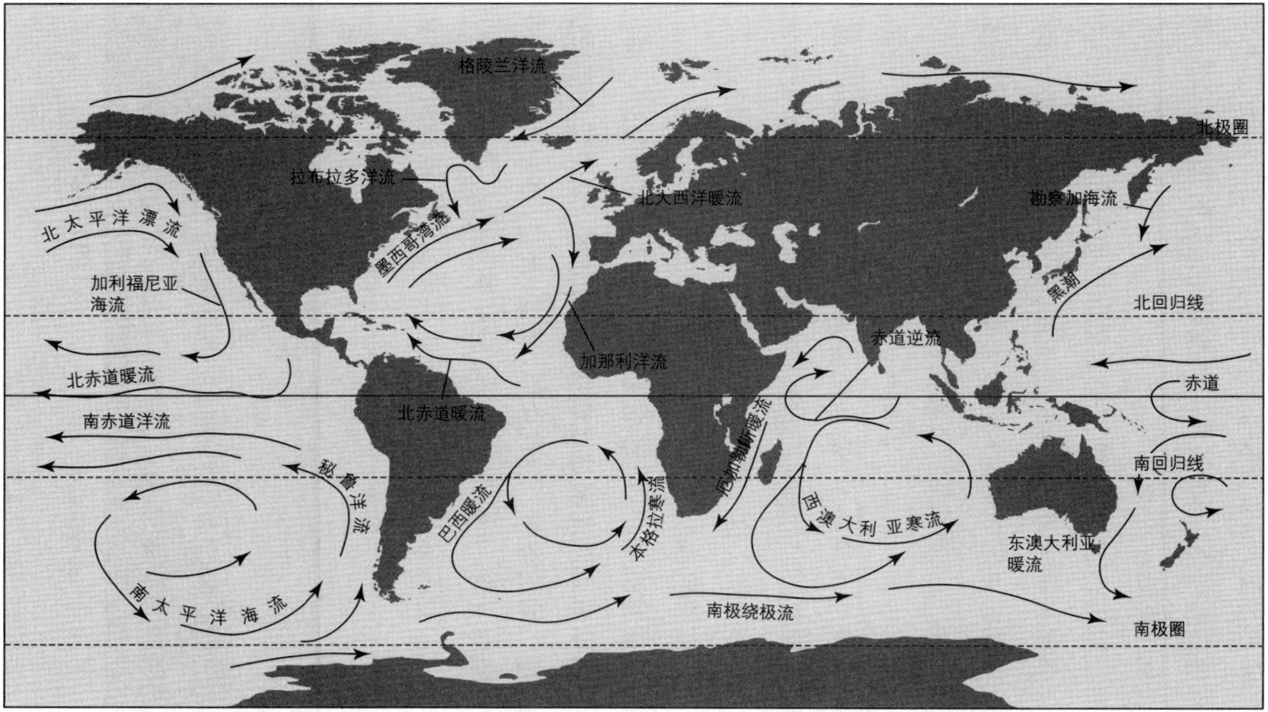

图4 全球海洋主要表层洋流

17

缓的加那利洋流，沿欧洲和非洲西岸蜿蜒而下。之后加那利洋流沿赤道曲折向西，形成最终汇入加勒比地区的北赤道暖流，环流系统就此完成。

海面以下，全球海洋的深层水体同样处于运动之中。这种运动不是像表层洋流那样由风造成的，而是由极地海域水体浮力变化驱动的更宏大的运动。浮力变化是水体温度、盐度变化的结果，故而由其驱动的洋流运动被称为温盐环流。

大西洋很好地展示了温盐环流的运行模式。在北大西洋，墨西哥湾流将大量高温、高盐的海水从热带输送至北极海域。此时水体降温，并且吸收了北冰洋海水结冰时排出的多余盐分，盐度进一步升高。这一过程产生了低温、高盐且高密度的海水，海水迅速沉降到深层。大量的此类海水在冰岛、格陵兰附近的挪威海生成并沉降，从而形成北大西洋深层水（见图5）。深层水形成后贴着大西洋海盆底部缓慢向南流动，直至数百年后在南极洲岸边到达海面。与此类似，低温、高盐、高密度的海水在
18 南极洲沿海沉降，并在北大西洋深层水下方流动，最终深入北大西洋海盆。这一水团被称为南极底层水。北大西洋深层水的

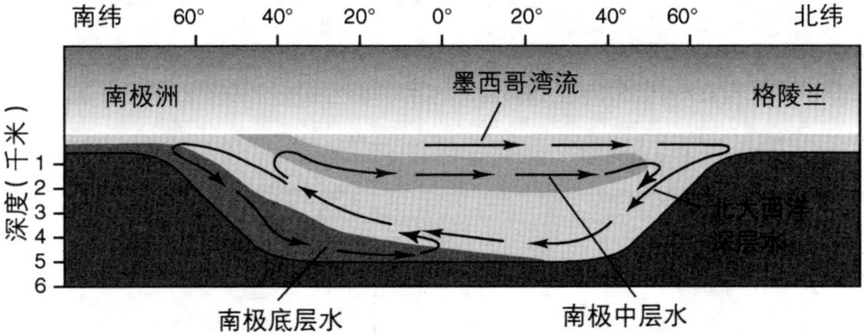

图5　大西洋经向翻转环流简要示意图

一部分上升流在南极洲分道扬镳，冷却并与南极底层水汇合，沉入深处。但是，另一部分上升流偏离南极洲并转向赤道，一路升温且盐度降低，最终沉入墨西哥湾流下方，并形成一个中等密度的、渗透进北大西洋的水团，即南极中层水。大西洋这一环流体系被称为大西洋经向翻转环流（AMOC）。

大西洋经向翻转环流在从赤道地区向北输送热量，并最终将其释放到北大西洋上空大气层的过程中发挥着重要作用。因此，它对北半球的气候格局起着主要影响。海洋学家曾推测，人类活动导致的气候变化将加剧海冰和格陵兰冰架消融，使得北大西洋极地海域盐度下降。这将提升海表面浮力，并降低海水沉降速率，最终削弱大西洋经向翻转环流。 19

越来越多的证据表明，这种情况可能正在上演。最近的研究显示，大西洋经向翻转环流流速较过去的1 600年已减缓15%。目前尚不明确这一减弱程度是由自然气候变化还是由人类活动导致的。很可能这两种机制同时作用，加剧海冰消融及削弱大西洋经向翻转环流。此环流系统的继续衰退或完全崩溃（最坏情况）将会引发北半球气候格局的剧变，因此还需进一步研究，以更好地预测其在未来半世纪的演变趋势。

大西洋经向翻转环流仅是更大的行星级海洋环流系统的一部分。在格陵兰、冰岛和挪威沉降的海水，以及南极洲沉降的海水，共同驱动着如同康加舞般串联起大西洋、印度洋、太平洋和南大洋的全球洋流系统——大洋传输带（见图6）。简单地说，大洋传输带以深层流的形式从大西洋向南大洋输送着低温、高盐的海水，然后顺时针环绕南极洲流动，并有分支进入印度洋和太平洋。这些洋流温度升高并上升至海面，转为表层流，穿越大

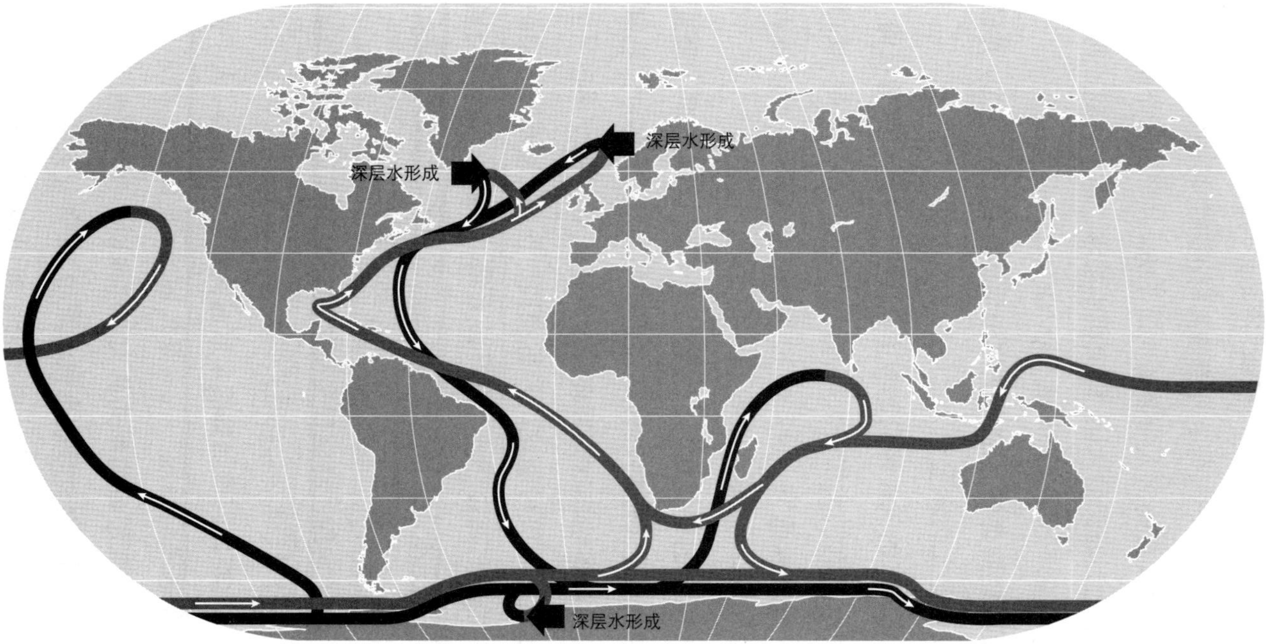

图6　大洋传输带示意图。浅色为低温的深层洋流，深色为高温的浅层洋流

西洋、印度洋和太平洋后，返回起始的北大西洋极地海域。这一漫长的过程需要约1 000年。大洋温盐环流速度远比表层的风生流慢，每秒仅流动数厘米，但它输运着海量的水体，其流量超过亚马孙河百倍之多。因此，大洋传输带是一个全球尺度的分布式系统，在各大洋间输送着氧气、营养物和热量，并调节着全球气候。 21

第二章

海洋生物过程

海洋中的微生物（微小的单细胞生物）数量及类群之丰，远比人们先前所想的要高，它们在有机物生产、能量流动及营养物质循环中起着关键作用。全球初级生产量指的是具叶绿素的生物利用太阳能合成的有机化合物总量，其中约半数在全球海洋中合成。陆地上的初级生产者是大型的且相对长寿的乔木、灌木和禾草，具有鲜明的陆地景观特征。海洋中情形则大为不同，多数海域之中，初级生产者是悬浮于真光层的寿命较短的微生物。这些转换能量的微生物，即海洋中不可见的森林，构成了海洋食物网的基础。能量经它们转换，进而支撑起海洋系统中涵盖其他微生物、浮游动物、鱼类、哺乳动物以及人类的生命活动。

微生物的海洋

远海环境中的微生物数量惊人。如果将海洋中所有微生物
22 的重量加起来，它将占海洋生物总重量的三分之二以上。毫无
疑问，海洋是广阔而清澈的微生物生命之汤。

关于海洋中微生物的重要性的认知转变始于20世纪70年代，当时改进的显微镜和计数技术揭示出海洋微生物世界（或叫海洋微生物群系）令人意想不到的多样性和非凡的丰富度。从那时起，对于微生物群系的结构和功能的认识开始飞跃式前进，这需归功于更高强度的海洋调查及新技术的融入，比如：显微摄像技术的极大改进；宏基因组分析方法的改进，使得从自然环境中采集的大量微生物快速进行基因测序；基于计算机技术进步的生物信息学革命，有助于分析和阐释产生的大量宏基因组数据。

21世纪的几次海洋科考——不由得使人回忆起19世纪的几次传奇航行——在海洋微生物群系研究中起了关键作用。塔拉海洋科考便是其中之一。此次科考因搭乘的“塔拉”号（36米长的纵帆船）得名，调查历时三年半（2009—2013年），航程跨越各大洋，共采集从海表面到1 000米深度范围内超过35 000份用于宏基因组分析的海水样品。迄今为止，这项工作已揭示出海洋中的一座基因宝库——一份包含约4 000万个基因的清单，其中80%以上为全新发现，反映出海洋微生物群系那令人难以置信的多样性。

海洋微生物多样性

海洋中的微生物可分为四个类群，即细菌、古菌、原生生物和病毒（见图7）。 23

细菌是原核生物——无细胞核的单细胞生物——大家族的一员。海洋细菌体型微小，一般直径小于2微米。它们可以是非运动性的，也可以具有一至多个被称为鞭毛的鞭状附属物，鞭毛使细菌在微观尺度下具有一定的运动性并得以摄食、生长和繁殖。海水中的细菌密度从每升10亿个到惊人的100亿个不等。

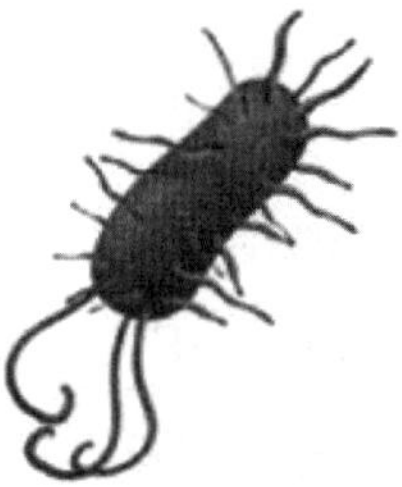

细菌
原核——细胞无细胞核
小于2微米
每升海水中有10亿到100亿个
自养、异养或混合营养

古菌
原核——细胞无细胞核
大小、形态近似于细菌，但生化结构不同
海洋微生物重要成员
可利用多种来源的能量

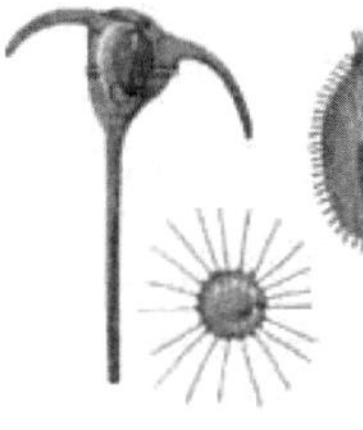

原生生物
真核——细胞具细胞核
大小为1微米至200微米
每升海水中有100万到1亿个
形态、遗传非常多样
自养、异养、混合营养以及寄生

病毒
大小为0.02微米至0.3微米
每升海水中有100亿到1000亿个
感染细菌、古菌及原生生物

24 图7 海洋微生物多样性

由于体型微小，10亿个细菌重量也仅有0.1毫克左右，为1升海水的0.000 000 1%。因此，尽管数量惊人，细菌在海洋中实际占据的空间非常小。

有一部分细菌为自养生物，它们细胞内含有的叶绿素使其可通过光合作用合成自身所需的食物。另一部分则为异养生物，通过吸收溶解有机物（DOM）或悬浮颗粒有机物（POM）来获取能量。甚至还有混合营养型，即兼具自养和异养的营养模式。海洋细菌具有极高的新陈代谢率，可借助细胞分裂这一无性繁殖方式快速生长、繁育，繁殖速率以天甚至小时计。因此，在有利条件下，细菌种群可急速壮大。

古菌也是原核生物中的一类，乍看之下其形态和大小类似于细菌，但基础的生化结构完全不同。古菌最初发现于温泉和盐水湖等恶劣环境之中，被认为是仅存于此类极端环境中的“极端微生物”。现在人们认识到古菌在其他生境（如大洋的远海带）之中也数量颇丰，并构成了微生物中不可忽视的一部分。 25

原生生物是真核生物，这意味着它们的细胞具有细胞核，但它们仍是单细胞的，这一点不同于其他多细胞的真核生物。海洋中原生生物尺寸从1微米到200微米不等，其在1升海水中的数量波动于100万个至1亿个之间。原生生物是海洋中最多样化的生物类群，其多样性远超海洋细菌和动物。宏基因组分析表明海洋中存在成千上万种原生生物，多数仅能通过遗传特征加以区分。尽管是单细胞的，海洋原生生物也演化出一系列令人眼花缭乱的形状和特化的细胞结构：有些具有用于运动的纤毛或鞭毛，有些则可变形；有些具有内骨架，有些则能制作外壳；还有许多种类具有捕捉食物或感知环境的特化结构。海洋原生生物为自养或异养生物，甚至具有混合营养模式。异养型原生生物捕食细菌和其他原生生物，常被称为原生虫。还有一些原生生物则与其他生物联动营寄生或共生生活。

病毒是海洋中最丰富的“生命形式”，其存在介于生物和非生物之间。在体型上它们远小于细菌，直径通常为0.02微米至0.3微米，1升海水中的数量则是惊人的100亿至1 000亿个。

病毒由蛋白质包裹，其内以核酸形式存有少量的遗传信息。病毒无法自我复制，必须在感染宿主后才能生存并传播。海洋之中，细菌、古菌和原生生物都是病毒随手可得的宿主。感染此类宿主的病毒被称为噬菌体，噬菌体感染会导致宿主细胞死亡和破裂，随之将大量原始病毒复制体与细胞的遗骸一起释放到海水
26 中。因此，噬菌体感染是海洋中DOM和POM的主要来源之一。

海洋浮游植物多样性

自养细菌是海洋浮游植物的关键组成部分，贡献了初级生产总量的30%—50%。蓝藻（蓝绿细菌）作为其中的一员，其作用尤为突出。原绿球菌（Prochlorococcus）——蓝藻中的一个类群——是海洋中体型最小（直径约0.6微米）以及数量最多的光合微生物之一［见图8（a）］。因体积微小，这种微生物直到20世纪80年代才被发现。现在人们认识到其在北纬40°至南纬40°的热带和亚热带海域数量极其丰富，在表层至200米深的海水中密度可达到每升超出1亿个。据估计，海洋包含大约3×10^{27}个原绿球菌细胞，它可能是地球上数量最多的光合生物，贡献了全球初级生产量的5%。基因测序已经揭晓，原绿球菌包括数千个不同的生态型——每个生态型都是适应了特定环境的

遗传上差异显著的菌株。例如，其中一个生态型适应海表面的高光照水平，另一个则适应深水区的低光照水平。

原生生物构成了海洋浮游植物的另一个主要类群。硅藻是其中的重要部分，它们数量非常丰富，特别是在极地和上升流海域。硅藻细胞的大小通常约为10微米至200微米，比光合细菌要大得多。硅藻细胞包被于二氧化硅构成的雕刻华丽且透明的“玻璃盒”（硅藻骸）内［见图8（b）］，一些种类的细胞会相互连接，呈长链状。

甲藻和硅鞭毛藻也是浮游植物的重要类群，它们的细胞大 27
小在2微米到20微米之间。甲藻细胞具有两根发状的鞭毛，使其具备些微的运动能力，细胞外则覆盖着由纤维素构成的半透明板［见图8（c）］。硅鞭毛藻具有一根长鞭毛和一副由二氧化硅构成的内部骨骼［见图8（d）］。

颗石藻是另一类重要的原生浮游植物，其细胞大小在20微米至200微米之间。每个细胞外覆盖着由碳酸钙构成的小装饰板，被称为球石［见图8（e）］。

影响海洋初级生产量的因素

浮游植物借助细胞中的叶绿素来利用海洋真光层中的太阳能。通过光合作用，太阳能被用于合成高能有机碳化合物，例如葡萄糖。溶于海水中的二氧化碳为光合作用提供了所需的无机碳。氧气作为上述反应的副产物，被释放到周围的水体之中。

光合作用是一个复杂的、多步骤的过程，但可以用如下的简洁公式来概括：

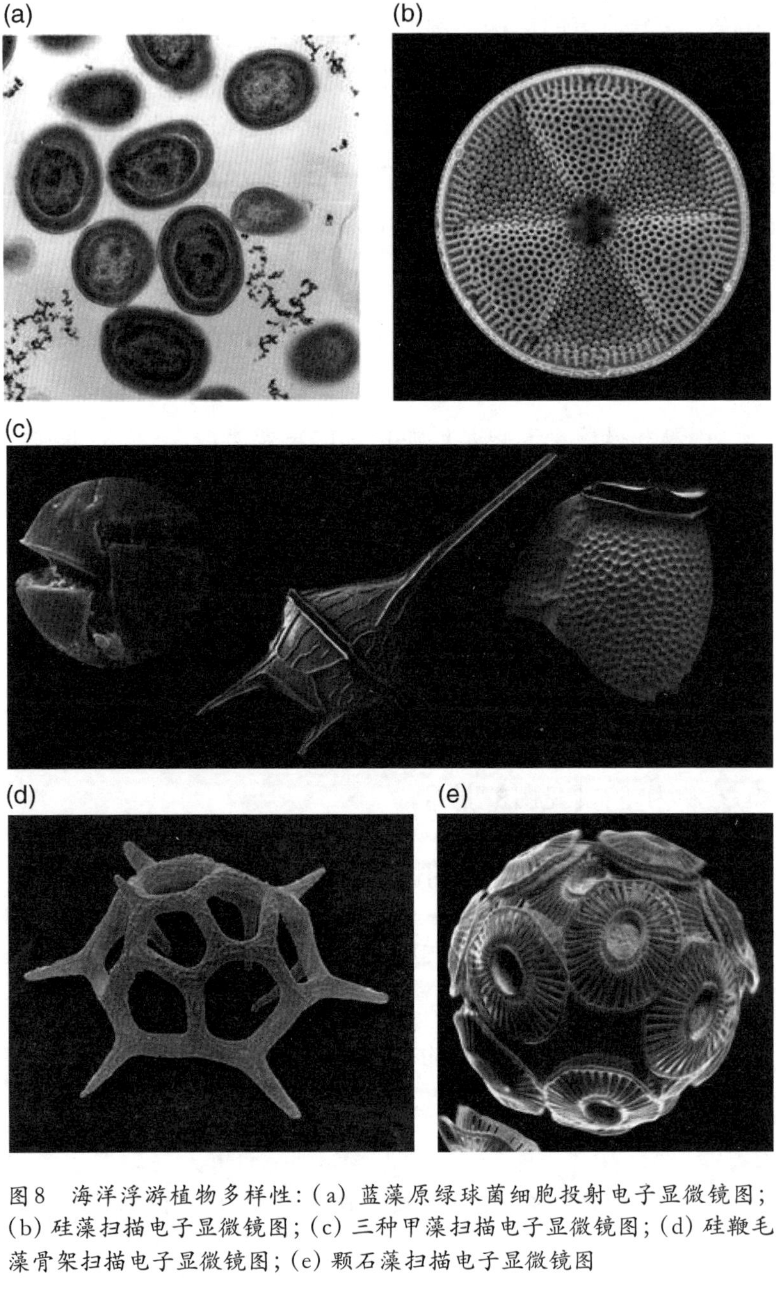

图8　海洋浮游植物多样性：(a) 蓝藻原绿球菌细胞投射电子显微镜图；(b) 硅藻扫描电子显微镜图；(c) 三种甲藻扫描电子显微镜图；(d) 硅鞭毛
28 藻骨架扫描电子显微镜图；(e) 颗石藻扫描电子显微镜图

$$6CO_2 + 6H_2O \xrightarrow{\text{光}} \underbrace{C_6H_{12}O_6}_{\text{有机化合物}} + 6O_2$$

浮游植物产生的有机物是全球海洋的能量基础，也被称为第一营养级，是支撑海洋生命的主要能量来源。第一营养级的能量为处于第二营养级（初级消费者或植食动物）的多种多样的海洋生物所利用，再经由捕食为更高营养级的消费者所利用。 29

海洋中光合作用的速率随深度增加而降低，这是因为光的强度也随深度而衰减。海洋上层波涛涌动，因此浮游植物会依垂向流的强度变化而混杂于不同的深度。而浮游植物如果想要生长、繁殖，则必须在一定深度之上生活足够久的时间，这一深度常被称为临界深度，在此浮游植物得以进行光合作用并储存比自身代谢需求更多的能量。否则所有生成的能量会被自身代谢消耗，留给生长的所剩无几。因此，光照和垂向的混合强度是海洋初级生产量的重要限制性因素。

养分供应是海洋初级生产者生长的又一主要限制性因素。氮元素是重要的养分之一，是浮游植物进行代谢所必须的。举例来说，氮元素是氨基酸的关键成分，而后者是蛋白质的构成单元。氮被海洋光合生物以溶解的铵盐、亚硝酸盐或硝酸盐的形式吸收。固氮细菌，如束毛藻，为海洋中的无机含氮化合物提供了天然原料。这些细菌能够将溶于海水中的分子氮转化或“固定”为氨，然后其细胞用氨来合成富含氮的有机化合物，如蛋白质。当固氮细菌死亡后，这些有机化合物被释入海水中，其他种类的细菌将其分解，并将其回收为无机形式的氮，供初级生产者利用。

海洋光合生物也需要磷元素，以完成许多重要的生物功能，
30 比如DNA（脱氧核糖核酸）的关键成分之一——核酸的合成。陆地上的岩石和土壤在自然侵蚀下经河流输送入海，磷元素也随之进入海中，且多为海洋光合作用可轻易吸收的可溶性磷酸盐。

深海中无机氮和磷化合物含量极为丰富。在那里，从表层连绵如雨般沉降的死亡生物体有机物经细菌分解，重新变成无机形式的氮和磷。当海洋上层充分混合或未分层时，深层营养丰富的海水可涌升至真光层并输送大量的营养物。但是当温跃层存在时，温跃层会阻挡深层水的涌升和营养物的补充。在这种情况下，如果光照充足，光合生物将会迅速消耗掉温跃层上方的表层营养物。而实际上，无机氮和磷化合物的消耗速度并不一致。一方会早于另一方被消耗一空，并因此成为海洋生产者进一步光合作用和生长的限制性因素，直到获得补充为止。在多数海洋环境中，尤其是在大洋中，氮元素常被认为起限制性作用。

海洋初级生产者同样需要获取微量元素铁，它被应用于许多光合作用和生长的基础代谢过程中。海洋中的铁来源于沙漠中富含铁元素的沙尘，这些沙尘被沙尘暴卷起，落入海中。沉积在大陆边缘的铁元素则是另一重要来源。全球海洋中的多数区域都溶解了适当浓度的铁元素，因此铁通常不是初级生产的限制因素。然而，在少数大洋，比如赤道及北太平洋和大部分南大洋，虽然氮和磷含量充足，但铁浓度过低并限制了初级生产。有
31 类似特征的区域被称为高营养盐、低叶绿素（HNLC）海区，较低的叶绿素浓度反映的是海水中缺乏含叶绿素的生物。

部分研究者曾建议人为提升高营养盐、低叶绿素海区的铁

含量，以启动这些富营养地区的初级生产，并认为这有助于缓和气候变化。这一构想的依据在于，此举措将引起浮游植物的爆发增长，进而大量减少大气中的二氧化碳含量。浮游植物死后，它们会沉入深海，如果到达海底，其组织内的碳会被锁藏在海底沉积物中。也就是说，如果规模足够大，这些人工创造的浮游植物群落可能会增强自然产生的浮游植物从大气中抽取二氧化碳的能力，并将其长期保存于深海沉积物中。事实上，一些公司已经计划将理论应用于实践，曾提出承接大规模铁肥施肥工作，进而在全球碳交易市场中通过创建和销售碳信用额赚取利润。

研究人员在南大洋选取了几个站点进行了小规模尝试（约100平方千米），像施肥一样从科考船上将数吨溶解铁倾倒入海，结果证实这种方式确实在数天或数周的时间里提升了初级生产量。但此举能否作为可靠方法大规模从大气中排除二氧化碳，则仍属未知。想要顺利起效并将大量碳锁藏于海底沉积物中，必须确保爆发的是种类合适的浮游植物，即大型硅藻。这是因为大型硅藻不容易被第二营养级生物捕食，且能快速沉降至海底。其他浮游植物在到达海底前很容易就被浮游动物捕食一空，而碳会以二氧化碳的形式释放回地表水域。到目前为止的 32
尝试表明，很难验证有多少碳（如果真的有的话）被输送到海底。而且，足量的碳被固定在海床后会产生多大改变，也不完全明确。更重要的是，无人知晓添加如此大量的铁到海洋中会对海洋生物系统产生多大影响。但几乎可以肯定的是，这必将颠覆浮游植物群落的组成和动态，并以意想不到的方式影响海洋食物网。事实上，在2008年，《联合国生物多样性公约》的缔约国便已同意暂停所有人为的海洋肥沃化项目，仅部分近海小型海域除外。因此，尽管这一系列研究加深了我们对海洋初级生产过程的认知，但不太可能产生一种可行且安全的技术，来限制人类造成的气候变化，同时将风险降到最低。

测量海洋初级生产力

初级生产量的速率，即初级生产力，在海洋中随时间和空间而明显变化。初级生产力常用“固定”下来的碳的克数，或每平方米海面每年合成的有机物克数（$g\ C\ m^{-2}\ yr^{-1}$）来计数。除非另有说明，否则初级生产率的估算指的是净初级生产力。这一数字是海洋生物学家感兴趣的，因为它是固定碳比例的衡量标准，可用于浮游植物的生长以及后续更高的营养级。此标准排除了二氧化碳所固定的碳，该部分碳被细胞吸收，用于维持功能而不进入更高营养级。

测量海洋初级生产力是一项有难度的工作。这可以通过黑白瓶法来进行：将一份海水装入瓶子里并在光线下暴露一段时
33 间，之后测量瓶子中光合生物所释放的氧气量。这可以折合为固定在有机物中的碳量的估值。这是因为产生的氧分子数量等于固定在有机物中的二氧化碳分子数量（参见第27页的光合作用反应式）。另一种方法是使用放射性碳-14作为示踪器，直接测量瓶中的浮游植物吸收的碳总量。通过这些方法，即可获得特定季节特定一小片海域初级生产力的估值。

黑白瓶法与碳-14法应用在现场观测时仍存在问题，即便在采样最多的区域，这两种方法也只能在特定时间估计少数地点的初级生产力。仅凭单一方法，难以绘制全球的初级生产力趋势图。1978年后，随“尼姆布斯7号”卫星的发射，表层水色卫

星观测数据的应用使这一状况有了极大改善。这颗卫星搭载了一台海岸带水色扫描仪，可测量海表面反射的光的波长——基本上，水表颜色越绿，叶绿素浓度则越高，说明其中的光合生物也越多。如今更先进的卫星传感器日常被用于评估全球海洋很大区域内的叶绿素浓度，并从而评估初级生产力。以天、星期、年为单位的全球海洋水色连续卫星监测数据，以及现场的直接测量数据，这二者的结合极大地加深了人们对全球海洋初级生产力时间、空间分布规律的认识。

海洋初级生产力规律

全球海洋初级生产力的分布很大程度上取决于纬度（见图9）。在极地海域，初级生产的繁荣与萧条背后是光照的驱动，此处海水全年充分混合，因此几乎不缺少营养。然而，冬季极夜时没有 34
阳光，因此初级生产无法进行。春季时，光照强度和白天时长快

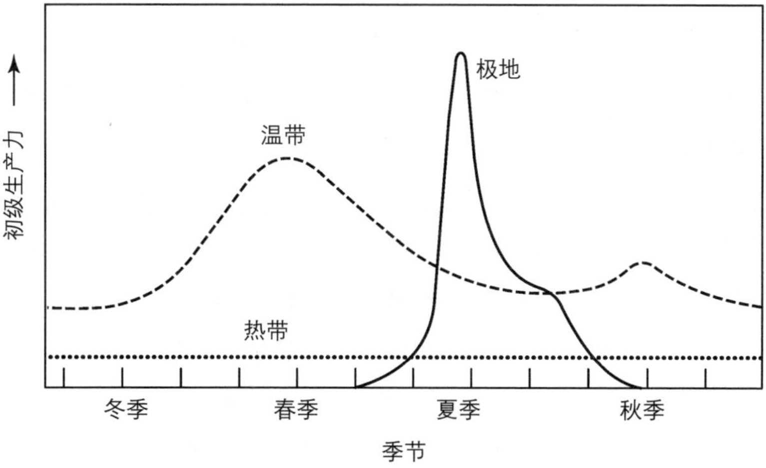

图9　温带、热带和极地海域的初级生产力季节变动

速增加并达到一年中的高点，此时营养和光照都不构成限制，浮游植物开始爆发式增长。这种暴增可能会持续数月之久，直到秋季光照再次成为限制因素为止。虽然限于短的季节性高峰，但初级生产总量仍相当可观，尤其在南大洋，年均初级生产力可高达 100 g C m^{-2} yr^{-1}，部分海域甚至更高。

温带大洋之中，初级生产力与季节关系紧密。冬季，海表面降温且温跃层消失，加上强风扰动表层海水，这些因素使得深层的、营养丰富的海水与表层水充分混合。然而，冬季的光照水平
35 较低，因此限制了初级生产。春季，随着白天时间增加以及太阳逐渐升高，当光照和养分都不构成限制因素时，春季浮游植物即开始爆发。夏季，虽然光照依然充足，但随着表层水升温，温跃层重新形成并阻挡了营养丰富的深层水涌升至真光层。养分因此受到限制，春季爆发戛然而止。进入秋季，温跃层再次消失，养分被重新输送至真光层。如时间尚早，则仍有充足的日照，短时间内养分和光照都不构成限制，因此秋季浮游植物爆发有可能发生。这一爆发持续到深秋和冬季，直到光照再次成为限制性因素。虽然季节性很强，但是温带海洋初级生产力约为 70—120 g C m^{-2} yr^{-1}，近似于温带森林或草地。

在热带大洋，初级生产全年处于相对低的水平。光照始终充足，但永久性温跃层阻挡了深层的、营养丰富的海水与表层水的混合。因此真光层的营养始终处于较低水平，由此限制了初级生产力。热带远海区域也因此常被称为“海洋荒漠”，初级生产力通常低于 30 g C m^{-2} yr^{-1}，与陆地上的荒漠近似。

海洋中部分高生产力区域位于大陆架之上的近岸海域。近岸上升流这一海洋现象，将深层的低温、高营养海水带至表层，为初

级生产提供了理想条件。初级生产力也因此可超过500 g C m^{-2} yr^{-1}，相当于热带雨林或者耕地。风的运动与地球自转共同造就了这些初级生产力的热区。

上升流现象可通俗易懂地解释为以下原理。当风稳定地匀 36
速吹过海面时，风带动表层海水同向运动。处于上一层的海水继而带动其下一层的海水流动（尽管下层流动得比其上层慢一些），如此循环且流速逐渐减缓，直至初始的风能在此传导过程中耗尽。然而，地球自转会导致名为科里奥利旋转的现象，因此在北半球流动的每一层海水都会略微偏向右侧，南半球则相反。由此引发被称为埃克曼螺旋的水体运动典型特征。埃克曼螺旋的直接结果便是风驱动的海水平均流向与风向大致呈直角——在北半球流向在风向右侧，在南半球则为左侧。水流朝风向右侧或左侧的净运动被称为埃克曼输运。

当盛行风沿近乎平行于大陆边缘的方向吹过，产生离岸方向的埃克曼输运时，近岸上升流便开始涌升。在大陆西海岸，近岸上升流尤其普遍。在南半球，当稳定的南风沿大陆西缘吹拂时，埃克曼输运使得表层约100米深的海水近乎西向远离海岸流动（见图10）。表层海水流动空出的位置为深层涌升的海水所填。如上升流来源于温跃层以下深度的海水，填充的则是低温、营养丰富的深层水。类似地，在北半球，当稳定的北风沿大陆西缘吹拂时，表层水朝西远离海岸流动，创造出上升流涌升所需环境。因为上升流的形成有赖于合适的风力，它便更多表现为一种季节性或间歇性现象，而上升流强度则取决于风力大小。 37

全球重要的上升流区域包括位于北半球的加利福尼亚、俄勒冈、非洲西北部和西印度等沿岸海域，以及位于南半球的智

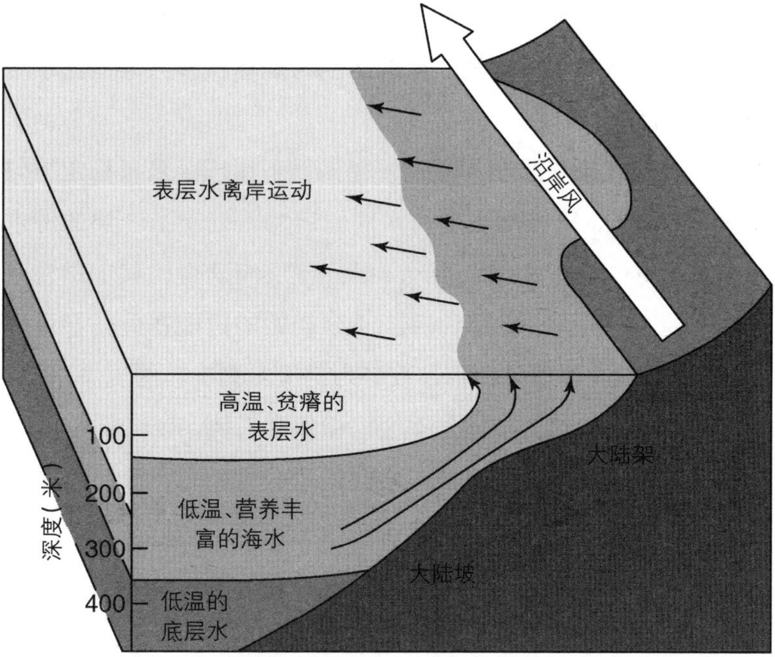

图10　南半球大陆西岸的近岸上升流示意，营养丰富的海水被带至表层

利、秘鲁和非洲西南部沿岸海域。这些海域属于地球上初级生产力最高的海洋生态系统之列。当上升流涌动时，低温、营养充足的海水促使以硅藻和甲藻为主的大型浮游植物大量爆发。

厄尔尼诺-南方涛动

南美西海岸的上升流支撑了地球上最高产的渔业之一——

38 秘鲁鳀渔业。秘鲁渔民很早就注意到一种海洋现象，它因多见于圣诞节前后而被他们称为厄尔尼诺（意为圣婴，以纪念基督耶稣）。厄尔尼诺期间，表层海水异常温暖，使得鱼类和海鸟大量死亡，秘鲁鳀渔业衰退甚至崩溃，鲸、海豚和海豹也随之销声匿迹。

我们现在认识到，这是重要但人类了解不多的全球现象的一部分，即厄尔尼诺-南方涛动（ENSO）。ENSO与太平洋气压的周期性反向相关。东太平洋上方通常存在一个持续的高气压系统，西太平洋印度尼西亚上方则是一个持续的低气压系统。在这种情况下，强烈的太平洋信风由东向西吹起，引发支撑了秘鲁鳀渔业的近岸上升流。然而，厄尔尼诺期间，气压系统因未知的原因逆转，信风随之衰退，使得西太平洋的温暖水体向东流动并堆积在南美沿岸，并削弱了上升流强度。缺少赖以为生的鳀鱼，海鸟因此死亡，海洋哺乳动物也被迫游离往常的聚食场。厄尔尼诺约2到7年发生一次，通常持续不到1年，但强厄尔尼诺事件可持续数年之久。

自20世纪50年代以来，记录在案的厄尔尼诺事件已有20余次，且有证据显示近年来的厄尔尼诺事件强度有所增加。在此期间，最强烈的厄尔尼诺事件发生于1982—1983年、1997—1998年、2014—2016年以及2018—2019年，其影响范围覆盖全球。事件期间，加利福尼亚和南美洲西部遭遇异常的强降雨，而澳大利亚、印度尼西亚和非洲部分地区发生严重旱灾。洪水、作物减产、山体滑坡以及其他与异常天气相关的事件，造成了大量的财产损失和人员伤亡。

海洋食物网中的能量流动

如本章所述，悬浮于真光层的浮游植物贡献了几乎所有的海洋初级生产力。但能量在食物网中沿何种路径、以何等效率进行传输？在过去的40年里，海洋生物学者在上述问题的答案上取得了重大进展。

直到20世纪70年代，人们还认为海洋中的初级生产多数沿一条简单的食物链传输，食物链则由少数营养级——物种在食物链中所处的层级构成。这一“经典”观念认为，以硅藻和甲藻为代表的大型初级生产者构成了第一营养级。这些浮游植物为更大型的浮游动物（主要是桡足类）所捕食，后者即第二营养级［见图11（a）］。浮游动物又被第三营养级的小型鱼类捕食，小型鱼类则成为枪形目、大型鱼类和海洋哺乳动物等第四营养级生物的食物。在我们人类主导的当今世界，这些顶级捕食者当中有许多由终极顶级捕食者——第五营养级的人类捕获（见第八章）。

当海洋生物学家开始理解微生物在海洋经济中的重要性时，这一经典的食物链理论在描绘能量流动时便不免过于浅显与粗陋。因此，新的食物网结构模型应需提出，并仍在海洋生物学家的研究和完善之中。

现在人们已认识到，海洋中的相当大一部分初级生产量是
40 由微型的、自养的光合细菌产生的，尤其是在营养贫瘠的海域。因为体型过小，捕食它们的并非经典食物链中的大型浮游动物，而是小型原生生物鞭毛虫［见图11（b）］。鞭毛虫被纤毛虫［见图11（c）］吃掉，后者的体型足够大，可以被桡足类等浮游动物捕食，光合细菌方才进入经典的食物链体系（见图12）。

人们还发现大部分浮游植物产生的能量——在某些条件下可高达50%——不是直接因捕食转移到下一营养级的，而是作为DOM“泄漏”到周围的海水中的。其中一些泄漏是有机分子穿过浮游植物细胞膜引起的被动损耗所导致的，但浮游植物也
41 会主动将有机物排入海水，具体原因尚不明确。

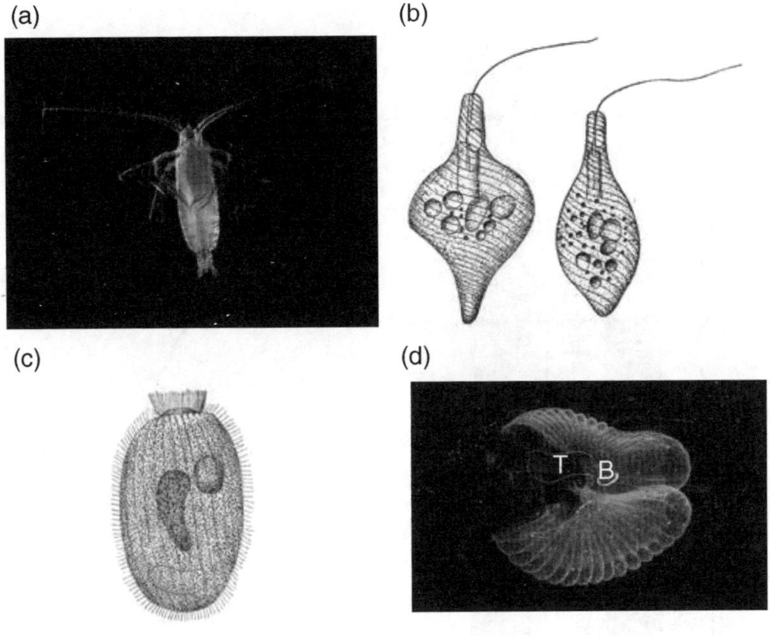

图11　浮游动物多样性：(a) 桡足类；(b) 鞭毛虫；(c) 纤毛虫；(d) 巨型幼形虫 。B：身体，T：尾部（图片来源：2002 MBARI）

此外，当浮游植物细胞在被捕食时或自然死亡后破裂，DOM和POM也会随之流失。桡足类和其他浮游动物也会以粪便形式向海水中排放大量POM，当它们死亡和分解时也会如此。人们还认识到，病毒噬菌体感染在海洋微生物的DOM和POM流失中起着举足轻重的作用。据估计，每天病毒能杀死大约20%至40%的海洋细菌——感染率高得惊人——宿主细胞死亡后大量的DOM和POM同时排入海水。

所有这些过程的有机物损失在海洋中形成了一个巨大的非生物食物能量池（见图12）。以碳含量来表示，这个池的规模约为10 000亿吨，足以使海洋中所有生物合计的60亿吨碳相形

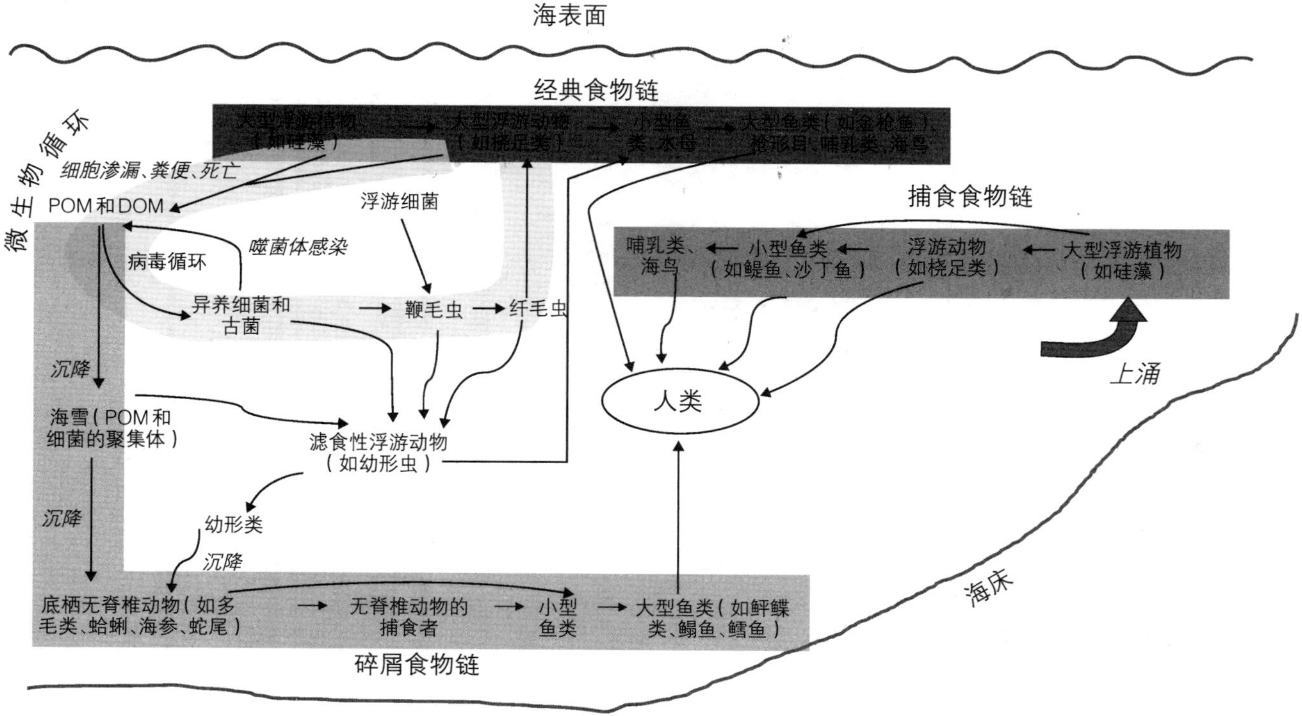

图12　海洋系统中能量流动的主要路径

见绌。这些DOM的形式多数为碳水化合物、氨基酸、蛋白质和脂质。

异养细菌和古菌可直接从海水吸收DOM，并用作能量来源。它们也能攫取POM并从中获取食物和能量。多数微生物很快被病毒杀死，从而重新将DOM和POM释放到海水中。这种DOM和POM与细菌、古菌间的快速能量流动，以及由噬菌体所介导的循环，被称为“病毒循环”（见图12）。免遭病毒感染的细菌和古菌则被鞭毛虫和纤毛虫吞噬。鞭毛虫和纤毛虫后又被更大型的桡足类等多细胞浮游动物捕食，连入前文提及的经典食物链（见图12）。

这些基于微生物的能量流动途径通常被称为“微生物循环”，当以图表方式描述时，它们表现为一个连接到经典食物链的“循环”（见图12）。包括微生物循环和经典食物链在内，这一 43
途经六个营养级的流动过程——从细菌和古菌到枪形目、金枪鱼和海鸟等顶级捕食者——共转移五次能量。其中每一营养级中仅有10%左右的能量能转为下一营养级的生物量。这是因为每一营养级能获取的能量多数用于基础代谢和寻找食物，并以粪便的形式流失。此外，并非每一营养级都能被下一级的生物寻获并捕食，即存在“浪费”。因此，只有初级生产力的极小部分（约0.001%）最终转化为第六营养级的顶级捕食者。尽管这一食物链如此冗长而低效，但它仍维系着海洋中的巨量有机物和大型哺乳动物间的营养关系，而人类正在利用这些生物。在大洋之中，这一联系显得尤为重要，此处的初级生产主力自养细菌因体型微小而无法直接连入食物链。

在海表面产生的部分POM会随水体缓慢沉降而被“出口”

到更深的水域（见图12）。一路上，较小的有机颗粒聚集形成异养细菌定植的大团，即成为所谓的“海雪”——几毫米大小的白色碎屑形成的细雨，在潜水器或水下机器人的探灯之下纤毫毕现。细菌能在海雪到达海底前获取其中相当一部分的能量，特别是在深海平原上方的深水中。尽管如此，海雪仍是栖息于海洋深处的动物们的重要食物来源之一。

44 一些类群的浮游动物演化出炫目的方式来利用海雪。举例来说，形如蝌蚪的幼形类能分泌黏液薄膜并形成华丽的“屋舍”来黏附海雪，有些种类的屋舍甚至可达1米之长［见图11（d）］。它们再拍击尾部形成水流，将黏附的有机物滤出并送入口中。数小时后屋舍便拥堵不堪，幼形类将其丢弃后会迅速分泌全新的。这些被废弃的屋舍以及黏附其上的颗粒将崩塌并快速沉入海床，此时细菌还来不及获取其中所有的能量，因此海床上的动物得以获取一些食物。

沉降到海底的碎屑物质构成了底栖食物链的基础（见图12）。碎屑被多毛类、蛤蜊和蛇尾等摄食，后者又被海星、蟹类和小型底栖鱼类等捕食，最终消费的则是包括鲆鲽类、鳎鱼、鳕鱼等具商业价值的鱼类在内的大型捕食者（见第八章）。

在上升流海域，维系能量流动的是结构类似于经典食物链的捕食食物链（见图12）。此处，硅藻是主要的初级生产者，且数量极巨。大群具有商业价值的滤食性小型鱼类，如鳀鱼和沙丁鱼，直接摄食硅藻和捕食硅藻的桡足类。小鱼又被大型鱼类、海洋哺乳类和海鸟捕食。在捕食食物链中，第一营养级的浮游植物与第二、第三级的商业鱼类之间仅包含一到两次能量转换（见图12）。此外，在这类高密度生物群参与的简单食物链中，能量

转换效率可高达20%。因此，上升流海域高效且多产地支撑起大型渔业（见第八章）。 45

海洋和陆地的营养结构——对比研究

全球海洋的总初级生产力约为每年500亿吨碳，而陆地为520亿吨左右。二者相加，即地球的总初级生产力略高于每年1 000亿吨碳。乍看之下，海洋和陆地的贡献平分秋色，但二者的生产方式完全不同。

如本章所述，海洋中的主要生产者是肉眼不可见的单细胞浮游植物，如细菌和原生生物。相形之下，陆地的生产者则是乔木、灌木和禾草等大型植物，以及现今人类世独有的粮食作物。如此截然不同的生产者的总生物量也同样差异悬殊。如以体内活性组织中的碳重量计算，海洋中初级生产者的总生物量约为10亿吨，而陆地上的则要高出几个数量级——约4 500亿吨碳。不难得出，海洋初级生产者仅占到地球初级生产者总量的0.2%，尽管它们比起陆地同行来，个体数量惊人且分布在更大的空间内。然而，值得注意的是，海洋初级生产者的年产量与陆地相当。这是因为海洋浮游植物具有极高的代谢率和高效的光合能力，使其得以快速生长和分裂繁殖。结果便是全球海洋中的浮游植物生物量平均每7天就循环一轮，而陆地初级生产者的周转时间则以年计。 46

海洋和陆地系统的营养结构也完全是两个路数。在陆地上，初级生产者约4 500亿吨的碳支持着高营养级消费者约200亿吨的碳。这便是典型的生物量金字塔，即初级生产者的生物量远比消费者高。相反，在海洋中，约10亿吨的初级生产者便支

图13　陆地和海洋环境中，生产者和消费者之间的生物量分布。数字代表若干亿吨的碳

撑起总量约为50亿吨的消费者，结构呈倒金字塔型（见图13）。在生态食物网中，初级生产力必须始终高于总体消费者的消耗。如前所述，海洋环境中这一非典型的生物量分布之所以能持续，原因在于海洋微生物初级生产者有着高周转率，因此它们最终
47 的生产力必然高于消费者消耗的生产力。

第三章

近海生命

全球海洋的近海海域指的是由海岸线至大陆架边缘范围内狭长的带状区域。虽然近海面积较小，仅占全球海域面积的7%左右，但其对于人类社会有着至关紧要的作用。目前，全球人口总数的约44%，即34亿人口聚居在海岸150千米范围内。随着越来越多的人移居到海滨区域的中心城市生活，这一数字还在快速增长。据预测，到本世纪末，15个国际大都市中的13个将坐落于海滨区域。

近海与人类社会的紧密联系意味着其受人类活动影响极深。近海承接了大量人类活动的副产物，如工业、工业污染、人畜污水、塑料废弃物，以及石油泄漏。人们在近海大肆捕捞，所需的多数海产品出产于此。水产养殖业也多位于近海，为人类消费提供了额外的海产品来源。但水产养殖业也遗留了残余饵料和粪便等垃圾，这些垃圾积累并腐烂在海床上。此外，石油、天然气等天然资源也在近海区域被大肆开采。 48

近海靠近陆地且相对深度较浅，因此借助水肺浅水、小型科考船、锚定仪器，以及最近由数千个连接互连网，搜集海洋物理、化学和生物实时连续数据的传感器组成的网络，对它进行研究相对较为容易。也因如此，关于近海生态系统功能和海洋生物学的诸多信息被收集、汇总起来。如能善加利用，这些信息能帮助我们更好地管理近海环境，以应对人口快速增长所带来的压力。

海藻床生境

海藻床是美丽而重要的海洋栖息地，位于近岸浅水区的礁石上。它们常见于凉爽的温带沿海地区，那里的海水温度通常不超过20℃。它们在凉爽、营养丰富的沿岸上升流区尤其繁盛（见图14）。

海藻床由密集的褐藻或巨藻组成。虽然海洋中的多数光合植物为微小的、单细胞的浮游生物，但海藻是大型的多细胞藻类，它们依靠根状的固着器将自己牢牢固定在海底（见图15）。固着器只起固定作用，而非根系，海藻不具备能输送食物和养分的维管束系统。作为替代，海藻直接从周围海水中吸收养分、水分和二氧化碳。

海藻的生活始于微型孢子，孢子沉降到海底后萌发为雄性或雌性的藻体，即配子体。配子体是海藻生活周期中的有性世代阶段。雄性配子体释放出精子，精子在水中与雌性配子体表面的卵子相遇并为其授精。受精卵生长发育为大型的藻体，即
49 孢子体，也就是我们通常所认识的海藻。之后孢子体将大量新的孢子释放到水中，开始一段新的生命历程，整个过程耗时约一到两年。

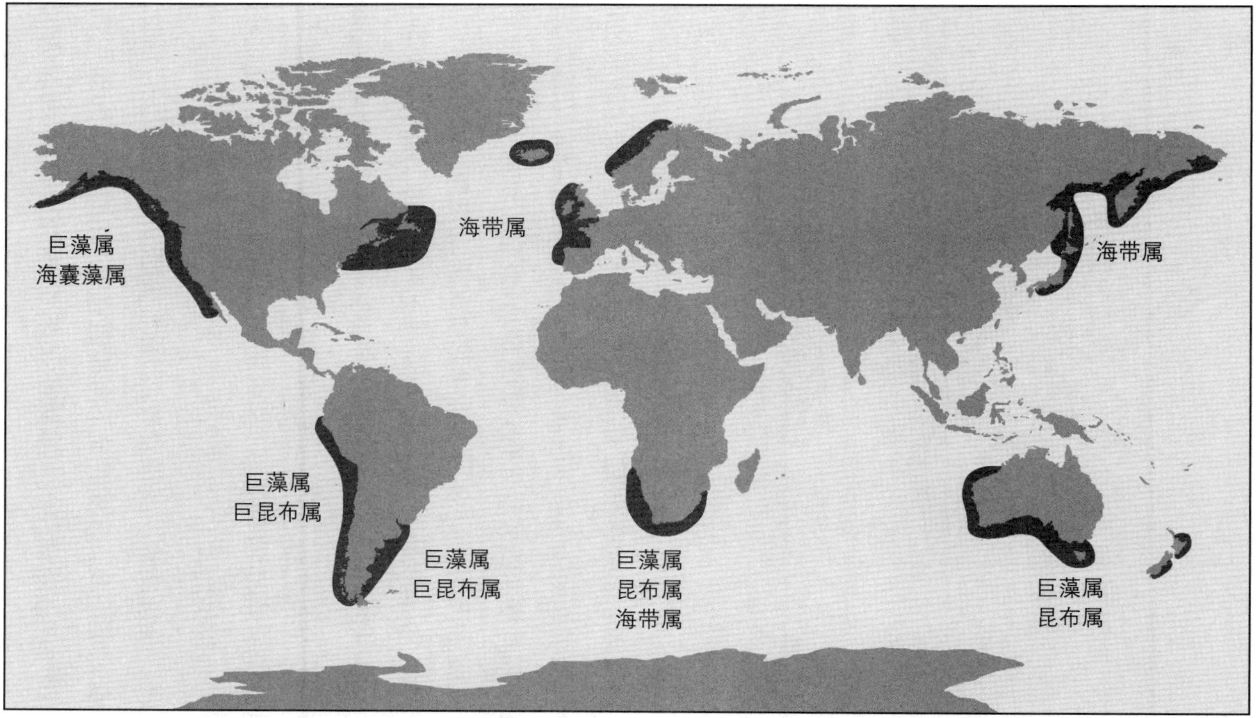

图14　海藻床全球分布示意。图中标示的是此区域的优势属

50

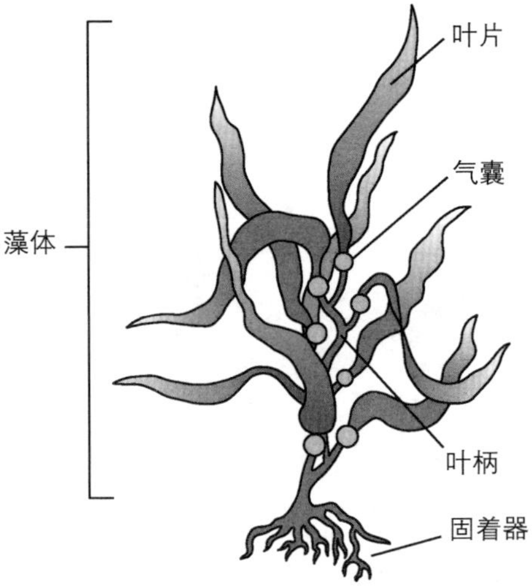

图15　海藻结构

海藻床生长效率很高，在合适的条件下，藻体生长速度极快，部分种类可长至极大。以巨藻（*Macrocystis*）为例，它们在全球许多海岸都有相当的数量分布（见图14）。巨藻能以高于每天30厘米的速度生长，不到一年长度即可超过30米。这些巨藻在水下构成广袤的“森林”，由叶片构成的树冠借助气囊的浮力高悬于水中。

海藻床奠定了一个繁茂的、多姿多彩的海洋生境的基础。许多生物栖息于海藻之上，也有一些活跃于固着器之间。海藻为这些无脊椎动物和鱼类（其中也包括商业捕捞种类）提供庇
51 护所与食物来源。

海胆是海藻的主要摄食者，但除非海胆数量异常之多，否则其捕食效率不高，正常情况下海胆直接摄食的量约占海藻生物量的10%。海藻储存的大多数能量在其死亡后流动到海藻床群落中，死亡的藻体为包括海胆甚至鲍鱼在内的食腐动物所摄食。

海胆之后被海星、海螺、章鱼、龙虾、蟹类和鱼类等捕食。在北太平洋，海獭也会加入海胆捕食者的行列。

长期的研究显示，海胆的过量摄食极易破坏海藻群落。此时，茂盛、高产、生物多样性丰富的海藻群落被改造成单调、贫瘠的“海胆荒地”[见图16（a）和（b）]。虽然这些“相变”会小尺度自然出现，但近年来它们正逐渐频发并成为全球性的问题。海藻床的快速、大面积、灾难性崩溃已在全球发生，包括20世纪 52
60年代至70年代的东北太平洋、20世纪70年代至80年代的大西洋西北部，以及20世纪70年代的挪威沿岸，最近一次则是在21世纪20年代的塔斯马尼亚东海岸。

多种因素可迫使海藻床达至极易转为海胆荒地的临界点，过去30年中，海洋生物学家在这方面的研究上取得了可喜的进

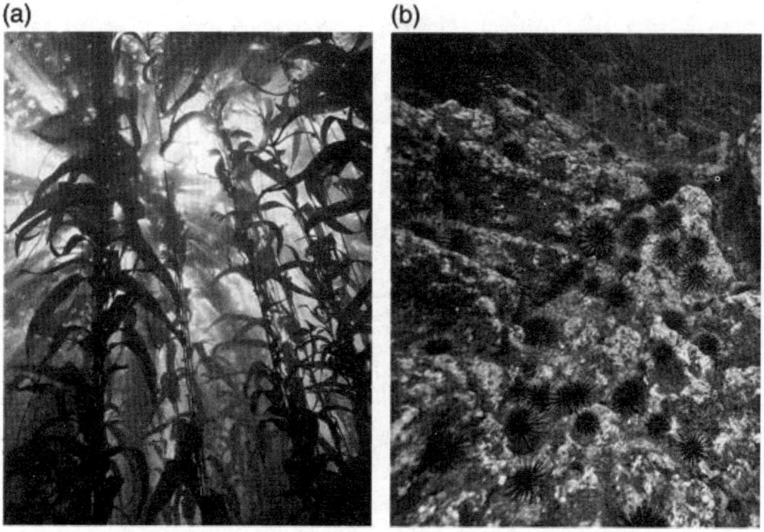

图16　海藻床崩溃前后：（a）典型的海藻床；（b）以海胆为主的荒地取代了海藻床

展。物理和生物的压力源均被确认，二者也常交互作用，起加成效果，其中多数是人类活动导致的，或被人类活动放大。

海藻床上的物理压力通常表现为异常的高温或恶劣的海况。例如，当深层低温上升流减弱或消失时，北美太平洋沿岸转为异常温暖期，此时海藻床极易遭受压力，受到海胆过度摄食的影响，尤其是如果海胆因其他原因而数量大增的话。同样地，与强厄尔尼诺事件有关的风暴会引发巨浪，将海藻连根拔起并撕得粉碎。风暴过后，海胆更是将试图在该区域重新定居的幼小藻体摄食殆尽，阻止了海藻生境的重建。人类活动导致的气候变化正在增加上述物理压力发生的频率、持续时间和幅度，使得海藻床更易遭受过度捕食并崩溃。

人类扰动导致的结果之一便是海胆的关键捕食者数量减少，已有充分研究证实这进一步导致了海藻床的崩溃。一个典型的例子是海獭和海胆，即捕食者和猎物的互动。海獭以海胆为食，从而将海胆的捕食强度保持在临界线以下，进而维持了海藻床群落的稳定。但如果海獭消失无踪，海胆的数量将大为增
53 加，并对海藻床施加更大的摄食压力。一旦海胆密度达到临界点，海藻床便会迅速崩溃，成为海胆荒地。因此，海獭常被视为关键种，即虽然数量不多，但在塑造、维持群落结构中发挥基础作用的种类。

历史上，从日本北部到下加利福尼亚州的北太平洋沿岸的海藻群落中，海獭曾数量颇丰。据估计，其种群数量为150 000只至300 000只。

对贝丘的研究显示，2 000多年前居住在阿留申群岛的土著阿留申渔民会大量猎捕海獭，其数量之多，足以造成近海群落结

构的演变——从以海藻为主转为以海胆为主。在17世纪，海獭因其浓密的皮毛而开始遭受毛皮商人的工业规模的捕猎。至19世纪初，海獭的分布区中仅有数千只个体幸存下来，栖息在少数隔离出来的沿海保护区内，由此引发了阿留申群岛，以及阿拉斯加、加拿大等地沿岸海胆荒地的扩张。从1911年起，大多数海獭商业捕猎已被禁止，保护运动也同步开展，尚存种群中的海獭被重新引入某些海域。这些努力的结果之一，是海獭种群数量回升到约100 000只，并占据了原先栖息范围的三分之二。在一些海獭数量充足的区域，群落也演变为以海藻为主。

近期发生的塔斯马尼亚东部海藻床的崩溃是人为影响的另一范例。海水升温使得大量的罗氏冠海胆（*Centrostephanus rodgersii*）由澳大利亚海域涌入塔斯马尼亚，海藻惨遭过度捕 54
食，塔斯马尼亚海藻床的95%以上被扫荡一空。

海胆荒地一旦成型，便可维持数十年之久。部分原因在于虽然海胆将海藻摄食殆尽，但它们可以转为以摄食小型无脊椎动物和固着于裸露礁石的其他藻类为生，其数量并不会马上下降。想重新转变为海藻床，常需要其他契机，比如海胆的大量死亡，这将减少幼小藻体的被捕食压力，为栖息地的重建扫清道路。此类大量死亡可能由疾病引发，具有讽刺意味的是，人类导致的海洋变暖也会增加海胆患病的频次，从而有助于海藻床恢复。这是因为异常温暖的海水会加大海胆的生存压力，使其易遭病原体侵袭。

关于海藻床的崩溃和恢复，其复杂动态尚需进一步研究，这将有助于未来科学管理及维持海藻床的生态和社会价值，尤其是在人类对海域的影响与日俱增的时代。

海草床

海草是另一重要的海洋群落的基础，它们广泛分布在从热带到北极浅海的沙质、泥质底上，南极洲是唯一没有海草的大陆。不同于海藻的是，海草属于开花植物，能完全生活在海水之
55 中。海草演化自陆地，是唯一生活在海洋之中的开花植物类群。

海草具有真正的根系和维管束系统，从它们赖以为生的沉积物中吸取养分（见图17）。海草叶片细长，富有弹性，长度通常为10—50厘米，部分种类可达数米。海草通过延伸地下茎（或称根状茎）来逐步扩展栖息地，地下茎可萌发出新的植株。海草也可进行有性繁殖，借助海流授粉，种子同样靠海流扩散。

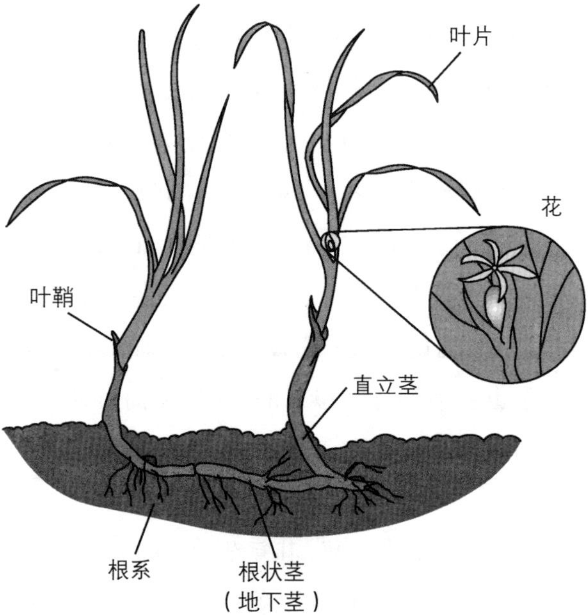

图17　海草结构示意

海草的生长极为迅速。叶片每天可生长1厘米，且不断脱落、新生。因此海草可形成广袤、苍翠的草场，覆盖数万公顷，每平方米内叶片可多达数千。海草在深度不到10米、光照强度高的水中数量最多，但水质极为清澈时它们也能生长在水深40米处。大叶藻（*Zostera*，也称鳗草）广泛分布在温带海域，而在热 56
带，常见的海草为泰来藻（*Thalassia*，亦称龟草）。

海草构成了一个多样化群落的基础。许多附着型和结壳生物栖息于叶片表面，也有蛤蜊和多毛类等埋栖生物生活在根系之间。这些生物为鱼类和其他动物（其中包括重要的商业捕捞种类）提供了丰富的食物来源与庇护所。

在温带，除天鹅、雁和鸭等鸟类外，仅少数动物可以直接摄食粗糙的海草叶片。而在热带海域，儒艮、海牛和绿蠵龟（*Chalonia mydas*）等食草动物以海草为主食。死亡后海草的根叶为细菌和真菌分解，之后被多毛类、蟹类、蛇尾和海参等碎屑生物摄食。

绿蠵龟与海草床息息相关，它所摄食的热带海草也因此被称为龟草。一只成年的绿蠵龟每天摄入约2千克海草。

绿蠵龟在海中交配，之后雌性返回它们出生的海滩并在那里产卵。雌海龟会在海滩的干燥区域挖出一个坑，并将卵产在坑内。产卵后雌海龟用沙子将卵覆盖，之后返回海中。一只雌性海龟在繁殖期可能会数次回到同一片海滩产卵，每次间隔数周。几个月后卵即可孵化，孵化时间通常在夜间，刚孵出的稚龟快速爬向海中。之后它们会停留在自己出生的海滩附近的海域，摄食、生长。性成熟时，绿蠵龟会迁移至新的草场并停留在那里摄食，直至准备回到它们出生的海滩繁殖。这种迁移活动

57 可跨越遥远的距离。比如，一个绿蠵龟种群在巴西沿岸海草床摄食，但会迁移2 300千米至南大西洋中部的阿森松岛筑巢、繁殖。迁移途中，海龟借助太阳角度、波浪方向和气味导航。

在世界各地，人们为了获取海龟肉而大肆捕杀绿蠵龟，龟卵也被作为食物采集。结果，绿蠵龟数量急剧下降且濒临灭绝。在哥伦布探险之前，仅仅加勒比海的绿蠵龟总数便超过9 000万只。在日记中，探险家们用“无穷无尽”和“取之不竭”来形容加勒比海的绿蠵龟。也是自那时起，绿蠵龟便急剧减少，如今数量下降到约30万只（原有数量的0.33%）。现存数量如此之少，导致绿蠵龟对海草群落的影响也甚微，但在过去，绿蠵龟是海草最主要的摄食者。绿蠵龟数量充足时可疏化海草床，减少直接的种间竞争并使数种海草得以共存。缺失了绿蠵龟，构成海草床的某一优势种常过度生长并压制其余种类。

海牛和儒艮等大型海洋哺乳动物也以海草为食。儒艮栖息在印度洋和太平洋的温暖水域，而海牛分布在加勒比海、墨西哥湾以及西非沿海。在澳大利亚，研究显示儒艮以类似绿蠵龟的方式打理着海草床。成群摄食的儒艮疏化海草床，为更多种类的海草共存腾出空间，也利于强健的、更富营养的海草再生。这
58 一效果被归因于儒艮“翻耕”了海草床，改善了营养供给。

海草对于人类社会来说也具有相当的重要性。海草能捕获并固定沉积物，从而稳定海底并保护海岸线，使其免受侵蚀。海草床也是许多经济鱼类以及蛤蜊、螃蟹、虾类和牡蛎等无脊椎动物的育幼场与索饵场。

因此，全球海草床的严重衰退受到极大关注。一项全球综合评估显示，1879年至2009年间，已知海草床的29%消失无踪。

1940年前，海草床年损失率约为1%，1990年后这一数字已增加到7%。其中多数损失是污水排放、近海的持续开发以及挖掘海床的结果，这些活动使得过量的沉积物冲刷入海并引起海草窒息死亡。平时船只螺旋桨转动和起落锚时也会撕裂海草。此外，污染和升温也使得海草更易遭受疾病侵袭。

显然，人们需要更加重视海草生境并采取必要的措施加以保护。这意味着保护重要的海草生境免于近海开发，引导休闲船只不在海草浅滩行驶，也不在海草床下锚。

软底质群落

全球海洋的广阔近海区域，其底质还包含沙质或泥质等类型。这些栖息地受到海流和波浪的强烈影响，尤其是在较浅的水域。沙质底可见于海流强度适中的海域，海流冲走容易悬浮于水中的细小泥质颗粒，留下的即是粗沙粒。泥质底则见于海流微弱的海域，细小的泥质颗粒得以沉积、聚集于此。这两种底质类型都几乎没有植物生活，动物主宰着这些生境。

生活在软底质海底的生物多数选择将自身埋藏于沉积物中，也因此得名底栖生物。种类繁多的营掘穴生活的蛤蜊和多毛类构成了底栖生物中的绝大多数。它们中的多数为滤食生物，可从底层海水中过滤浮游动物和微小有机颗粒。滤食性蛤蜊会把长长的进水管从埋栖处伸到沉积物表面，将悬浮着的食物吸进去。滤食性多毛类常生活在管中，从中探出触须以滤食悬浮颗粒。也有一些蛤蜊和多毛类为食底泥动物，它们直接摄食沉积物，并消化其内的有机物和细菌来获取营养。

并不是所有的软底质群落居民都掘穴生活。蛇尾、海胆、海星、海参、沙钱、海螺、蟹类和虾类等表栖生物便生活在海底表面。多数表栖生物以摄食沉积物上的有机颗粒为生，或像食底泥生物一样，吞食沉积物并消化其内的有机颗粒。还有一些生物，如海螺、蟹类和海星等捕食者，以群落中其他生物为食。

软底质群落的表栖和底栖居民们供养着游弋于海床附近或海床上的许多底层捕食性鱼类。这些鱼类包括鳐鱼和魟鱼，以及许多经济鱼类，如黑线鳕、狭鳕、无须鳕和真鳕，也包括鲆、鲽、
60 鳎在内的比目鱼。这些鱼类常被称为底栖或底层鱼类，它们通常被底拖网捕捞，在养活人口方面发挥着至关重要的作用。

近海死区

许多近海系统正遭受着人类活动排放的过量营养物所带来的极大压力，并悄然改变，这一过程被称为富营养化。造成富营养化的两个首要因素为含氮以及含磷化合物。

氮循环是人为改变最大的全球营养循环之一。为维持土壤肥力、增加农作物产量而施加的氮肥是氮污染的主要来源。播撒在农业用地的含氮化合物并未被作物完全吸收、利用，其中一部分溶于雨水并进入河流之中，最后汇入海洋。农田中的氮多数是以硝酸盐的形式流失的。

氮污染的另一来源是人类排放的污水和动物粪便。此外，化石燃料、木材和农作物废料的焚烧过程也会产生含氮化合物，这部分氮进入酸雨，最终以硝酸形式进入河流和海洋中。

磷肥的大量使用是磷污染的主要来源。播撒在农田的化肥中的部分磷随土壤颗粒一起被冲刷到河流之中，最终汇入海洋。人和牲畜产生的污水与废物，是含磷化合物的另一来源，森林砍

伐也是如此。树木被砍伐后裸露的土壤，以及树木焚烧产生的灰烬，它们所含的磷元素经雨水冲刷进入河流。据估计，许多河流中的磷浓度已是自然状态下的2倍，其中多数磷元素最终汇入海中。 61

过量的氮、磷引发的海水富营养化，促成浮游植物的大量爆发，尤其是在近海水域。这些初级生产者死亡后，会腐烂并消耗水体中的氧气。如果溶解氧含量低于维持多数生物生命所需的水平（每升海水约含2毫升氧），即产生短暂或永久性的死区。生物多样性的丧失、鱼类的高死亡率，以及当地渔业的崩溃，均与这些死区有关。

自20世纪60年代起，全球海洋的死区数量大致每10年翻一番，目前其总数已超过500个，远超1950年时不到50个的数量。死区在有流经密集农业区的径流汇入的海域尤其常见，这也在预料之中。墨西哥湾死区季节性出现，它的成因在于春季密西西比河带来了大量营养物，这条河为一大片密集农业区域提供了水源。死区覆盖面积通常为15 000—18 000平方千米，但在2017年曾扩至23 000平方千米。除了会造成天然海洋系统的整体毁灭，死区也对湾区的商业和休闲性质的虾类、牡蛎渔业造成负面影响。全球其他死区包括波罗的海部分区域、亚得里亚海北部、切萨皮克湾，以及东亚的许多沿岸海域。波罗的海死区是地球上最大的死区之一，面积约为70 000平方千米——大致相当于爱尔兰的面积。

死区是沿海的有害特征，它们的数量和面积正迅速增加。好消息是，大范围采用优化和减少化肥使用的精准农业举措，以及投资改善污水管理系统，可以阻止甚至扭转这一趋势。 62

有害浮游植物爆发

有毒的浮游植物爆发常见于沿海水域，通常被称为“有害藻华”（HAB）。这些有害浮游植物爆发时可达到相当高的密度，并改变海水颜色，有时为红色，因此有害浮游植物爆发常被称为“赤潮”。

少数浮游植物（多为甲藻）是赤潮的成因，它们在细胞中产生一系列强力毒素，并将其分泌到水中。这些毒素随食物网转移，起初是在摄食了有毒浮游植物的浮游动物体内累积，之后是在摄食了这些有毒浮游动物的蛤蜊、贻贝、扇贝和牡蛎体内累积。毒素可沿着食物链一路向上，转移到鱼类、海鸟和海洋哺乳类体内。积累的毒素对上述所有生物均会产生或多或少的影响，有时可导致鱼类、海鸟和海洋哺乳类等生物的大量死亡，并导致当地渔业的崩溃。

人类食用这些受污染的鱼、贝类后可引发神经性症状，比如手指刺痛和肌肉麻痹，以及呼吸系统疾病和腹泻、呕吐、痉挛等肠胃系统症状。上述症状有时可十分严重，甚至致命。有毒浮游植物可因波浪运动而悬浮于空气之中，进而形成海雾，当人体吸入这些雾气时，可引发类似哮喘的症状。

偶发的赤潮是正常的自然现象，也很可能是近海的特征之一。17和18世纪的早期探险者就描述过海水变色的现象，也注意到土著居民因担心中毒，在一年中某些时间采集贝类时会避开
63 某些地点。但近几十年来，赤潮逐渐以更高的频率发生，并在更长的时间内影响到更多的海域，而且更多的浮游植物牵涉其中。

目前，人们还不完全清楚赤潮发生频率增加的原因。部分原因可能是关于赤潮和海鲜中毒事件的认知与报导增加，但近

海富营养化的加剧促使浮游植物爆发这一点是基本明确的。同样，有毒浮游植物正随着船只压舱水在全球港口间传递。压舱水是被抽入船只压载舱和货仓的海水，在航行中有助于稳定船身。当船只将货物运送到港口，准备载着更少的货物或空载驶离港口时，压舱水被抽入船内。百万升海水被一次性注入船只，通常会被运输并排放到船只下一站载货的港口。这可能是有毒浮游植物分布扩张的原因。有些种类能以孢囊的形式在沉积物中休眠许多年，直到环境适合它们生长，之后导致赤潮发生。

生物入侵

有毒浮游植物以外的其他许多近海生物也会随压舱水被一并抽入船内。当船只在浅水时，抽水也能带入沉积物及其中的底栖生物。这些生物之后随着压舱水被排出。非当地或者外来的入侵生物以这种方式被引入原先没有人为干预时它们未分布的地区。每年转运的压舱水约有100亿吨之多，每天随压舱水运输的海洋生物达数千种。 64

船只也能以别的方式将生物长距离运输。船蛆等钻孔生物可栖息于木质船身内，藤壶和海草等附着生物则污损了船身。它们能将营自由生活的幼体释放到国外港口，幼体沉降后便可入侵新的栖息地。

通常，只有极少数入侵种类能在新的环境中存活下来。然而，某些偶然条件使得它们生机勃勃，甚至在原先的天然群落中占据优势。这可能是因为入侵种在新的环境中缺少天然捕食者、病原体或者寄生虫，这些因素原本能限制其数量；也可能是因为入侵种恰巧遇到异常充沛的食物，或者能在栖息地空间和食物竞争中压制本地物种。海洋生物入侵的例子不胜枚举，海草、水母、海绵、多毛类、蟹类、藤壶、海星、蛤蜊、贻贝、牡蛎、海螺、鱼类以及其他许多生物均涵盖在内。

淡海栉水母（*Mnemiopsis leidyi*）是一种水母状生物，它在20世纪80年代随压舱水从北美近海被引入黑海，很好地展示了生物入侵所能造成的破坏。这种动物在黑海缺乏其捕食者的环境中迅速繁殖，如瘟疫一般扩散，狼吞虎咽地摄食浮游动物、鱼卵及仔鱼。黑海鱼类资源因此在20世纪90年代初崩溃，给当地造成了巨大经济损失，捕食鱼类的海豚也随之消失无踪。有趣的是，另一个随压舱水入侵的外来物种——卵形瓜水母（*Beroe ovata*）反而缓和了栉水母在黑海引发的生态灾难。1997年前后，瓜水母在黑海兴起，并大量捕食先入侵的栉水母，使得其数量剧减。耗尽食物来源后，瓜水母种群随栉水母一同崩溃。自
65 此之后，鱼类资源开始恢复，海豚也重现黑海。

引入澳大利亚的多棘海盘车（*Asterias amurensis*）提供了另一个绝佳范例，展示了外来物种侵入新的栖息地所能造成的剧烈影响。多棘海盘车原先分布于日本沿岸、中国北方、朝鲜半岛和俄罗斯，在20世纪80年代被引入塔斯马尼亚，引入时可能是作为压舱水中的幼虫，或是附着在船身上的幼体。

海盘车种群在新的栖息地扩张开来，至20世纪90年代中期在一些地区已达到惊人的密度。例如，在塔斯马尼亚的德文特河河口，据估计有3 000万只海盘车个体，密度达到每平方米10只。海盘车是贪婪的捕食者，所经之处几乎无所不食，摄食种类包括贝类、蟹类、海胆、海鞘和其他种类的海星，海底完全为其所占据。因有可能大量捕食养殖的贻贝、牡蛎和扇贝，它们直接威

胁着河口区域的水产养殖业。

这些外来的入侵种一旦扎根，人们便很难完全清除它们。人们尝试过种种举措以抑制海盘车的扩散，包括雇用潜水员徒手捕捉这种动物，以及用笼网捕捉或者打捞它们，也曾商业捕捞后将其加工为肥料。上述举措在重建当地海洋系统上均不甚成功。目前工作集中在通过教育行动来鼓励人们上报海盘车的目击记录，随即快速根除上报地区的海盘车，以此来限制海盘车的扩张。

国际间也正联手限制外来物种的扩散。现在船只在抵达港口前，需要在外海清空压载舱，再将其重新注满。如此一来，港口内搭上压舱水便车的生物将被排入外海，在这里它们无法存活，而在外海吸入的浮游生物将在下一个港口的近海区域被排出，那里的条件同样不适于它们生存。许多国家也规定，船只在 66
排出压舱水前需利用船上设备对其进行处理，处理方式则是过滤、加热或投放消毒剂，且三者常一并使用。

塑料碎屑

过去60年里，源于石油和天然气的塑料材料已成为人类社会中随处可见且不可缺少的产品，同时也是人为垃圾的主要来源之一。1967年时塑料年产量约为200万吨，而今则攀升到3亿8 000万吨。迄今为止，人类共生产了约83亿吨塑料，其中超过四分之三被丢弃并进入垃圾填埋场，或积聚在更广阔的环境中。

毫无疑问，大量的废弃塑料最终汇集到海洋之中——每年1 000万吨。海洋中约80%的塑料碎屑直接来源于陆地，或经由河流入海。10条河流——非洲2条，亚洲8条——排放了90%以上的海洋塑料碎屑。船只是海洋塑料污染的又一主要来源。五花八门的塑料垃圾从商业和休闲船上倾倒到海中，渔船则丢弃或遗失鱼线、浮标、渔网等大量渔具。

塑料碎屑的主要问题在于它的持久性。塑料材料因其化学惰性、耐久性备受赞誉，但也因此降解十分缓慢，可在环境中存在数百甚至数千年之久。半个多世纪以来，海洋一直受到塑料
67 垃圾堆积的影响。如今塑料碎屑在海洋中几乎无处不在：漂浮于海面，悬浮于水柱中；积聚在所有大洋的环流中，由于其环形运动，环流往往会捕获漂浮的碎屑；堆积在海面下所有深度，散落在所有海滩。经年累月之下，塑料碎屑粉碎为极其微小的微塑料颗粒。这些微塑料悬浮于海水中，并缓慢沉降，抵达海底。

全球搁浅在海岸线上的塑料碎屑总量十分惊人。在英国，平均每千米海岸线上散布着超过7 000块塑料垃圾；在加勒比海，少则1 900块左右，多则11 000块以上；而在印度尼西亚，数量超过29 000块。海床调查显示每平方千米内散落着数以百计的塑料碎屑，在印度尼西亚和加勒比海的一些区域，甚至能达到数以千计。

2007年到2013年间，人们在澳大利亚沿岸、孟加拉湾和地中海共进行了24次航行调查，以研究海洋塑料碎屑总量，调查航程横跨五个大洋环流区。采集数据显示，总重量超过250 000吨的5万亿片碎屑正漂浮于海洋之中。定期的网具调查则发现，海表面每平方千米漂浮碎屑的数量从1 000块到100 000块不等，部分网次甚至远不止于此。多数塑料碎屑（约92％）由大小不足4.75毫米的微塑料构成。

塑料碎屑对许多海洋生物极为有害，生物可能被塑料缠绕

至死或将其误认为食物而吞食。记录显示，数百种生物深受其害，包括企鹅、信天翁、鹈鹕等海鸟和滨鸟，鲸、海豹、海狮、海獭、海牛和儒艮等哺乳动物，以及鲨和多种海龟。缠绕事件常由废 68
弃渔网、绳索、钓鱼线、捆扎带和六环圈塑料包装导致。海龟和海鸟平时会吞食五花八门的塑料碎屑，可能是因为将碎屑误认为食物。比如，海龟似乎会将塑料袋误认为自己食物之一的水母而吞食。吞下的塑料会引发肠梗阻，进而导致生物死亡，有时有毒物质也能从塑料中析出并造成其他不良影响。微塑料也被发现于桡足类等浮游动物的肠道和组织之中。令人不安的是，塑料颗粒现在已经被发现于人类食用的海鲜之中，如真鳕、黑线鳕、鲭鱼和贝类。尽管在2016年欧洲食品安全局便警告这可能对食品安全和人类健康造成风险，但食用被塑料污染的海鲜的潜在影响仍在争论中。

塑料碎屑危机的影响之大令人却步，但值得庆幸的是，社会对这一问题的认识和关注正在迅速提高，一些措施也已经开始实施。目前的共识是解决上述问题需要政府、非政府组织（NGO）以及全球工业通力合作，多管齐下：改进废弃物回收系统以减少陆源污染，尤其是在欠发达国家；大力提升塑料制品循环利用率；减少新塑料制品产量；通过禁用一次性塑料袋以及减少塑料制食品包装等措施，遏制对塑料的需求；清除河道塑料垃圾，防止其扩散入海；清除海中塑料垃圾，减少其对海洋生物的危害，并防止其转为危害更大且难以清除的微塑料。

一个名为“海洋清理”的公益组织已发起一项宏伟计划，以减少北太平洋环流区（常被戏称为太平洋垃圾带）的塑料碎屑。
计划的首个测试系统已于2018年末布置到环流区域。该系统由 69

一个600米长的U形浮管组成，管上挂有长达3米的下摆。漂浮于海面或海面下方的塑料被风和海浪移动到此系统中央。下摆由光滑的防渗透材料制成，因此浮游生物不会被困于其中，而鱼类可从下方游出包围圈。改进版本则旨在更有效地收集塑料，并已于2019年年中部署、投入进一步测试，目前运转良好。海洋清理组织现计划建造并设置60个类似系统，每隔数月就有船只从系统中清除塑料并将其运回陆地加以回收利用。5年内，上述系统可清除太平洋垃圾带中50%的塑料废物。尽管如此，要充分解决海洋塑料问题，这些清理系统还必须成为更广泛举措的一部分，从根源上阻止塑料从陆地流入海洋。

第四章

极地海洋生物学

南北极极端的环境下依然有着生机勃勃的海洋生物系统。南北极都具有标志性的低温、冰封的海洋，光照水平有着极端的季节性变化。然而，在其他许多方面，南北极又各有千秋，并演化出截然不同的独特生态系统。

北冰洋海洋生物学

北冰洋面积相对较小（约1 560万平方千米），为一具有广阔大陆架浅水域的相对封闭的水体。它被大陆块所环绕，出口仅有两个：其一为连接太平洋的白令海峡，宽度狭窄，深度仅70米；其二为连接大西洋的弗拉姆海峡，相对宽阔，深度达400米。数条西伯利亚和加拿大的大型河流注入北冰洋，形成一层深度为20—50米的薄薄的低盐度层，它漂浮于盐度更高、更致密的海水之上。这些河流带来的大量有机物，也使得北冰洋的大片区域底质类型为软底质。 71

北冰洋表层海水温度常年处于或接近海水冰点（−1.9℃）。

因此，北冰洋多数海面为永久的冰层所覆盖，这些海冰随季节扩展或消退。冰盖在4月达到最大，此时为北极冬天的尾声，在9月面积最小，此时北极夏季即将结束。夏季融冰多发生在北冰洋广阔的大陆架水域，而中心海域全年为海冰覆盖。持续数年未融化的多年冰厚度可达3—4米，其余则是较薄的当年冰，厚度为1—2米。

人们可能会认为，如此巨量的冰冻海域会是生命的禁区。实际上，海冰庇护着丰富多彩的、极地特有的海洋群落，并奠定了极地食物网的基础。海冰适于栖息是因为其多孔的结构，在这一点上它与实心的淡水冰不同。当海冰成型时，冰晶间的细微空间被高盐水填满而免于冻结。通过此过程，一个由高盐水通道和空间构成的三维网状结构在海冰内部形成，其尺寸从微观到数厘米不等。这些通道与冰下的海水相连接。

秋冬季节，病毒、细菌、古菌以及原生生物被纳入向下生长的海冰。北冰洋大量的初级生产就在海冰内进行，在永久冰覆盖的海域甚至能达到三分之一。春夏季节，充足的光线穿透冰上的雪层以及海冰自身，维持着盐水通道内与海冰底层的光合细菌、硅藻、甲藻的初级生产。这些光合生物数量迅速增加，使得海冰变为褐色（见图18）。海冰提供了独一无二的、稳定的海
72 洋栖息地，使栖息其内的光合生物始终处于真光层，初级生产力因此得以最大化。

一个完善的、近似于表层大洋微生物循环的微型群落由此建立（见第二章）。自养细菌以及以DOM为食的异养细菌，被数量众多的鞭毛虫捕食，后者又成为体型更大的纤毛虫的食物。

图18　直径1米的冰芯显示出明显的棕色冰内生物群

大型的浮游动物，如端足类和桡足类，蜂拥至冰下并以盐水通道为栖所，捕食纤毛虫和硅藻、甲藻等大型光合生物。这些大型冰下生物构成了北极食物网中连接更高营养级的关键一环（见图19）。它们是北极鳕等底层捕食鱼类的重要食物来源。这些底层鱼类又被枪形目、海豹和鲸等捕食。海豹则是现存的约25 000头北极熊的重要食物来源之一。北极熊能熟练地捕捉从冰上呼吸孔中露出，或是正爬向冰缘的海豹。

夏季过半，随着海冰边缘开始消融，冰藻得以进入冰下的海水之中，并孕育了浮游植物的爆发。夏天一天天过去，冰缘逐渐碎裂、消退，浮游植物的爆发在冰缘制造出一片20—80千米宽的高生产力区域。众多海象、海豹、独角鲸、白鲸和露脊鲸，以及海鸟和北极熊，汇聚于这片海冰交界处。夏季，这片海冰绿洲逐渐消退，这一临时群落随之向北移动数百千米。

74 夏季爆发时未被消耗的有机物则沉降到海床，支撑起北极的底层群落。端足类、多毛类、蛤蜊和蛇尾等底栖生物栖息于北冰洋软底质沉积物上或沉积物内，在大陆架区域尤为常见。捕食这些生物的绵鳚和杜父鱼等鱼类栖息于大陆架，也吸引了灰鲸和海象在此捕食。

作为人为导致的气候变化的结果之一，北极地区正在变暖，而且是以高于世界其他区域的速度。这对北冰洋的冰盖造成了巨大影响。一个明显的趋势便是海冰的总厚度正迅速下降，从1980年的3.64米下降至2008年的1.89米。在20世纪70年代末之前，冬末海冰覆盖面积接近1 560万平方千米。然而，自1979年起，北冰洋冬季最大海冰覆盖面积平均每10年减少3%，近年来减少速度更是激增，面积已降至约1 440万平方千米。夏季冰

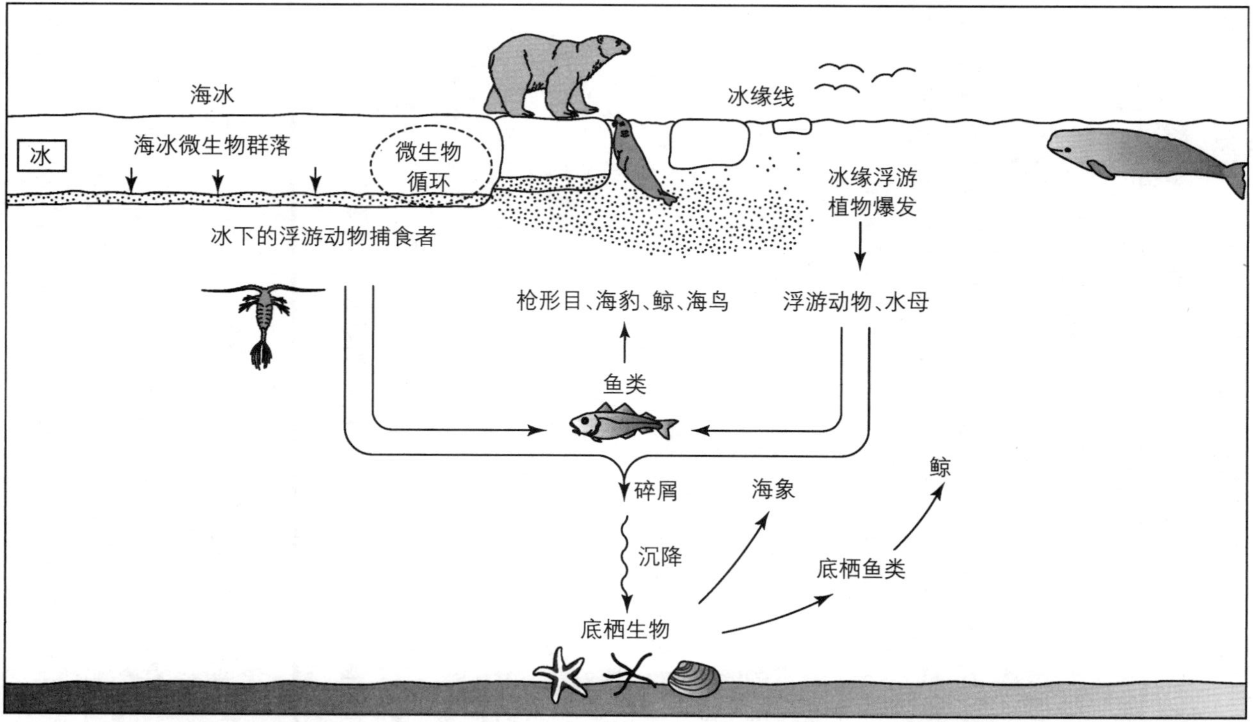

图19 北极食物网示意图

75

盖最小覆盖面积以更快的速度减少着，过去10年，夏季冰盖最小面积仅为350万至500万平方千米，而长期平均水平约为700万平方千米。按这个速度，在2040年前，甚至可能在未来10年内，北冰洋一年中将有数月时间近乎或完全无冰。

显然，我们所知道的北冰洋即将成为历史，而它的消失将对海洋生物学产生深远影响。例如，总体的初级生产将大幅上升，因为减少的雪和冰层意味着更深的真光层深度；无独有偶，夏季时，多数海冰微群落将消失无踪。仅这些变化就足以剧烈影响北极的食物网。海豹和北极熊等生活与海冰密切相关的生物，受到的影响将尤其严重，这是因为它们的繁殖和摄食场所都将
76 大为减少。

由于捕鱼船难以在海冰区航行，目前北冰洋不存在商业渔业。然而，随着冰盖消退，北冰洋将对商业捕鱼船队更具吸引力，尤其是海洋升温正使得鳕鱼和大比目鱼等重要鱼类资源向北极移动。幸运的是，欧盟及其他九个国家已于近期同意在北极大部分地区暂停捕鱼，至少持续到2034年。海洋生物学家得以有时间深入研究不断变化的北冰洋生态系统，并希冀能为将来的可持续利用提供指导。最好的结果是签署进一步协议，将北冰洋设立为永久的海洋保护区。

南大洋海洋生物学

北极和南极的海洋系统是地理上相反的两极。与大部分被陆地包围的北冰洋相比，南大洋环绕着南极大陆块并连通着大西洋、印度洋和太平洋。北冰洋受入海径流的强烈影响，而南极大陆没有河流，且南大洋底质普遍为硬底质类型，海表面也不存

在如北冰洋般的低盐度层。同样，与北冰洋浅而宽阔的大陆架相反，南极大陆架十分狭窄且陡峭。

南大洋北部大致边界常被定为南纬60°。因为南极大陆的边缘大致位于南纬70°，所以南极海洋系统指的是宽度约为10°（约1 100千米）的环状海洋。

南极大陆为厚厚的冰原所覆盖，冰原从大陆中心向海岸辐 77
射，其延伸入海后形成一块宽广的、厚度达100米的永久性浮冰，它被称作冰架。在冰架临海的部分，海水季节性冻结。

南大洋季节间差异极大。南半球冬季伊始，海水即开始结冰，冻结锋面以每天10千米到数百千米的速度迅速向外扩张。至南半球冬季尾声，多达1 800万平方千米的海面为冰层覆盖。不同于北冰洋的是，这些海冰几乎都会在夏季融解，仅约300万平方千米的海冰能够幸存。因为南大洋海冰多数仅能持续一年，所以冰层较北冰洋为薄，通常厚度仅为1—2米。

南极水体受发源于地球另一端的海水带来的永久上升流滋润，营养极为丰富。如第一章所述，北大西洋形成了低温的致密海水——北大西洋深层水，它沉降并缓缓向南流动至大西洋海盆底部，再流动数百年后出现在南极洲海岸。这一持续的低温、高营养的上升流，以及南极夏季长时间的日照，共同营造出浮游植物生长的理想环境，进而驱动着南极海洋系统的高生产力。

与北极一样，南极也存在一个完善的海冰微生物群落。与北冰洋相比，这里的冰层更薄，可用于光合作用的光线更多，所以冰中的光合藻类数量更多，生产力也更高。硅藻数量尤其之多，随着春季海冰碎裂、消融，这些硅藻进入冰缘的开放水体中，形成藻华。

这种初级生产力的大规模爆发支撑起南极磷虾（*Euphausia*

78 *superba*）这一南极最重要的海洋物种。南极磷虾外形与虾类似，是颜色近乎透明，长度为4—6厘米的浮游动物（见图20）。它们的寿命为5—10年，可以在浮游植物匮乏，其他食物也稀缺的漫长、黑暗的南极冬季存活下来。冬季期间，磷虾会降低自身的代谢速率，收缩身体大小，恢复到幼体状态。当春季食物再次充足时，磷虾则快速生长并再度发育至性成熟阶段。

在春季，磷虾匍匐于海冰之下，摄食丰富的光合微生物。当海冰碎裂时，它们离开海冰，直接用捕食肢滤食大量爆发的硅藻。如此充足的食物使磷虾得以快速生长和繁殖，并汇聚成每立方米超过10 000只的大群，其密度之高，足以将海水染成红棕色。

79 磷虾集群呈块状分布，且大小变化极大，部分群体从海面俯视仅几平方米大小，有些则能达到数百平方千米，包含数百万吨

图20　南极磷虾

磷虾。由于南极海洋系统的广阔面积，磷虾数量相当之大，据估计约为6 000亿只或5亿吨。以数量或生物量而言，南极磷虾是地球上最多的动物种类之一。相较之下，全球人口总数约为73亿，总生物量则与磷虾相近。很自然地，磷虾在南极海洋系统中起着关键作用。磷虾是鱼类、枪形目、须鲸、豹海豹、海狗、食蟹海豹以及海鸟等几乎所有南极生物的主要食物来源，也因此构成南极短而高效的食物链中的关键一环（见图21）。

夏季，南极海域栖息着大量的蓝鲸、露脊鲸和长须鲸。这些鲸口中有着筛网般的须板，利用这些须板，鲸能大量捕获磷虾。它们张开大嘴，吸入满是磷虾的海水，利用舌头使海水流过须板，磷虾则留在须板上。

所有在南极的鲸都会进行洄游，南半球夏季时它们在南极海域摄食，之后在冬季长距离游动到更温暖的北方海域进行繁殖。在南半球的春季，它们随着海冰的消退掉头返回南方。

食蟹海豹虽然拥有这样一个名字，但它们实际以磷虾为食。这些栖息于浮冰上的海豹有着特化的牙齿，使得它们可以直接从海水中滤出磷虾。食蟹海豹的捕食方式与须鲸很是相似，它们也是吞下一大口海水，海水经齿缝流出时磷虾被筛留下来。因为有着磷虾这一巨大的食物资源，食蟹海豹数量极为丰富。80
人们认为在南极海域至少有700万只食蟹海豹，这也使得它们成为地球上数量最多的大型哺乳动物之一。

南极企鹅也以磷虾为食。在南极数量最多的企鹅种类当属阿德利企鹅，约有250万个繁殖对。阿德利企鹅以磷虾和小型鱼类为食，可潜入数百米深处觅食。年幼的企鹅尤其依赖磷虾，如果某年磷虾数量很少，它们的死亡率就会随之升高。

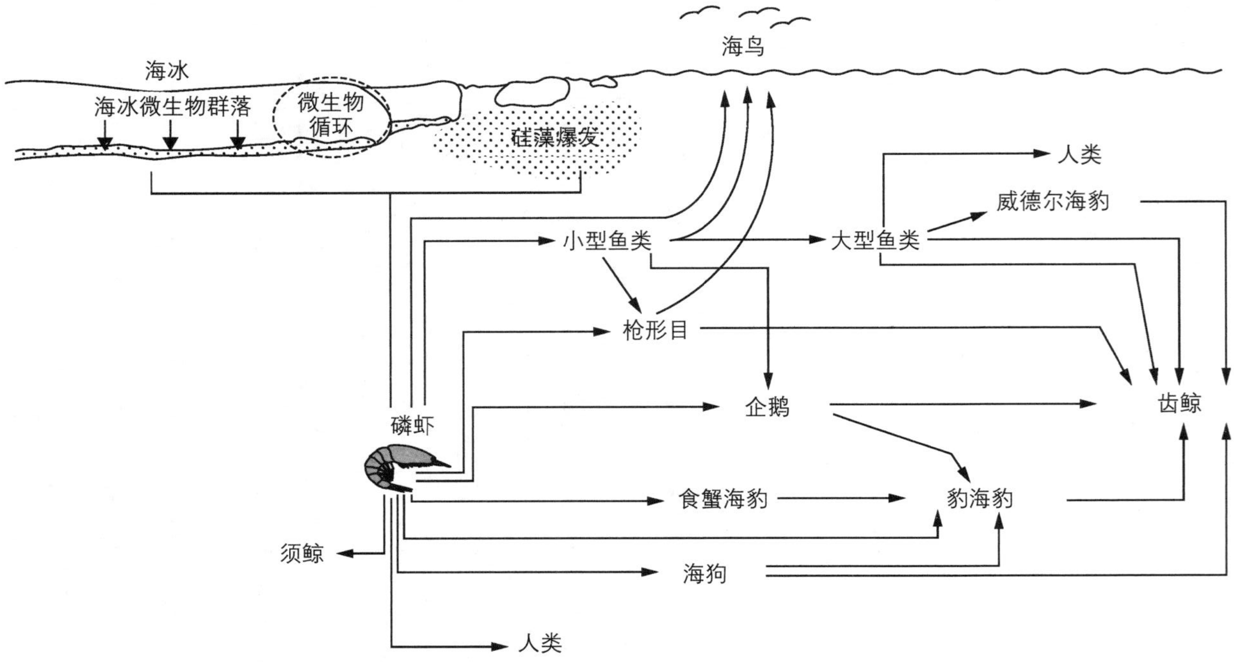

图21　南极磷虾在南大洋食物网中的核心地位

南极海洋系统中常见到各种大型捕食者。豹海豹即其中之一，它们是贪婪的捕食者，全副武装地捕食企鹅、食蟹海豹、海狗等大型猎物。然而，豹海豹也会摄食无处不在的南极磷虾，并且有着部分类似于食蟹海豹的特化的牙齿，以过滤磷虾。虎鲸（也称杀人鲸）是南极另一种常见的捕食者，它们以鱼类、企鹅、海豹和其他鲸类为食，但即便是虎鲸，有时也会捕食磷虾。

多种多样的枪形目也是南极海域的常客，它们是抹香鲸等齿鲸和海鸟等大型海洋动物的重要食物来源。地球上最大的无脊椎动物之一——大王酸浆鱿就栖息在南极的深海之中。先前这一深海生物的完整标本始终难觅，人们只是从捕鲸者猎杀的抹香鲸胃中残留的只鳞片爪才知道它的存在。但在2007年，新西兰的一条深海渔船在大约2 000米的深度捕获一条活体的大王酸浆鱿。这只大王酸浆鱿长10米，重近500千克。胃含物分析显示大王酸浆鱿是南极海域抹香鲸的主要猎物。许多抹香鲸身上的伤痕也可能是由大王酸浆鱿两条长长的触腕顶端的尖锐 82
倒钩造成的，这也为二者在南极低温深海中的缠斗提供了证据。

冰鱼作为不同寻常的鱼类类群，也常见于南极。这些鱼类生活在接近冰点的海水中，血液中缺少运输氧气的红细胞和血红蛋白。氧气直接溶解在它们的血浆中并在体内运输。因为冰鱼的体液温度很低，且溶解氧含量随温度降低而升高，所以冰鱼可以获取充足的氧气。它们还具有其他适应机制来防止身体被冻僵。比如，冰鱼的体液中含有结构复杂的蛋白质和糖类，这些成分可以降低冰鱼的血液冰点，起到防冻保护的作用。

包括信天翁、海燕和鹱在内的海鸟广泛分布在南大洋，它们摄食磷虾、枪形目和各种鱼类。其中漂泊信天翁（*Diomedea exulans*）

也许是最典型的南大洋鸟类。漂泊信天翁是体型最大的信天翁，翼展可达3米甚至更多，它在生命中的多数时间里展翼滑翔于南大洋风系中。信天翁会在数千平方千米的海洋范围内寻找食物，一天内的飞行距离可达1 000千米。繁殖时信天翁才返回陆地，其繁殖场多位于亚南极区的群岛上。

虽然极度严寒，但南大洋的海底生物群落却格外繁盛。在水深不足15米的浅海，海床与碎冰的摩擦成为日常。在这里没有固着生物生活，在无冰期则栖息着海星、海胆等游走动物，有硅藻可食用时大型的纽虫也会涌入，摄食硅藻以及死亡或将死
83 的其他动物。

更深的海中，海葵、珊瑚和海绵等底栖固着动物大量扩散。在某些区域，这些生物的密度能达到地球海洋环境中的最高纪录。

过去，生活在南大洋的海洋哺乳类曾被残酷地大肆捕杀。海狗捕猎始于18世纪晚期，至1830年，多数海狗种群被彻底消灭，或者规模缩小到不足以让捕猎者获得盈利的程度。1964年时海狗被列为受保护物种，当前数量已恢复到超过500万只，可能比开发之前还多。

南极捕鲸业始于20世纪早期，最初的目标为座头鲸，之后迅速波及南露脊鲸、蓝鲸、长须鲸、塞鲸和抹香鲸等其他种类。在二战前几年，每年有成千上万只鲸被捕杀，1956年到1965年这10年间，捕杀记录为631 518只。在20世纪60年代，继续捕杀幸存下来的少数鲸类已无利可图，捕鲸业随之崩溃。此时，南露脊鲸和座头鲸已锐减至初始数量的约3%，蓝鲸则是约5%，长须鲸和塞鲸为20%左右。商业捕鲸的禁令于1987年生效，此后除日本打着科研旗号少量捕鲸外，再无鲸类惨遭捕杀。

随着海狗和鲸类种群的衰退，对南大洋海洋物种的开发沿食物网下行，转向处于更低营养级的小型生物。商业渔业始于20世纪60年代晚期，初始捕捞对象为鳄头冰鱼等。在20世纪80年代，渔船开始利用设置在1 000米左右深度的延绳钓钓具捕获小鳞犬牙南极鱼。作为目标种类的犬牙鱼长度可超过2.3米，重量达130多千克。它被冠以“智利海鲈鱼”的商品名，并成为高 84
价抢手货。目前记录在案的年捕捞量约为12 000吨。在20世纪90年代后期，延绳钓渔业将莫氏犬牙南极鱼（小鳞犬牙南极鱼的近缘种）也纳入捕捞范围，目前年捕捞量约4 000吨。犬牙鱼是抹香鲸、虎鲸、威德尔海豹和大型枪形目的食物之一，它的数量减少可能会影响到这些相关物种。需求超过供给的局面，很快便催生出非法捕捞，即船只未获得捕捞配额就进行作业。由于南极海洋生物资源养护委员会（CCAMLR）加强管控，近年来非法捕捞逐渐减少，但其年产值仍数以亿计（美元）。

甚至连南大洋的磷虾也逃不过人类的开发利用，它们被设置在水深200米处的拖网捕获。南极磷虾渔业始于20世纪70年代，到80年代早期，年产量约50万吨。之后因在南极捕捞的高额费用，许多国家放弃了这一渔业，年产量下降至10万吨上下。然而，磷虾需求似乎再度上升，自2010年起，年捕捞量为20万到30万吨不等。多数磷虾被加工为鱼粉，而鱼粉是鱼类养殖中饲料的主要成分之一。近些年来，磷虾也作为鱼油等保健品的原材料被加工利用。

自20世纪70年代起，南大洋部分海域的磷虾数量已急剧下降，其幅度可能高达80%。这一情况或许是由南极持续上升的气温引发的海冰衰退所引起的。冬季时，磷虾以海冰为栖所

85 并从中获取食物，已有数年的观测显示，当海冰较弱时，次年磷虾丰度随即降低。当磷虾数量下降时，纽鳃樽却似乎不减反增。它们是凝胶状的浮游动物，与磷虾相比，它们能生活在水温更高、生产力更低的海域。

长期以来的南极海洋资源开发和气候变化的日益严重使一个普遍的认知不再成立，该认知即南极是地球上最后一个原始的海洋系统。由于南极地处偏远，以及确认南大洋系统初始自然状态的历史基线的缺失，还有生物间复杂的交互作用，人们难以记录具体变化，但人为影响无疑已破坏了南极海洋系统原本的生态平衡。

保护和重建南大洋海洋系统的第一步始于2017年罗斯海海洋保护区的设立。罗斯海是南大洋的一片深海湾，世界最大的海洋保护区就坐落于此，面积为210万平方千米。保护区110万平方千米范围内禁止捕捞活动。不幸的是，该协议将在35年后到期，所以这还不是一个永久性的海洋保护区。2018年时，CCAMLR成员国竞标在威德尔海创建一个更大的保护区，最终受阻于俄罗斯、中国和瑞典，2019年时在南极东海岸设立保护区的提案也未能通过。显然，南大洋保护任重道远，人们尚需努
86 力，使其免遭未来的开发，并逐步恢复这一重要的海洋环境。

第五章

热带海洋生命

热带海洋环境指的是全球海洋表层全年始终温暖的海域，其温度很少低于20℃。这种海域位于北半球北回归线与南半球南回归线之间（北纬23°到南纬23°）的、跨越赤道的海洋带内。

珊瑚礁

珊瑚礁体现了热带海洋的标志性景象，并因其美丽的外表、丰富的生物多样性、高生产力以及经济重要性而成为全球重要的自然系统（见图22）。这些“海中热带雨林”是十分复杂的系统，也栖息着种类多至令人难以置信的海洋生物（约占全部海洋生物种类的四分之一到三分之一），全球珊瑚礁上的不同物种总数达数百万。

珊瑚礁系统为数百万人提供了食物，欠发达国家鱼类捕捞
量的四分之一来自珊瑚礁区。它们构成天然的保护屏障，使沿 87
海社区免遭飓风、台风和气旋掀起的海浪的影响。在沿海水域

图22　位于澳大利亚大堡礁的苍鹭岛珊瑚礁俯瞰图

拥有珊瑚礁的许多地区，珊瑚礁还是旅游业的就业基础，为数百万人提供了工作机会。在上述价值数十亿美元的生态系统服务之外，珊瑚礁还具有无法量化的巨大内在价值，任何在健康珊瑚礁上浮潜或潜水的人都可以证明这一点——没有珊瑚礁，我们的星球和人类社会将无限贫穷。

物理环境需求

尽管珊瑚礁如此重要，但它们仅占地球表面积的很小一部分——面积约为284 000平方千米——不足大陆架面积的1.2%。因此，珊瑚礁是全球范围内稀少的生态系统。这是因为
88 珊瑚虫（造礁主力）对物理环境有着极为严苛的要求。

造礁珊瑚在海水温度高于23℃时生长状况最佳，极少生活在水温长时间低于18℃的海域。因此在出现低温上升流的热

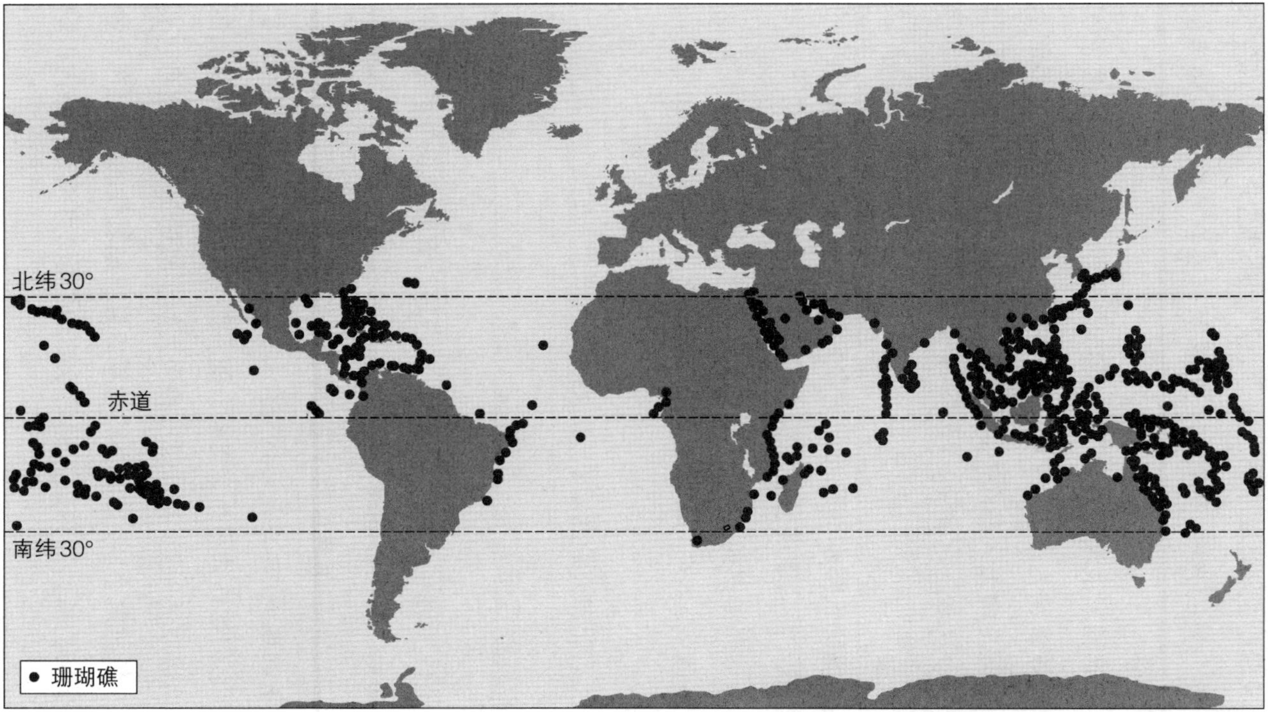

图23 珊瑚礁全球分布图

带海域，比如南美和非洲西海岸，没有珊瑚礁分布。珊瑚生长还需要大量的光照，因此它们通常只分布在水深不足50米的清澈海域。

造礁珊瑚很难耐受盐度低于30的淡海水，因此无法生活在淡水间歇性涌入的海区，比如河口水域，或者有大量降雨的水域。这就是南美大西洋方向的热带海岸没有珊瑚分布的原因，这里有亚马孙河和奥里诺科河汇入的大量淡水。

最后一点，造礁珊瑚在波浪运动适中的海域生长得最好，适度的波浪能使海水保持充沛的含氧量，持续为珊瑚带来稳定的食物供给，并从珊瑚表面冲走遮光的沉积物。

全球海洋中能汇集、满足这一系列严苛物理条件的海域，发育出壮丽的、生产力高的珊瑚礁系统，比如加勒比海，印度尼西亚、菲律宾、南太平洋、热带印度洋的许多岛屿，红海，以及澳大利亚的东北和西北海岸（见图23）。

珊瑚生物学

造礁珊瑚也被称为石珊瑚，它们是与海葵亲缘关系相近的群居动物。每个珊瑚群落由数千只被称作珊瑚虫的个体所组成（见图24）。群落通过无性生殖扩张、生长，珊瑚虫上不断萌芽，长出新的珊瑚虫，这些基因完全相同的珊瑚虫使得群落不断扩
90 大，但它们始终共用一个胃腔。随着群落的生长，珊瑚虫从周围海水中提取钙元素，并分泌出相当大的碳酸钙骨骼，将自身包裹起来。依种类不同，骨骼下的珊瑚虫有单独居住的，也有在骨骼上的长沟内成排排列的。遇到危险，珊瑚虫可缩进骨骼内保护自己。

虽然造礁珊瑚是一种动物，但它们最大的特征之一，是很多时候它们起到了类似植物的作用，这解释了为什么造礁珊瑚只能在光照充足的环境中生长。这是因为所有的造礁珊瑚种类都与光合微生物有着千丝万缕的联系。珊瑚虫身上连接触须和胃腔内侧的组织中充满了被称为虫黄藻的光合细胞（见图24），这是一种光合甲藻，是通常自由生活在海水中的浮游植物类群 91
（见第二章）。1平方厘米的珊瑚虫组织内含有数百万个虫黄藻细胞。

造礁珊瑚为了获取食物而“培育”这些虫黄藻。它们不是直接摄食这些虫黄藻，而是以化学方式控制组织内的虫黄藻密

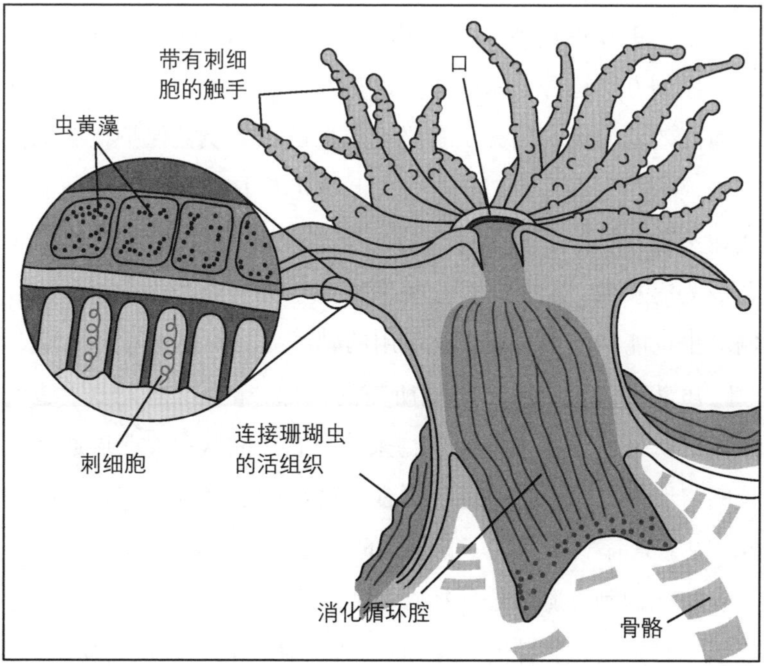

图24　珊瑚虫解剖结构图

度，并刺激虫黄藻，使其将自身光合作用合成的有机物分泌到它们的肠组织内。根据物种的不同，珊瑚虫从这些虫黄藻中获得50%到95%的食物。

珊瑚有好几种方式来获取所需的虫黄藻。当珊瑚虫萌发芽体时，新的珊瑚虫保留了部分原有的虫黄藻。珊瑚虫也能进行有性生殖，此时，珊瑚虫将自身的部分虫黄藻加入它产出的卵子中。部分未被给予虫黄藻的幼体珊瑚虫，则必须在生长时从外界环境中获取光合细胞。在这种情况下，珊瑚虫会把化学物质分泌到海水中，以吸引所需的甲藻，将它们吞下并融入自身的细胞。之后珊瑚虫用特殊的细胞膜包裹甲藻细胞，并开始控制它的新陈代谢。

珊瑚虫和虫黄藻在二者的共生关系中互惠互利，虽然前者属于控制方。这种关系的美妙之处在于它使得营养在二者间紧密而高效地循环利用。负责光合作用的虫黄藻被保护在珊瑚虫体内，并能直接从寄主珊瑚虫身上稳定获取光合作用所必需的代谢废物（二氧化碳、氮和磷）。有光照时，虫黄藻将这些物质合成为有机物，其中一部分被珊瑚虫作为食物“偷回”。同时，
92 珊瑚虫也能利用虫黄藻光合作用的副产品——氧气。

虽然虫黄藻提供了珊瑚所需的大部分能量，但大多数造礁珊瑚仍从外界环境中捕捉食物来补充它们的饮食。珊瑚通常在夜间将珊瑚虫探出骨骼进行摄食，正因如此，珊瑚群落在夜间看起来“毛茸茸”的。每只珊瑚虫的口周围环绕着一圈触手，触手上有特化的刺细胞（见图24），它们被称作刺丝囊。这些刺细胞能喷出有毒且有黏性的刺丝，能制服浮游动物等小型动物，而这些小型动物正是珊瑚群落赖以为生的。珊瑚也能分泌黏稠的黏

液，以此收集细微颗粒并将其卷入珊瑚虫口中。

珊瑚礁类型

珊瑚生长极为缓慢，每年仅长数厘米，但经年累月仍能形成巨大的结构，甚至是地球上最大的生物衍生结构。珊瑚礁结构主要可分为三种类型：环礁、岸礁以及堡礁（见图25）。

环礁常见于热带印度洋和太平洋上的孤岛［见图25（a）］。环礁的形成起始于造礁珊瑚占据新形成的火山岛四周，此时的珊瑚礁被称为岸礁［见图25（b）］。这种新形成的火山常常因自身施加在海床上的巨大重量而下沉。随着岛屿下沉，环绕岛屿的珊瑚继续在自身分泌的碳酸钙基底上向上方生长，作为基底的石灰石平台则越来越深。这些珊瑚礁与岛屿最终被一座充满海水的潟湖隔开，此时它们被称为堡礁［见图25（c）］。岛屿最终完全消失在海面以下，珊瑚则继续在自身基底上朝海面方向向上生长，形成环绕潟湖的环状或半环状结构，即环礁［见图25（d）］。

环礁顶端依靠下方极厚的自身分泌的石灰石层支撑。有人曾在马歇尔群岛的埃尼威托克岛环礁上钻孔，往下近1 400米才触及环礁发源处的岛屿顶部的火山岩。珊瑚礁可能需要生长6 000万年左右的时间，才能形成如此之厚的石灰石层。

岸礁和堡礁也能在大陆块沿岸生长发育。岸礁被一狭长水道与海岸隔开，而堡礁离海岸距离更远。当海岸被上涨的海平面淹没时，此类堡礁即开始形成。堡礁常常形成巨大结构，其中最大的当属澳大利亚东北岸的大堡礁，其绵延约2 600千米。

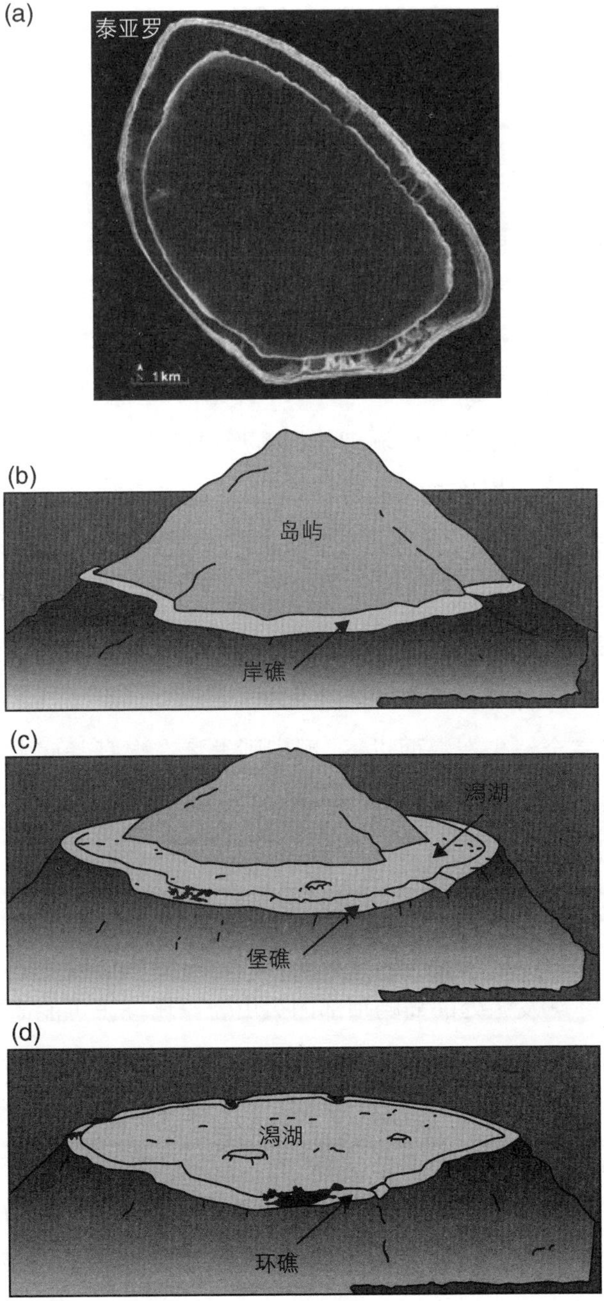

图25　环礁形成过程的四个阶段。照片为泰亚罗的景色，这是位于法属波利尼西亚土阿莫土群岛西部的一个小环礁

珊瑚礁生产力

珊瑚是珊瑚礁生态系统的支柱，创造出一个复杂的立体栖息地，支撑着种类极其丰富、数量极多的海洋生命。海洋无脊椎动物数量尤其丰富，其中一些（比如海绵、海扇和软珊瑚）附着于珊瑚礁表面生活，其他的（如海胆、海参、海星、蟹类、虾类和海蛞蝓）则能自由运动。多姿多彩的鱼类惹人注目且数量丰富，在一片健康的珊瑚礁上，也不会缺少石斑鱼、魣和鲨鱼等大型捕食性鱼类的身影。

健全的珊瑚礁是生产力极高的海洋系统，这与其周边营养匮乏、生产力低下的热带海域形成了鲜明的对比。通常而言，珊瑚礁的生产力是周边水体的50倍甚至百倍，它们也因此常被称为热带海洋荒漠中的绿洲。

因为珊瑚礁上没有能进行光合作用的植物，所以早先人们难以理解它们的生产力为何如此之高。然而，大量的初级生产者以微型的虫黄藻形式隐藏在珊瑚体内，能占到珊瑚生物量的10%。其他初级生产者也广泛分布于珊瑚礁，包括钻进珊瑚骨骼的微藻、裸露的硬质基底上无处不在的红色和绿色有壳珊瑚藻，以及在部分珊瑚上形成类似草皮的层次的多种石灰藻。虽然有点不起眼，但所有这些藻类共同构成珊瑚礁上的大量光合生物。

流经珊瑚礁的海水光线充足但营养匮乏，那么支撑起这些高生产力的热带海洋绿洲的营养又从何而来？研究显示，珊瑚礁沉积着大量营养，且能从周围营养匮乏的海水中提取氮和磷，并高效地留存、利用这些营养物。珊瑚藻类能从流经的海水中直接吸收部分缺少的营养物。除此之外，珊瑚过滤海水摄食时也能从浮游动物和死亡的有机颗粒上获取部分营养。硝酸盐也能由与珊瑚和其他礁区生物（如海绵）共生或自由生活在海水中的固氮细菌合成。一旦被获取，这些珍贵的营养物会在礁区的植物和动物间以最小的损失，非常高效地循环利用。虫黄藻和它们的珊瑚虫寄主堪称这种紧密循环的终极典范。

无遮蔽的大型海藻稀疏地散布在健康的珊瑚礁上。它们很
96 容易被植食性鱼类摄食，如雀鲷、刺尾鱼等，这些鱼类在礁区的数量又极为丰富。面目狰狞、有着长长棘刺的冠海胆（*Diadema*）等也是高效的藻类捕食者。这些动物能防止生长极快的藻类铺满珊瑚礁并妨碍珊瑚呼吸，起到维持珊瑚礁系统健康的重要作用。

珊瑚虽然有外部的骨骼保护，但也不是完全不受捕食威胁。好几种鱼类以珊瑚为食——珊瑚食性——它们各有绝活，如蝴蝶鱼能从珊瑚群落上硬生生咬下一整块珊瑚。蝴蝶鱼钳子般的利嘴，以及内部武装着的众多细小尖牙，使它们成为捕食珊瑚的行家里手。其他鱼类，如鹦嘴鱼，则是咬下或锉下一小片珊瑚，连石灰质骨骼一起吞食，消化珊瑚的软组织及珊瑚骨骼中的藻类和细菌。鹦嘴鱼那鸟喙一般的嘴由15排极其坚固的牙齿组成，很擅长这种捕食方式。人们在珊瑚礁上浮潜或潜水时，可以听到鹦嘴鱼群啃咬珊瑚发出的巨大响声。它们消化后的残留物以沙子的形式排出体外。一尾大鹦嘴鱼每年可产生约450千克的沙子，这些沙子聚积在珊瑚礁的凹陷处，并且有助于形成与珊瑚礁系统相关的沙滩。

珊瑚的有性生殖

造礁珊瑚能通过有性生殖从原来的群落扩散出去并占据新的栖息地。多数珊瑚种类为雌雄同体，即一个群落能同时产生

卵子和精子。其他种类则是雌性和雄性各自形成独立的群落。大多数珊瑚种类采用散播的方式进行繁殖，它们向周围水体排出大量的精子和卵子，卵子在水中受精。受精卵之后发育为微小的、覆有纤毛的浮浪幼虫，幼虫依种类不同随海流扩散数天或数周。幼虫发现合适的环境时即游向海底，将自身附着在那里，
一个崭新的群落由此开始生长。 97

全球范围内，栖息于同一区域的同种珊瑚群落倾向于同步进行繁殖，形成壮观的景象，海水中会充满珊瑚配子，海面上形成明显的油膜。例如，在南半球春季或初夏的满月之后，大堡礁一些区域由许多不同种类的珊瑚组成的数百万个群落会于一夜或几天内同时繁殖。如此大规模的繁殖活动可确保水体中有足够浓度的配子，以确保高的受精成功率。在大规模繁殖期间，珊瑚的卵子可区分海水中存在的大量不同种类的精子，拒绝物种不同的精子，从而限制种间杂交的可能。

珊瑚的繁殖季节受海水温度或白天时长等季节性因素控制，这些因素有助于珊瑚同时进入繁殖状态。成熟后，珊瑚繁殖行为由不同的因素触发，包括月周期、日落时分光线水平的降低，以及同种其他群落释放到水中的化学信号。此时，所谓“原始”的珊瑚表现出感应光线的能力，能够区分月相并通过化学方式相互交流。

对珊瑚礁的物理和化学扰动

珊瑚礁虽然结构庞大，但免不了受到大尺度物理扰动的影响。热带飓风、台风和气旋在所经之处掀起的巨浪将大面积的
活珊瑚打碎、倾覆。从这类损伤中恢复通常需要几十年甚至更 98

长时间。气候变化引发的海洋变暖也正为更为频发且强劲的风暴提供温床，它们正在对珊瑚礁造成更大、更频繁和更广泛的损害，且限制了珊瑚礁在连续的风暴事件之间完全恢复的能力。大地震引发的大海啸能造成大规模的损害，比如2004年12月26日发生在印度尼西亚附近的地震。近岸珊瑚也周期性地被洪水过后注入的大量淡水淹没，这会导致大量珊瑚死亡。

珊瑚礁也容易受大规模生物扰动的影响。棘冠海星（*Acanthaster planci*）种群的定期扩张破坏了太平洋、印度洋以及红海的珊瑚。棘冠海星是一种超大型海星，直径可达半米，而且是以珊瑚虫为生的专食者。通常，珊瑚礁上的棘冠海星密度很低。单个棘冠海星一个月内即可将1平方米左右的珊瑚清扫一空，这通常不足以威胁到珊瑚。然而当棘冠海星的密度超过每公顷珊瑚礁30只时，珊瑚生长的速度便跟不上海星摄食的速度，其结果是灾难性的。棘冠海星爆发期间（可持续数年之久），海星从一片礁区移至下一片，密度达到每公顷1 000多只，大片珊瑚被剥蚀，只留下光秃秃的骨骼（见图26）。从如此惨状中恢复是一个漫长的过程，根据珊瑚受损的范围和程度，短则5年，长则100多年，且在彻底恢复前珊瑚礁仍有可能再次被海星侵袭。

棘冠海星爆发最早记录于20世纪60年代的日本和澳大利亚，之后在许多地区定期被观察到。这种爆发在历史上很可能
99 已天然存在，但现今爆发的频次和强度渐增，这显示人为影响也牵扯其中。棘冠海星身上成列的毒刺使得大多数潜在捕食者不会选择它作为盘中餐。然而，还是有几种鱼类及一种大型的海
100 螺——法螺——会捕食棘冠海星。已有人提出，对这些鱼类捕食者的过度捕捞，以及对法螺的过度收藏（其在纪念品和贝壳收

图26　正在摄食珊瑚的棘冠海星。图中右侧的珊瑚已经被海星剥去了珊瑚虫，仅留下骨骼

集者眼中极为珍贵），使得棘冠海星在许多地区扩张开来。也有人认为这些扩张与陆地上异常暴雨带来的淡水有关，这些注入水携带着源于农田的过量营养物汇入近海。这些营养物促使浮游植物爆发，而浮游植物为海星的浮游幼体提供了充足的食物。这导致了海星幼体异乎寻常的高存活率，并引发了超高的补充率以及若干年后的种群扩张。

虽然棘冠海星爆发的原因目前仍未研究透彻，但很明显，海星侵袭正给许多海域的珊瑚礁造成相当大的损害。大堡礁已多次遭受棘冠海星爆发的影响，最早是在1962年，之后是在1979—1991年和1993—2005年，最近的一次则始于2010年。自1985年以来，礁区面积已减少约一半，其中近半数为棘冠海星爆发所致。

澳大利亚政府试图雇用潜水员团队来抑制部分珊瑚礁上的棘冠海星，方式是给海星注射毒素，但此举效率很低，需要有更好的方法来大量移除海星。新方法与一种特殊化学信号的发现有关，棘冠海星将它释放到水中，此类信息素促使海星在产卵前聚集起来，这可能会带来一些希望。这类信息素有希望被开发为一种“诱饵”，将大量海星吸引到一个地方，从而将其一网打尽。

珊瑚也会染上一系列的疾病，这些疾病能导致珊瑚组织褪
101 色、产生肿瘤和死亡。目前人们对这些疾病的成因和影响仍所知甚微，不过它们有可能是由多种病毒、细菌、真菌感染引发的。自1979年爆发以来，一种名为“白带病”的严重疾病几乎已消灭了加勒比海的两种分支珊瑚——鹿角珊瑚和麋鹿角珊瑚。这些珊瑚曾在整个加勒比浅海形成巨大的、无边无际的美丽灌木丛，但在过去的35年里，其中多达95%的珊瑚因白带病死亡，它们都

已被列入美国《濒危物种法》。好消息是，最新研究显示，残存的小部分鹿角珊瑚已对白带病具有一定免疫力，如此一来，便有希望在选定的区域外植这些抗病的礁体，以此重建珊瑚种群。

对珊瑚礁的人为影响——局部和区域尺度

虽然不时遭受一系列物理和生物的自然扰动影响，但造礁珊瑚已在地球上延续数百万年。然而，如今珊瑚正受到各式各样的人为扰动威胁，既有局部性的，也包含区域范围内的。

目前过度捕捞对珊瑚礁构成明显威胁。约八分之一的世界人口（大概8.75亿）生活在距离珊瑚礁区100千米的范围内。其中多数人生活在欠发达国家和岛国，他们的食物来源极度依赖捕获自当地珊瑚礁区的鱼类。于是，很自然地，在全球许多珊瑚礁系统，不可持续的渔业捕捞越发猖獗。

体型较大的高价值掠食性鱼类，如石斑鱼、鲷鱼、鲹以及苏眉鱼（波纹唇鱼），是健康珊瑚礁上渔民首选的捕捉对象。这些鱼类被迅速捕捉一空后，渔民不得已转而捕捞食物链下游的鱼类，它们多数为植食性鱼类。最终结果是珊瑚礁上仅剩难以捕捉且不具备食用价值的小型鱼类，而原先常见的鲨鱼、石斑鱼等大型捕食者以及大型植食性鱼类荡然无存。 102

这种状态下的珊瑚礁恢复能力下降，且更容易受到系统中其他扰动的影响。加勒比海的珊瑚礁为过度捕捞导致的不稳定效应提供了一个经典案例。多数加勒比海岛国人口密集，邻近的珊瑚礁自19世纪起便遭受着极大的捕捞压力。如今，至少60%的珊瑚礁区被严重过度捕捞，难觅大型掠食性和植食性鱼类的身影。

起初，系统中因植食性鱼类减少而空出的生态位由数量增加的冠海胆所填补，它们不必与植食性鱼类竞争大型藻类食物。这些海胆替代植食性鱼类食用并控制礁区大型藻类的数量。然而，从1983年起，一种海胆疾病在加勒比海迅速蔓延，两三年内就几乎使这一区域内的冠海胆灭绝。如今所有植食性动物荡然无存，大型藻类得以爆发并迅速压制了珊瑚。最终，在10年时间里，加勒比海的多数珊瑚礁区由以多样的珊瑚为主的结构转为以单一海草为主的系统，不复健康珊瑚礁应有的艳丽多姿、物种多样化和结构复杂的风采。一旦大型藻类在珊瑚礁上“生根”，珊瑚再生就被严重干扰。不幸的是，面对加勒比海珊瑚礁所受的持续的捕捞压力和其他压力，这种生态系统的大规模崩溃会永久地持续下去。全球珊瑚礁正承受类似的过度捕捞压力，发
103 生在加勒比海的系统转变如今已广泛见于世界各处。

珊瑚很容易受到近海开发和土地用途改变所引起的水质退化的影响。来自农田、森林砍伐地以及沿海开发过程中土方工程的沉积物汇入海中，降低了水体清澈度并覆盖在珊瑚上，使得珊瑚能获得的光照减少，珊瑚虫也窒息死亡。即便是极少量的营养物浓度增加也能造成浮游植物的增多，降低水体透明度和光照，从而威胁到珊瑚。营养增加也能促进大型藻类生长，使得珊瑚窒息死亡。未经处理的污水排放是一个明显的威胁，因农业带来的营养物也是如此。

来自农田的径流正在破坏大堡礁部分区域的恢复能力。沉积物、营养物和除草剂从约424 000平方千米的巨大流域汇入大堡礁系统。这一流域内多处有牧牛业，其他区域种植着甘蔗，尤其是在肥沃的沿海洪泛平原水道附近。据估计，与1850年前流

域未开发时相比，现在的沉积物汇入量已增加5—9倍，水体富营养化则是10—20倍。

很难具体评估径流注入对大堡礁的总体影响，皆因缺乏流域开发前的礁区信息。然而，更有可能的是近海10千米范围内的珊瑚礁正面临富营养化的风险，更靠外的礁区也难逃一劫，这将很快降低它们对其他压力源的适应能力。相应地，人们正努力实施新的土地管理措施，旨在减少径流污染物，比如更高效地使用肥料，限制除草剂的使用，以及沿河流重建河岸植被，以便过滤沉积物和营养物。 104

全球范围内的珊瑚礁自20世纪70年代起才开始被认真研究，多数情况下远落后于人为影响开始的时间。这使得我们难以准确定义人类大规模影响前就存在的“自然”、健康的珊瑚礁系统。珊瑚礁生物学者曾尝试获取更清晰的未受影响的珊瑚礁系统样貌，并在此过程中重置已有误差的“基线”。他们的具体措施是对地处偏远的莱恩群岛上无人居住的环礁开展研究，这里位于夏威夷以南1 600千米的太平洋中部。随后研究人员比较了无人环礁与同一岛链上人口渐增的环礁，它们所受的捕捞和污染压力不同。

研究人员发现无人区的珊瑚礁被大量的顶级捕食者所统治（鲨鱼、鲹、红鲷和石斑鱼等大型鱼类），活珊瑚差不多覆盖了整个海底，几乎不存在大型藻类。在这些礁区，85%的鱼类生物量由大型捕食者组成，其中约四分之三为鲨鱼。这种头重脚轻的倒金字塔结构是靠快速生长和繁殖的鱼类猎物（如蝴蝶鱼、鹦嘴鱼和雀鲷）的迅速周转维持的。在有人居住的环礁上，珊瑚礁的情况则大为不同。在这里掠食性鱼类寥寥无几，礁区被大量水族箱大小的小型植食性鱼类主宰。这种低重心的金字塔结构开始成为我们认为的珊瑚礁特征。这些礁区有着低得多的珊瑚覆盖率，而大型藻类的数量大增。因此，这些少数幸存在偏远环礁上的珊瑚礁系统，使我们得以一窥数百年前未受人类大规模影响的珊瑚礁可能呈现的原貌。

全球尺度的人为影响

之前讨论的仅是人类对珊瑚礁的局部或区域性威胁。珊瑚
105 礁面临的终极风险则是全球尺度的——人为导致的气候危机引起的海洋变暖和酸化。

珊瑚对水温极为敏感，稍微超出夏季正常温度上限一点即可引起压力。温度压力下的珊瑚会发生“白化”，即珊瑚将体内的虫黄藻逐出。缺少了虫黄藻，珊瑚组织变得透明并显露出下方白色的石灰质骨骼。如果温度压力适中且持续时间短，珊瑚能重新获取虫黄藻并存活下来，不过它们也可能更容易受疾病等其他压力的影响。高温压力下的珊瑚无法快速重新获取充足的虫黄藻，只能无奈死去。

偶发的小规模白化是珊瑚礁区的自然现象。然而，从1980年开始，随着海洋变暖导致的大气二氧化碳浓度提升，全球珊瑚白化事件屡见不鲜，强度、频次迅速增加（见图27）。继1980年白化事件后，全球规模的白化还发生在1998年、2010年和2015—2017年。其中最后一次——首次连年发生的事件——也是迄今为止持续时间最长、破坏范围最大的全球白化事件，波及地球上每一个主要的珊瑚礁区。它对大堡礁的影响堪称毁灭性的，1 600千米长的礁区中有49%的珊瑚死亡。过去，在

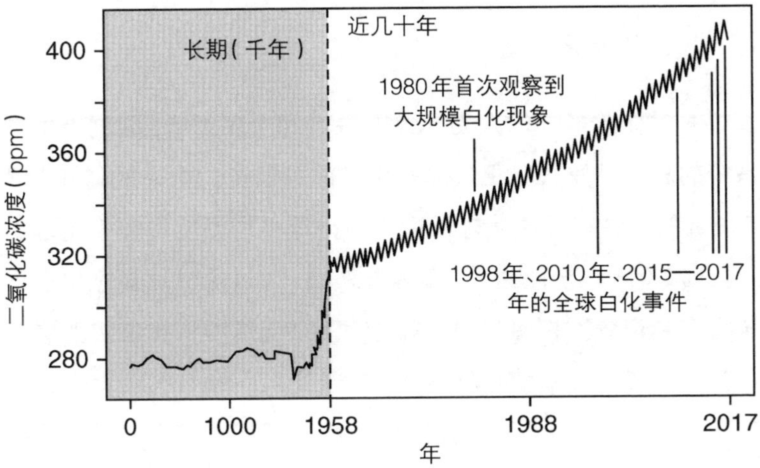

图27　过去2 000年中大气二氧化碳浓度变化趋势与珊瑚白化事件相关。灰色区域为长期变化趋势，而白色区域为近几十年的趋势

下一次白化到来前，珊瑚礁尚有喘息之机。然而，海温预测模型结合珊瑚生理学分析显示，至2050年，严重的全球白化事件将以年为单位发生，在部分海域甚至提早至21世纪30年代中期。因此，很不幸，我们正进入白化事件发生频率超过珊瑚恢复能力的时期。 106

大气中二氧化碳浓度的逐渐增加不仅导致海洋变暖（见第一章），也使得海水酸度上升。在短期内，海洋酸化使得珊瑚更难制造它们的碳酸钙骨骼。如此一来，珊瑚不得不花费更多的能量用于制造骨骼，这将减缓它们的生长并造成压力，使珊瑚更易受疾病和温度等其他压力的影响。持续的酸化最终将导致珊瑚生长完全停滞，并在未来某一时刻，导致它们的骨骼缓慢溶解。按目前的酸化速度，这将发生在2080年前后，届时大多数珊瑚的骨骼溶解速度将快于自身合成速度。

珊瑚礁的未来

面对如此多样的人为导致的区域和全球影响，珊瑚礁生态
107 系统的总体健康状况正快速恶化且前景黯淡。如果2015年《巴黎协定》中温室气体减排目标——全球平均温度增幅不超过工业化前2℃——未能达成，那么未来15年里，全球珊瑚礁生态系统将完全消失。按照目前的排放速度，全球即将超出实现这一目标的临界点。即使目标达成，全球70%—90%的珊瑚也将于2050年前后消失。可悲的是，我们将见证珊瑚礁生态系统的终点，目睹其成为传说，仅余电影和计算机模拟影像提醒后代它曾经存在。

幸运的是，热情的珊瑚生物学家、慈善家和非政府组织正在通力协作，发展长期的应急预案，以在相对自然的状态下保护部分珊瑚礁生态系统，甚至在未来进行重建。已有数个互补的计划正在施行，它们交织在一起，为珊瑚礁的未来带来一线生机。

其中一项重要倡议便是依据地理位置，在受气候变化（如海洋升温和风暴增强）影响最小的区域建立一个全球的珊瑚礁生态框架，当气候稳定下来——希望如此——这些区域便可通过浮浪幼虫的扩散来恢复邻近区域的种群。这项研究已于50个海域完成，这些海域均被认为是最有可能在最恶劣的气候冲击中幸存的，如菲律宾、婆罗洲、印度尼西亚、大堡礁、法属波利尼西亚、东非、红海和加勒比地区。下一步则是完善和实施管理计划，以使这些珊瑚礁免受过度捕捞和污染等局部影响，并增强其
108 应对气候变化的能力。

另一项倡议是寻找并识别全球的珊瑚礁“绿洲”，即在气

候变化和局部最恶劣的影响下（包括白化、风暴和棘冠海星爆发），仍旧能幸存甚至蓬勃生长的小块珊瑚礁区。到目前为止，已有许多这样的绿洲被发现于太平洋和加勒比海。由于所处的位置——偏离主要的风暴轨迹，在较少受风暴冲击的深水区，或者污染较少——这些绿洲似乎偏安于气候变化。在其他情况下，珊瑚似乎具有的一些生物学特征，使它们能够更好地抵御海洋升温的影响，而绿洲系统所具有的生态特征（如数量充足的食草动物）也使其能更快从白化事件和海星侵袭中恢复。这些小片的绿洲正帮助从业者识别需要优先保护的区域，这些区域未来可能通过幼体的被动扩散或者主动外植具备有利特征的珊瑚来恢复周边种群。

许多珊瑚礁科学家和管理者认为，仅靠上述措施并不足以保护和恢复珊瑚礁及其为子孙后代提供的生态价值。他们认为目前急需新方法和技术来进行更积极的干预。其中一项建议是“辅助基因交流”——将已适应较高温度的珊瑚移到较冷水域的珊瑚礁上，如此一来，当低温海域升温时，珊瑚便有更大机会存活。比如，将大堡礁北部的珊瑚移植到较冷的南部。一些研究组则开发出名为“辅助演化”的方法，范例之一便是利用选育技术培育能适应高温的珊瑚株。这些温度耐受力较强的株体随 109
后被增殖或移植，以此重建珊瑚礁。也有人建议使用CRISPR-Cas9等现代基因编辑技术来加速辅助演化，以获得优质珊瑚株，目前此类技术已在实验当中。

虽然广泛采用这种激进技术可能有助于保护和恢复“高价值”海域的珊瑚礁，但因成本限制，不太可能将大面积的珊瑚生态系统恢复到受干扰前的历史状态。在这种情况下，似乎有必要发展人工“工程”礁，以复制天然礁体提供的一些生态系统服务，如作为渔业栖息地和海岸防护。出于需要，珊瑚礁生物学位于新时代的风口浪尖，此时人们专注于研究新方法来保护和重建珊瑚礁生态系统，并在面对快速的气候变化时，力争留存它们的一丝美丽身影和生态功能。

红树林

红树林是生长在热带、亚热带泥质潮间带区域的多种乔木和灌木构成的群落的统称。

两种最常见的红树林树木分别是美洲红树（*Rhizophora mangle*）和黑海榄雌（*Avicennia germinans*）。美洲红树可依靠它标志性的支柱根来识别，这些支柱根有助于在软底质上支撑树干。黑海榄雌则有着更典型的树状外观，树干周围环绕着大量的呼吸根，这种钉子一样的结构发源于埋藏在沉积物中的根系，并从树干辐射出去（见图28）。

110 红树林的栖息环境极为严苛，其底质由浸满海水的沉积物和腐烂的物质组成。为解决缺氧的状况，红树林演化出能从空气中或被淹没时能从海水中吸取氧气的根系。美洲红树的支柱根覆盖着皮孔，借助这些小的结节结构，氧气被提供给地下根系。黑海榄雌的钉状呼吸根也被皮孔覆盖，它们的作用类似于通气管，能从空气或周围海水中吸取氧气（见图28）。

红树林也适应在盐碱底质中生长。它们能以多种方式处理过多的盐分。红树的根、茎具备特殊的组织，可以作为屏障，减少进入植物体的盐分总量。然而，部分盐分依旧能进入植物内部，它对进入体液内的盐分有很好的耐受力，其体液盐分浓度能

图28　位于美属维尔京群岛的圣托马斯岛上的黑海榄雌，图中可见发达的呼吸根系统（P）

达到普通植物的10倍到100倍。再者，黑海榄雌的叶片具有特殊的腺体，能聚集并排出过多的盐分，盐晶被收集在叶面下，被雨水冲走。红树林也能将盐分聚集在老化的叶片、树皮、花和果实上，这些老化部分脱离植株时将盐分一并带走。

红树林借助风力或蜜蜂进行授粉。花朵产生种子，种子发育为幼苗，幼苗再成长为有独特雪茄形状的茎的幼树，此时新的植株仍留在母树上。这些幼树，或者说繁殖体（胚轴），已准备好生成根系，只待从母树上掉落并遇到适宜的栖息地。繁殖体具有浮力，能在海水中存活，并随海流漂流一年以上。一旦被冲上条件合适的海滨，它们马上扎根并生长。

红树林构成了一片复杂而高产的栖息地。除了少数蟹类，很少有生物能直接摄食红树叶片。然而，红树林不断掉落死去的叶片和树枝，这些结构被细菌和真菌分解，并构成一个生产性食物网的基础。蟹类、虾类和其他生物在叶片和树枝的碎屑上摄食，之后被鱼类、海龟和滨鸟等捕食。

从人类的角度来看，红树林极为重要。红树林庇护下的水体为珊瑚礁鱼类、蟹类和虾类提供了极其重要的育幼场所。许多商业渔业有赖于健康的红树林，包括蓝蟹、虾类、龙虾和鲻鱼渔业等。红树林同样能稳定海滩并保护附近土壤，使其免受侵蚀，尤其是大的风暴和海啸的影响。例如，研究表明，2005年的威尔玛飓风使得佛罗里达州西南部被海水淹没，如果不是红树林的遮蔽，洪灾区域将向内陆扩张70%。它们还能起到生物过滤器的作用，移除过多的营养物，并在陆地径流入海前截留其带来的沉积物，从而保护海草床和珊瑚礁等其他栖息地。

红树林的大规模破坏是飓风、台风以及气旋等自然现象的恶果之一，它们连根拔起红树林，或堆积过量的沉积物，使得根系窒息。通常红树林能在二三十年内从这些破坏中恢复，然而，如今大部分红树林的破坏是由人为活动造成的。红树林正被大举开发，用作木材、薪柴，以及用于木炭生产。它们也常被清理干净，为近海开发让路。红树林还时常被改造为水稻田等农业用地，或被改造成大型池塘，用于鱼虾养殖以及生产盐。

这些沉重人为压力的结果之一，即红树林正在快速消失。
在1980—2000年这20年间，全球红树林面积从2 000万公顷左 113
右下滑至不到1 500万公顷，目前面积仅800多万公顷。在某些地区，红树林减少的速度极为惊人。例如，1930—1985年，波多黎各的红树林减少了约89%，而在1911—1989年，印度南部的红树林减少了约96%。面对快速增长的人口，想要减缓红树林被破坏的速度，社区、地方和国家政府各级需要开展协同保护与管理工作。现存的健康红树林需要尽可能彻底的保护。此外，也需要制定政策并实施措施，着手在关键地区重建受损的红树
林，以恢复其生态功能。 114

第六章

深海生物学

目前，深海缺乏单一、明晰的定义。通常来说，200米被视为“深海”和“浅海”的边界，但800米、1 000米，甚至2 000米，也被用于界定两者的边界。本书遵循《世界深海物种目录》（WoRDSS）的现行定义，即深海为深度500米以下的海域范围，此处温度、盐度的季节变化以及阳光的影响微乎其微。这片广阔的栖息地包含了海洋90%左右的水体，但也是地球上研究最少、最神秘的环境。以下数据可以使我们正确了解这一点：到目前为止，海洋学家以大约100米的分辨率绘制了全球海床的10%—15%，而天文学家则以相近的分辨率绘制了金星、火星和月球的几乎整个表面，其中火星多数区域的分辨率达到20米，月球更是精确到7米。也就是说，我们对太阳系星球地理的了解更甚于对地球最大栖息地的了解。此外，目前仅有0.05%的地球海床被测绘到地图精度在数米的程度，经由载人潜水器或水下机器人探查的海底区域就更少了。共有12人在月球表面停留，
115 总时长为300小时，相比之下，探索过“挑战者”号深渊（全球海

洋最深处）的仅有8人，时长不足19小时。

深海的物理环境

深海是没有阳光的永暗之地，在全球海洋大多数区域，残余的阳光止步于200米深的地方，即使是在最清澈透明的海水中，光线也无法穿透800米以下的深度。

极端压力是深海的另一个标志性特征。海水密度颇高，10千米高的海水柱（全球海洋经典深度）施加的压力为每平方米10 000吨，大约是55架大型喷气式飞机的重量。

除了少数极为独立的所在，深海是一个永久冰冷的环境，温度波动通常在2—4℃之间。因为深海位于氧气最小区（通常在大约200—1 000米的深度）以下，所以深海的溶解氧浓度通常足以维持生命。

深海中食物极为稀缺。因为没有光照，所以不存在通过光合作用形成有机物的初级生产。深海食物链的基础多数时候是名为“海雪”的POM，这些有机物如雪般从日光照耀的海洋表层水一路向下沉降。死后快速沉降至海底的大型鱼类、哺乳类尸体是海雪以外的有机物补充，为深海的底栖居民带来不定时的盛宴。

提及深海，我们脑海中浮现的是这么一幅画面——一个冰冷、黑暗、水压极大且食物匮乏的地方，简而言之，是一个以人类 116
标准来说严苛而极端的环境。然而，这个巨大的栖息地拥有多种多样的海洋生物，它们非常适合在这样的条件下生活。

深海动物的适应方式

在深海的中上层，动物们必须学会将自身保持在一个合适的深度范围内，以免在食物匮乏的环境中浪费能量。这通常是通过将自身密度降至海水密度来实现的，这样它们便能悬浮在水中。因此，深海鱼类的组织和骨骼常常十分柔软且富含水分。凝胶状的动物也在深海的中层环境中占据主导地位，比如水母、管水母、栉水母和纽鳃樽等，它们的身体密度与海水十分接近。

对深海鱼类来说食物是稀缺之物，吃下去的每一餐都必须充分利用。相较于浅海鱼类，许多深海鱼类有着血盆大口，而且通常长着许多长而锋利的、朝向内侧的尖牙。宽咽鱼、鮟鱇鱼、巨口鱼和黑叉齿鱼［见图29（a）］等都是极好的例子。这些鱼类可以捕捉并囫囵吞下比自身还大的猎物，以免仅仅因猎物的大小而错过宝贵的一餐。这些鱼类也具有延展性极佳的胃，以容纳吞下的猎物。

虽然没有阳光，但深海闪烁着来源于生物的另一种光线——
生物发光。这是由生物体内的特殊器官——发光器所产生的化
学光，鱼类、章鱼、枪形目、水母、多毛类、甲壳类和海星等深海居
民都具备这种器官。虽然在一些情况下，这些生物演化出与荧
117 光细菌的共生关系，但多数时候它们还是自主发光。

生物发光是深海居民的主要适应方式，且在不同的动物群
体中演化出许多重要的功能分支，如求偶、寻觅食物及逃避捕食
者。例如，灯笼鱼身体两侧和腹部分布着成列的发光器，它们能
发出微弱的蓝、绿或黄光［见图29（b）］。这些发光器以每种灯
笼鱼特有的方式排列，在部分种类当中，甚至雌雄个体间也有差
118 异。灯笼鱼大大的眼睛使得它们能察觉同类发出的微光，这帮
助它们在无垠的深海中交流并找到配偶。

部分深海鱼类利用生物发光来引诱稀少的猎物。鮟鱇鱼有一条长长的、富有弹性的鳍条——一根“鱼竿”——位于两眼间的这条鳍条向前伸出，其末端是被称为“拟饵”的肉质结构［见图29（c）］。拟饵像小鱼一样摆动，作为诱饵吸引猎物，当猎物靠得足够近时，鮟鱇鱼便将其囫囵吞下。与拟饵的接触会自动

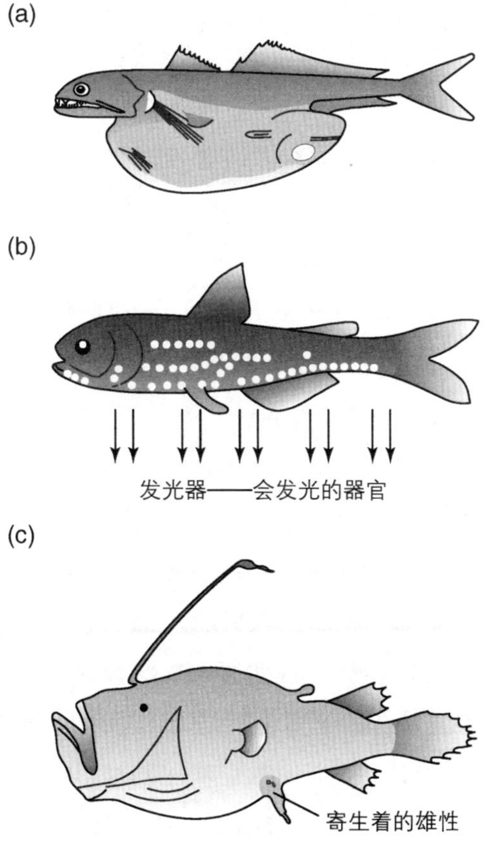

图29　深海鱼类范例：(a) 吞食了猎物的黑叉齿鱼；(b) 灯笼鱼，体侧及腹侧可见发光器；(c) 寄生着一尾雄性的鮟鱇鱼

引发颌骨以活板门的方式做出反应，类似的场景在深海鱼类中很是常见，许多鱼类在下颌处演化出发光的附属结构（颌须），将其作为诱饵。

许多深海动物也利用生物发光抵御捕食者。例如，当捕食性鱼类接近幽灵蛸时，后者会产生一列闪光来惊退捕食者。如果受到进一步攻击，幽灵蛸还会释放充满发光颗粒的液体裹住捕食者，自己则趁机开溜。

在无垠的深海中寻觅配偶是一大难题。鮟鱇鱼以一种非同寻常的方式将其解决——大多数种类的雄性体型极小，将自身依附并永久寄生于体型大得多的雌性身上［见图29（c）］。雄性的嘴与雌性的身体融合，二者的血管合为一体。如此一来，雄性随时能为雌性授精，而雌性也无须在繁殖季节临时寻找雄性。当然，侏儒般的雄性鮟鱇鱼必须第一时间找到雌性个体，也许是依靠嗅觉或被生物光吸引，但是一旦寄生，所有问题便一劳永逸地解决了。

119 深海动物也很自然地演化出适应在高压环境中生活的能力。深海的水压不仅影响着生活其间的动物的身体结构，还极大影响着它们的生理和生物化学过程。高压通过挤压、排出液体的方式影响着细胞膜的生理机能，也使得细胞更为坚硬，难以在其内外输送营养物和代谢废物。深海生物已发展出在高压下保持细胞膜功能的生物化学方式，包括调整膜内的多种脂质分子，以保持高压下的流动性。高压同样影响着蛋白质分子，妨碍蛋白质分子折叠为正确的结构，从而无法高效发挥代谢酶的作用。相应地，深海动物演化出多种常见酶的抗压变种，缓解了高压问题。

来自海洋深处的大规模迁徙

许多深海动物表现出一种非凡的行为——以天为单位垂直往返于深海与浅海，这也许是地球上最大规模的动物迁徙。当夕阳扫过海面，大量的桡足类、虾类、水母、枪形目、海樽和鱼类等海洋生物便自1 000米深处上浮至海表。据估计，每晚约有50亿吨动物参与其中，其中包括灯笼鱼，这是数量最丰的中水层鱼类类群之一。太阳升起时，这些中水层动物又返回深海。动物迁徙时密度高到船载声呐反射的信号看起来像是一个显眼的中水层“假海底”——它被称作深海散射层（DSL）。光照的昼夜变化似乎是迁徙的重要诱因，但在北冰洋极夜期间，冰层下的垂直迁移也仍旧存在。因此，动物自身的生物钟也是原因之一。 120

这场大规模迁徙的成员势必在日复一日的长途跋涉中获益匪浅。目前广为接受的解释是，夜间桡足类等浮游动物上浮至表层是为了食用浮游植物；据推测它们在黑暗之中较不容易被表层为数不少的鱼类等视觉捕食者发现，并且在白天被发现前远离真光层。灯笼鱼和其他小型捕食者上浮也是为了躲避捕食者，同时还是为了追逐自身的食物——浮游动物。一些参与者也可从迁移中获取能量优势，它们白天栖息于深海的低温环境，因此新陈代谢较慢，如此消化吸收夜间获得的食物时便可事半功倍。

深海的能量流动

支撑着深海底栖动物的几乎所有食物都源于真光层的初级生产。这些食物是死亡的有机物以海雪的形式沉降而来的。海雪由小的有机颗粒团块（或者说聚集物）组成，有机颗粒包括浮游植物细胞和死亡的浮游动物，以及浮游动物的排泄物颗粒。这些聚集物在水层中以每天100—200米左右的速度缓缓沉降。如此算来，它们要花费数周的时间才能进入深海。沉降过程中，聚集物内的部分营养成分还被水中的细菌吸取，因此，沉降得越深，其内的营养物越少。当有机物最终到达海底时，剩下的食物能量可以被底栖动物利用。这些底栖动物当中，有一部分具有滤食能力，有机颗粒还悬浮于海底上方的海水层中时，即被它们摄食；剩余部分是食底泥动物，它们能消耗积聚在表层沉积物上
121 或沉积物中的有机物。这些底栖动物之后又为掠食性的底栖无脊椎动物所捕食，而这些掠食者又成为底栖鱼类的食物。

因为沉积在海底的有机物积累了漫长的时间，所以深海沉积物以DOM和POM形式存储了大量有机物，构成了微生物食物网的基础，大量的细菌和古菌以此为生。沉积物中还包含数量惊人的病毒——每克沉积物中约有10亿个病毒。病毒感染细菌和古菌，后两者死亡时将DOM和POM释放到水体与沉积物中，病毒循环由此形成。如此看来，多数能量在病毒循环中快速流动，而原生生物和大型浮游动物等较大的生物并不参与其中。

深海底栖动物的多样性

深海海底曾被认为是生物的荒漠，但是随着20世纪60年代获得的高质量样品越来越多，以及载人潜水器和遥控潜水器的观测记录越来越多，人们清晰地认识到，深海海床上栖息着千奇百怪的动物。这些动物包括许多不同的种类，如海绵、海百合、海鳃、海葵、海扇和缨鳃虫等滤食性无脊椎动物，多毛类、海参、

图30　深海底栖生物多样性：(a) 2 600米深处的海参，留意其口 (M) 周围环绕的触手，它们可从沉积物中挑出食物颗粒；(b) 约4 000米深处附着于海绵上的海葵状动物；(c) 4 000米深处的“幽灵”章鱼

123 海蛇尾、海胆和蛤蜊等食底泥动物，以及海星、端足类和章鱼等捕食者（见图30）。

热液喷口和冷泉群落

认为深海的所有食物均来自表层的观点并不完全正确。深海海床上也有一些极特殊的地点，在那里食物就地生产。这是不以太阳能，而由化合物中存在的能量驱动的初级生产形式。海底的深海热液喷口是深海生命由化学能驱动的一个范例。

1977年，深潜器“阿尔文”号在靠近加拉帕戈斯群岛的约2 700米深处的一处大洋中脊上，发现了热液喷口。自此之后，其他许多热液喷口在全球海洋中被发现，多数位于大洋中脊之上，据估计海床上有成千上万的热液喷口为活火山。

当海水渗入海床内部，并与炽热的岩石发生反应，形成一道滚烫的、富含化学物质的热液，深海热液喷口便诞生了。这道热液通过海底的裂缝以极高的压力如间歇泉般被喷回海中。通常，几个喷泉聚集在一起，形成从台球桌到网球场大小的热液喷口活动区。

典型的热液喷口通过烟囱似的结构喷出黑色的热液，这些结构的高度可达数十米（见图31）。这些黑烟囱喷出的热液酸度极高，其中悬浮着含硫的矿物质颗粒，这些颗粒在热液与周围低温海水混合时析出，使得热液颜色越显深沉。黑烟囱中喷出的热液刚触及海床时，其温度可超过400℃。其他的热液喷口（白烟囱）形成的则是由碳酸钙构成的白色烟柱，烟柱可高达60米，并以较低的温度喷出含有大量氢气和甲烷的
124 高碱性浅色液体。

图31　在2 250米深处喷出400℃热液的黑烟囱，大量的管虫（图片左侧）在此取暖

许多不同种类的细菌和古菌生活在热液喷口左近。细菌和古菌能利用烟柱中的硫化氢、氢气和甲烷作为能量来源，合成葡萄糖等有机物。这一系列复杂化能合成过程中的一些细节尚不完全明确。然而，其中一个过程涉及分解硫化氢供能，进而从海水中吸收溶解的二氧化碳来合成有机物。这个过程可用如下反应式来描述：

$$6O_2 + 6H_2S + 6CO_2 + 6H_2O \longrightarrow \underset{\text{有机化合物}}{C_6H_{12}O_6} + \underset{\text{硫酸}}{6H_2SO_4}$$

这一反应需要氧气来驱动合成过程，因此也被称为有氧化能合成。此化能合成方式最终还是与阳光联系在一起，因为光合作
用是地球氧气的来源。另一方面，化能合成微生物利用白烟囱的 125
氢气或甲烷作为能量源且不需要氧气参与，该过程因此被称为厌

氧化能合成。此外，用作能源的氢气和甲烷可仅依靠发生在海底的地质化学过程生产。因此，这一化能合成的初级生产支撑起有趣且另类的生命形式，它们与太阳和光驱动的光合作用无关。

与喷口相关的化能合成细菌和古菌支撑起一个惊人的生物群落，其中包括巨型蛤蜊和巨型贻贝，以及多种蟹类、笠贝、海葵、多毛类、虾类、端足类、有柄类藤壶、章鱼和鱼类。发现于热液喷口的大多数物种都是前所未知的，而且仅在热液喷口系统被发现。

一些细菌和古菌营自由生活，它们或悬浮在热液喷口的尾流中，或平铺在周围的岩质底上，形成厚厚的菌毯。多数热液喷口动物并不直接以这些自由生活的微生物为食。相反，它们与化能合成细菌形成了复杂的共生关系，由此获取营养。在太平洋许多热液喷口数量颇丰的巨型管虫（*Riftia pachyptila*）为此提供了一个范例（见图31）。这些独特的蠕虫生活在白色的栖管中，长度可达2米以上，且不具备消化系统。这些管虫有着鲜红色的羽状触手，这些触手能从管中伸出并吸收周围的硫化氢和氧气。这些化学物质之后沿管虫的血液被输送到名为滋养体的胃状特化结构中，栖息在滋养体中的化能合成细菌为自身及
126 寄主管虫合成食物。其他的热液喷口生物演化出不同的共生方式。例如，雪蟹——一种在2005年于复活节岛以南的喷口被发现的15厘米长的蟹类——以培育在自身体内的化能合成细菌为食。生活在热液喷口的巨型蛤蜊和贻贝在它们的鳃部组织中培育化能合成细菌。这些细菌合成的有机物为蛤蜊和贻贝提供了它们所需的大多数食物，虽然这些蛤蜊和贻贝也能自主滤食，但它们如果缺少了共生细菌提供的营养就会死亡。

热液喷口是深海的不稳定的短暂特征。针对已知热液喷口系统的重复观测显示，热液的流速和化学成分能在几个月内发生变化，环绕着残存群落的死亡热液喷口也被观测到了。一个典型的热液喷口生活史可能在数十年至100年。许多热液喷口动物只能生活在热液喷口左近，而热液喷口系统间的距离达到成百上千千米，为什么这些动物能逃离一个将死的热液喷口并占据另一个遥远的或新形成的热液喷口，令人百思不得其解。我们已知的是部分热液喷口动物生长十分迅速，能长到很大的体型并在热液喷口消亡前达到性成熟。例如，巨型管虫一年可生长2米。得益于巨大的体型，这些动物能繁殖出大量的浮游幼体，深海缓慢的海流可能会让它们扩散出很远的距离，因此它们能占据其他的热液喷口。有些种类的幼体甚至能上浮至表层，在这里它们随表层流更快地扩散，然后再沉降回海床，在那里它们有可能遇到适宜栖息的热液喷口。

热液喷口并非深海中喷发液体的唯一来源，这些液体中富含的化合物支撑起独特的化能合成群落。在海床的某些位置，硫化氢和甲烷也能以与周围海水相近的温度渗出。自1983年以来，许多这样的“冷泉”被逐一发现，它们散布于大陆边缘，深度从潮间带到7 600米以下不等。栖息于冷泉的群落与热液喷口的相似，其中许多动物与为它们提供营养的化能合成细菌有着千丝万缕的联系。蛤蜊、贻贝、海绵和蟹类数量众多，还有聚集得像灌木丛般的管虫。与热液喷口的短暂性相比，冷泉似乎是化学液体更为长久的来源。因此，与热液喷口群落相反的是，冷泉群落可以拥有生长缓慢且长寿的物种。例如，其中有些管虫能活250年之久。

鲸落和其他深海食物宝藏

虽然深海是地球上食物最匮乏的环境之一，但偶尔也有大块的食物出乎意料地从天而降，为大量深海动物创造了小范围的营养绿洲。以完好状态快速沉降的大型海洋动物尸体便是这种食物来源之一。

“鲸落”是躺在深海海床上的鲸鱼尸体（见图32），它们已被深潜器直接观测和侧面声呐间接探测到。人们曾认为鲸落是深海的稀有事件，但也有越来越多的证据表明如此盛宴出现的频率其实比想象的要高。据估计，成千上万具分解程度不同的鲸鱼尸体随时散落在全球海底，每具鲸鱼尸体提供的营养价值相当于该地点在2 000年中积聚的海雪。海床上鲸落间的平均距离经计算约为12千米，在鲸鱼洄游路径沿线以及多数种类聚集的产卵场和索饵场，这一距离可能更近。而在1800年到20世纪60年代，即人类大规模捕鲸导致其数量大减前，深海鲸落可能更为常见。

图32　加利福尼亚州外海蒙特雷海底峡谷的鲸落残骸。图片为美国蒙特雷湾水族馆研究所（MBARI）研究员罗伯特·弗里珍霍克和夏娜·戈弗雷迪在2002年2月的一次深潜调查中，使用MBARI的遥控潜水器“蒂伯龙”号拍摄。鲸落残骸上的红色“毛发”是成千上万只深海多毛类，它们以骨架中的油脂为食

这些30—160吨重的巨大尸体甫一抵达海床，大群移动的食腐动物（如盲鳗、鼠尾鳕、睡鲨螃蟹、端足目等）便迅速循气味而来，在接下来的数月到一年内（依鲸鱼大小不同），它们不会放过尸体上的每一丝肉。尸体残余的骨架与周围的沉积物（富含来自腐肉的物质）随后被多毛类、甲壳类和其他无脊椎动物占据，它们会花数月或者数年的时间享用其中的油脂。这些动物中包括一种特殊的多毛类——食骨蠕虫，它们伸出根状的结构，钻入鲸鱼骨头内。这些“根”含有帮助消化脂肪的细菌，并将营养输送给蠕虫。在盛宴的尾声，化能合成细菌及其寄主（如蛤类和贻贝）将骨架和沉积物中分解出的有机物作为能量来源，这一 129
过程会持续数十年。有趣的是，参与最后阶段的许多动物种类也被发现于热液喷口和冷泉。因此，散布在海床的鲸落也许是上述种类在扩散过程中的“垫脚石”，如此一来，它们的浮游幼体更容易跨越热液喷口和冷泉之间的遥远距离。

海底山——独特的深海生态系统

海底山代表着深海中一类特殊的生物热区。海底山在深海海床上突兀隆起，相对高度可达几千米。不同于周围平坦的软底质深海平原，海底山提供了一个复杂的岩质平台，支撑着有别于周围深海海底类群的多种生物。

多种滤食性动物占据了海底山的山顶和山翼，构成了一个包括冷水性石珊瑚、软珊瑚、海扇、黑珊瑚和海绵在内的类似茂密灌木丛的群落（见图33）。与通过虫黄藻的光合作用获取大部分食物的热带浅海造礁珊瑚不同，深海的石珊瑚缺乏虫黄藻，仅仅依靠滤食水中的浮游动物和悬浮有机颗粒为生。这些石珊

图33　在加利福尼亚州外海戴维森海底山1 200米深处栖息的海羽星和软珊瑚。图片由MBARI的遥控潜水器“蒂伯龙”号拍摄，调查由美国国家海洋和大气管理局与大卫和露西尔·帕卡德基金会资助

瑚生长极为缓慢，寿命长达数百年之久。生活在海底山上的其他珊瑚展示了更为惊人的长寿特性，可生活数千年。例如，有一种平黑珊瑚（*Leiopathes*）采集自太平洋海底山，放射性碳定年结果显示其已生活约4 200年，是世界上最为长寿的动物之一。这些珊瑚支配的灌木丛构成了其他许多动物的栖息地，这些动物包括海羽星、海百合、海蛇尾、海星、海参、藤壶、海鞘、多毛类、
130 虾类和数量众多的鱼类。

海底山群落的高生产力，是由海底山深度以及周围海流模式等一系列因素驱动的。靠近海表面的山顶能阻挡夜间向下迁移的深海散射层，由此聚集的大量浮游动物，为栖息于此的众多滤食性捕食者和以浮游动物为食的鱼类提供了食物来源。海底

山也能与流经它们的水平方向海流相互作用并调整其流向。这能引起“泰勒柱”或绕山顶旋转流动的涡流的生成。这些现象有助于进一步在海底山山顶和山翼滞留、聚集浮游动物。 131

海底山支撑着多种多样的鱼类，最新调查显示，有近800种鱼类生活在海底山周围。在20世纪60年代，寻找新的鱼类资源的深海渔船开始在海底山进行捕捞，并发现了大批具有重要商业价值的鱼类。这也掀开了针对海底山的新型深海渔业的序幕。深海拖网沿海底山山顶向山翼一路拖动，将鱼类收入囊中。被列为目标的经济鱼类包括胸棘鲷、海鲂、金眼鲷、长尾鳕和犬牙鱼等。这些鱼类通常不是海底山的永久居民，而是在一年中的某些时期聚集于此进行繁殖，捕食枪形目和小型鱼类，或者仅是暂时休憩。它们生长极为缓慢，寿命长，很晚才发育至性成熟，也因此繁殖潜力低下。胸棘鲷便是一个极好的例子，其已知寿命超过120年，在30岁左右才性成熟，雌性每次仅产出少量的卵子。如此的生活史成为众多深海鱼类的缩影。

海底山渔业常被描绘为采矿业而非可持续渔业。它们通常于开始后的数年内崩溃，随后拖网船转向其他未开发的海底山进行捕捞，以维持渔业。由于这些深海鱼类的繁殖潜力低，当地渔业的恢复将无可避免地极为缓慢。

对鱼类资源的破坏不是与海底山渔业相关的唯一隐忧。拖网也会大面积破坏脆弱的珊瑚群落，拖网带上来的不仅是鱼类，也有大量的石珊瑚、黑珊瑚和其他与珊瑚息息相关的底栖动物。海底山上的拖网强度十分高，常常是成百上千张拖网同时在一座海底山上拖动。一次拖网就能带上数十吨珊瑚，并且据估计， 132
在一个新的海底山渔场中，总渔获物当中有近三分之一为兼捕的珊瑚。比较一下捕捞过和未捕捞的海底山，即可看出拖网渔业造成的栖息地破坏程度和物种多样性的丧失——在多数调查区域，茂密的珊瑚栖息地变为废墟。

不幸的是，多数海底山位于国家管辖范围之外，这也使得规范相应渔业极为困难，不过人们已着手制定国际条约，以更好地管理和保护海底山生态系统。很自然地，海底山渔业引起了极大争议。新西兰的胸棘鲷渔业便是海底山渔业历程以及目前对其可持续性的争议的缩影之一。该渔业始于20世纪70年代后期，之后迅猛发展，在80年代年捕捞量达到峰值——54 000余吨。那时胸棘鲷的产量远低于预期，且已被过度开发。20世纪90年代中期，总捕捞配额减至25 000吨，2000年则是17 000吨，有几个渔场完全禁止捕捞。许多大型食物零售商宣布禁止在自己的货架上销售胸棘鲷，渔业已基本崩溃。之后，新西兰政府联合渔业公司改进方法，重新评估了胸棘鲷的生产力，部分种群由此开始恢复。目前年捕捞量约为7 000吨，开发重点转为“少拿多赚”。2016年，评估过资源量、渔业对海洋生态系统的影响以及渔业管理质量后，胸棘鲷渔业获得位于伦敦的海洋管理委员会（MSC）认定的可持续渔业资质。目前约三分之二的渔业正在接受认证，其中一个条件是渔船需每年在同一地点拖网捕捞，
133 以尽可能减少对海底山珊瑚的破坏，行业也需制订计划，以提升关于渔业对珊瑚影响的认知。然而，并非所有的保护组织都赞成MSC认证，其中包括世界自然基金会和绿色和平组织，他们认为现在称这种渔业为可持续还为时过早。新西兰森林与鸟类保护组织在他们发布的2017年最佳鱼类指南中仍然将胸棘鲷列
134 为“不推荐食用”鱼类。

第七章

潮间带生命

全球海洋的潮间带是位于高潮和低潮标记间的狭长带状海岸线——大潮高潮时，潮间带完全被海水淹没，大潮低潮时它又毫无遮盖地暴露在空气中。潮间带受空气、极端温度、风和海浪拍击的影响，几乎完全被海洋生物占据，它们都已适应这种压力极大的物理环境。虽然潮间带仅占了全球海洋的很小一部分，但它是多种多样的、富有趣味的海洋群落的家园，且因其位置的便利，人们可以日常研究与欣赏它。潮间带同样是人们收获海产品的地方，可也因此易受到广泛的人为影响，包括过度捕捞、石油泄漏、近海开发，以及成千上万游客的踩踏。

潮　汐

规律的潮涨潮落是潮间带最主要的特征。潮汐背后的驱动力是月亮和太阳对全球海水的引力。月地距离远比日地距离小，因此月亮在潮汐形成方面所产生的影响也比太阳要大。 135

月亮使得地球近月面的海洋微微隆起。地球另一面的海水也稍微隆起，简单地说，这是因为地球被拉向月亮，远离这一面的海水。从理论上讲，地球自转使得地球上任一点一天内两次从这两个隆起面下方经过，这就解释了为什么涨落潮通常一天中发生两次，每次间隔约12小时。

太阳的引力调节着月亮的影响。当地球、月亮和太阳的位置大致呈一直线时（每月的满月与新月），太阳与月亮的引力合力使潮水在此时达到最大，这就是大潮。当地球、月亮和太阳的位置大致呈直角时（上弦月和下弦月），太阳引力抵消了月亮的部分引力，潮水在此时是最低的，即小潮。

就这样，月亮和太阳确立了地球潮汐的基本规律和高度变化。实际上，大陆陆块明显干扰了海洋隆起面，从而极大影响了潮汐变化，而海盆的形状和当地海岸线的特点也产生了影响。结果便是月亮和太阳使海洋形成一种海盆尺度的潮汐晃动，而在任意海岸，这种晃动又因区域和当地特点而改变，产生不同的潮汐特征和高度。因此，虽然大多数海岸在一天中有着高度相当的两次高潮和两次低潮（正规半日潮），但有些地方每天有高度不同的两次高潮和两次低潮（不正规半日潮），少数地区在一天中仅有一次高潮和一次低潮（全日潮）。

潮间带生物的适应方式

潮汐对潮间带生物有着深远影响，栖息于潮间带的生物在涨潮时被海水淹没，之后退潮时又在不同时段内暴露于空气、高温、严寒、雨水和海浪中。潮间带生物演化出五花八门的方式来应对这些压力。例如，栖息于热带岩岸潮间带的小型海螺或玉黍螺，在退潮时有多种方式避免温度过高。它们有着浅色的外壳来减少热量吸收，壳上还有着作用类似于散热片的小小的隆起，同时它们还利用黏性的丝线尽可能悬挂于岩石之下，避免接触被太阳晒得滚烫的那一面。栖息于岩岸潮间带的贻贝和藤壶在低潮时紧闭外壳，以避免水分流失，并在壳内留下足够它们存活到下一次高潮的水分。蟹类在裂缝或湿润的海藻垫下寻找庇护所，或紧随退潮而后撤。有些生活在潮间带的海藻能忍受极度的脱水，低潮时损失自身组织90%的水分仍能存活。其他海藻则是分泌凝胶状的黏液覆盖层，以锁住水分。生活在寒冷气候中的潮间带动植物必须能应对极端低温（有时可低至零下几十摄氏度），在空气中暴露数小时或数天。它们中的部分生物还能合成抗冻成分，以保护自身组织，使其免于冻结，或者对冻结有极端的耐受力。

栖息于裸露海岸的潮间带生物也必须应对海浪的挤压和拖拽。成体藤壶和牡蛎通过将自身永久固定在岩石上来应对海浪；笠贝、海螺和石鳖在海浪冲击时用强壮的足状附着结构抓紧岩石；成体贻贝则分泌足丝（丝状的纤维束），将自身牢牢固定在岩石上。潮间带藻类利用固着器依附于硬质表面，且藻体弹性十足，能随海浪弯曲或扭动而免于受损。

潮间带分区

潮间带，尤其是岩岸潮间带的典型特征之一便是垂直分区——潮间带生物被分为明显的水平方向条带，条带的颜色常有明显的不同（见图34）。 137

在岩质海岸上观察到的垂直分区规律与地球上各区域十分相似，催生了一个被广泛接受的描述这些分区的“通用”系统。

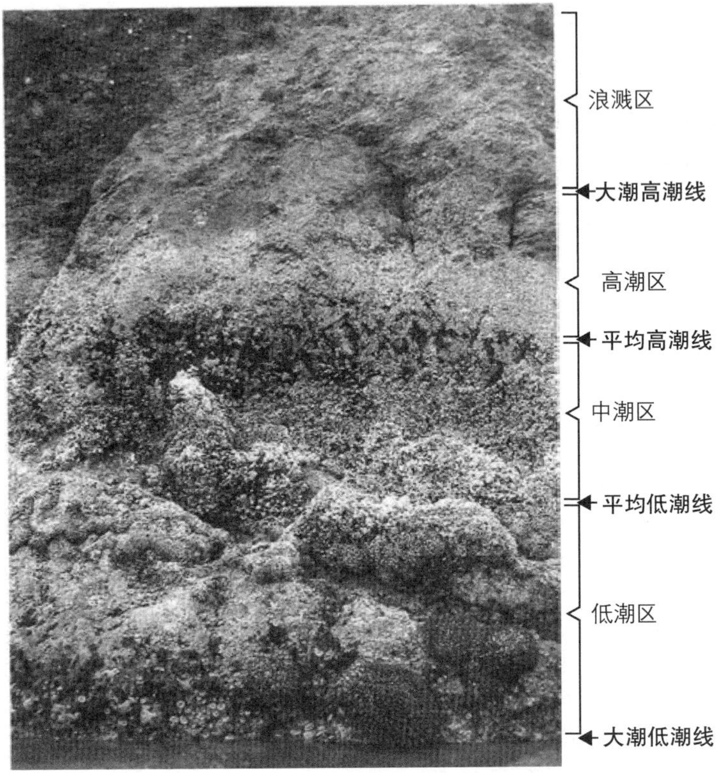

图34　美国华盛顿州岩石海岸低潮时潮间带的典型模式

在这个系统中，潮间带沿海岸从高到低被划分为四个区域，依次
138 是浪溅区、高潮区、中潮区和低潮区（见图34和图35）。

浪溅区位于大潮高潮线以上，其与海洋环境仅有的直接联系便是飞溅的海浪。这一区域少有生物栖息，这是因为只有少数物种能承受其恶劣的条件。高潮区仅在大潮时完全被海水淹没，部分区域会暴露于空气中数天或数周之久，所以它也是一个颇为严苛的环境。中潮区是介于平均高潮线和平均低潮线之间的海岸区域，因此中潮区的大部分区域在多数潮汐周期内长

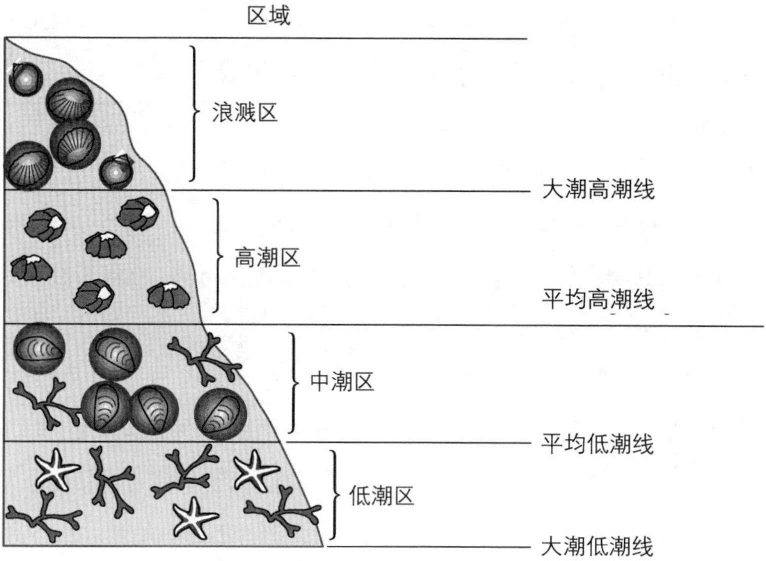

图35　岩岸潮间带四个区域的划分

时间为海水所淹没。这一区域密集分布着多种多样的海洋动植物。低潮区是平均低潮线与大潮低潮线之间的区域。因此低潮区在多数潮汐周期内完全被海水淹没，是潮间带物理压力最小的区域。

在温带的岩岸潮间带，浪溅区布满了呈斑块状分布的亮橙 139
色或浅灰色地衣、在岩石上形成薄的黑色层的蓝藻，以及须状的绿藻。玉黍螺和笠贝也是浪溅区的常客，它们在此摄食细菌和藻类，水虱也会在浪溅区摄食、清扫死亡的有机物。对这些生物来说，浪溅区是躲避掠食性蟹类和海螺的避难所，蟹类和海螺不会冒险长时间进入这一严苛环境。

高潮区生物以藤壶为主，这些藤壶常高密度聚居在一起，以至于在海岸上形成一道显眼的白色带。藤壶有着微小的、类似虾的幼体阶段（腺介幼体），能自由地在海中漂流、游动。当发现合适的定居地时，幼体头部的腺体分泌出胶水，并将自身黏附在潮间带的坚实表面上。之后藤壶分泌钙质的盒子似的楯板，将自身包裹住，顶端则是一对能像活板门一样打开与闭合的壳板。高潮时壳板打开，藤壶即伸出一套羽毛状的“腿”，从海水中滤食浮游生物。低潮时壳板紧闭，使藤壶不会被捕食者捕食，也不会干燥。

中潮区栖息着大量贻贝，它们常在海岸上形成一道显眼的黑色带。与藤壶类似，贻贝也有自由生活的幼体阶段（面盘幼体），幼体在海中扩散一段时间，之后寻找到合适的潮间带定居。当贻贝幼体发现合适地点时，它足部的腺体分泌出足丝，将自身牢牢固定在岩石上，之后生长并发育为我们熟知的有两片壳的成体。成体在被浸没时从海水中滤食浮游生物，其他时间则紧闭两片壳，以避免脱水并躲避海星等四处游荡的捕食者。中潮区也栖息着牡蛎、笠贝和玉黍螺，以及多种肉质的褐藻，这些褐
140 藻在低潮时为海星、海胆和其他海洋动物提供了潮湿的庇护所。

低潮区大量栖息着一系列能短时间暴露在空气中的动植物。在这里，红藻、绿藻和褐藻大量繁殖，也生活着包括海葵、海星、海胆、海蛇尾、海参、蟹类、海螺、海蛞蝓和沙蚕在内的许多不同种类的海洋动物。

在热带的岩岸潮间带，五花八门的细菌和藻类在浪溅区岩石上形成灰色和黑色的薄膜。多种玉黍螺在这层薄膜上摄食。扎在岩石上的藻类也常使热带的高潮区变为黄色。藤壶、笠贝和海螺能栖息于高潮区，但其数量通常比栖息在温带岩质海岸的少得多。中潮区常因栖息于此的结壳珊瑚藻而呈粉色。各

种各样的海螺，以及贻贝、海葵、笠贝和藤壶占据了这一粉色区。褐藻常覆盖在低潮区的岩石上，这里也是海胆、海葵、笠贝、海参和海绵等多种海洋生物的家园。

潮间带分区的成因

数十年来，海洋生物学家致力于了解岩岸潮间带区域如此明显的垂直分区模式背后的原因。现在人们已经知道，这是由复杂的生物、物理因素交互作用所产生的。通常而言，海藻或动物对物理因素的耐受力，比如暴露于空气、高温、严寒、干燥和波浪作用，决定着它们能在潮间带的什么区域生活。然而，诸如竞争、摄食、捕食和幼体定居模式等生物因素，与物理因素交互作用并调整着后者的影响，二者最终决定了生物实际栖息的区域。

温带岩质海岸上，藤壶、贻贝、海星和海藻为这种生物交互作用提供了一个极好的例子。在潮间带，生活空间极为珍贵，因此对空间的竞争是影响部分物种实际分布的重要因素。得益于对物理压力的耐受力，藤壶能栖息于温带岩质海岸中高潮区的任一地点。然而，藤壶通常被环境温和得多的中潮区排除在外，在那里它们承受压力较小，有更多时间摄食并更快地生长。这是因为贻贝在中潮区空间竞争中压过了藤壶。贻贝过度生长并使得藤壶窒息，从而具有竞争优势。因此藤壶最终大多存在于高潮区的避难所，这里的环境对贻贝而言过于严苛。

然而，藤壶也并非被完全逐出中潮区，而是这一块、那一块地呈斑块状分布着。这是另一生物交互作用——捕食的结果。在中潮区，贻贝为海星所捕食，也因此未能完全占据整个区域。然而，海星仅在高潮时短时间冒险进入中潮区捕食贻贝，因此总捕食量有限。但在低潮区，海星能大快朵颐，将此处的贻贝几乎扫荡一空。

因此，在这种情况下，藤壶的分布上限由物理因素决定，而下限受制于生物因素——与贻贝的空间竞争。与此类似，贻贝的分布上限受物理因素限制，下限则由生物因素决定——此时是海星的捕食。对岩岸潮间带的研究越透彻，生物交互作用的复杂性越是显露无疑。例如，中潮区的褐藻也需为空间而竞争，如果褐藻生长良好，它们能妨碍贻贝和藤壶幼体固着，从而维持
142 自身占据的栖息地。这似乎是海藻叶片在波浪作用下来回扫过岩石表面的结果，如此能妨碍贻贝和藤壶幼体抓紧岩石并吸附在上面。另一方面，笠贝和海螺对海藻的摄食会减少海藻的覆盖面积，使得贻贝和藤壶得以定居并生长。作为应对，有些海藻能产生有毒的化学物质，使摄食适可而止。

人为影响

潮间带因其位置的便利性以及与土地开发、社会发展的密切联系，遭受着严重的人为影响。潮间带为人类提供了现成的野生食物资源，如贻贝、牡蛎、笠贝、玉黍螺、海胆、蟹类、蛤蜊和鲍鱼，以及人们出于休闲目的，基本不受监管地进行采集的多种海藻。在一些靠近人口稠密区的潮间带，有些生物已被过度采集，曾经数量众多的它们业已稀少甚至消失无踪。这种采集能从根本上改变潮间带群落的结构。智利当地人民在潮间带对一种大型掠食性海螺的采集就是一个范例。在海螺被采集的区域，中潮区完全被贻贝占据。然而，在禁止采集的区域，中潮区则大量栖息着藤壶、海藻及贻贝，并呈现出更高的物种多样性。

这是因为海螺会捕食贻贝，并防止贻贝在空间竞争中压过其他生物。

全球某些司法管辖区已开始限制休闲采集配额，或建立不允许任何形式采集的海洋保护区，以更谨慎地管理潮间带休闲采集的影响。

针对潮间带生物的大规模商业采集也在发生。例如，在加拿大和美国缅因州东部潮间带，大量的褐藻（岩石藻）被以商业 143
规模采集。海藻干燥后被用作有机肥料、动物饲料、食品添加剂，也被用于提取有诸多用途的藻酸盐，包括作为冰激凌和其他日用品的添加剂。野生贻贝同样在缅因州海岸被商业采集，而牡蛎则是在南非的潮间带和世界其他区域被商业采集。

仅仅是在潮间带散步和翻开岩石观察其下方的生物，都能造成破坏。这并非荒无人烟的海岸存在的问题，而是靠近城市的岩质海岸因能吸引大量的游客而深受其害。举个直观的例子，加利福尼亚沿岸一些大受欢迎的岩岸潮间带，每年每100千米岸线能吸引到25 000名至50 000名游客。热度稍低的地点，每年每100千米岸线也能吸引到2 000名至10 000名游客。所有这些游客在低潮时漫步于潮间带，会践踏、移动、踩烂各种海藻和动物。许多游客也会翻开岩石，这么做会压碎生活在岩石上面的生物，并使下方的生物暴露于干燥、波浪拍打和被捕食的风险。这也导致只在岩石边缘有生物存活，而上方和下方都光秃秃的。即便是在无采集活动的海洋保护区，人们依旧能漫步于潮间带并导致此类影响。因此，如果想要更彻底地保护这些热门的潮间带，就有必要教育公众，使他们知道自己会造成的影响；在某些情况下，要限制游客的数量，让他们走潮间带上的

“小径”，或是完全禁止游客进入某些区域。

在我们这种由化石燃料驱动的文明中，石油污染几乎威胁着地球上的每一处潮间带群落，常被冲上海滩的、无处不在的焦油球（原油球）便是明证。进入海洋的原油主要有四个来源，分
144 别是天然渗出、提取过程、运输和使用。根据美国国家科学院国家研究委员会在2003年公布的数据，这些来源的分类大致如下：

据估计，每年从海床下含油的地层天然渗入海洋的原油约有60万吨，这差不多是进入海洋的原油总量的一半。但是，如此大量的原油是从许多不同地点以相当缓慢的速度渗出的，并不足以危害到海洋环境。

与石油勘探和生产相关的人为活动导致平均每年有3.8万吨原油排入海洋，这一估计值约为全球人为排入海洋的石油总量的6%。虽然比自然渗出的量要少，但这一来源的原油污染仍能严重损害近海生态系统，这是因为排放地点靠近海岸且有时会大量集中排放。实际上，发生在2010年的灾难性的墨西哥湾石油泄漏是目前为止史上最大的海洋石油泄漏事故。在这一事件中，距海岸约66千米，在水下1 500米处的一个深海钻井平台起火、沉没，导致大量原油从海床下的油库中喷涌而出。在三个月的泄漏期内，约有67万吨石油进入墨西哥湾，直到海面下的喷涌被彻底封堵。约790千米海岸线被漂浮着的石油污染，潮间带、潮下带生物以及沿海的野生生物因此窒息或中毒而死亡。石油泄漏也导致了墨西哥湾多数虾类渔场的关闭。此外，清理阶段使用的化学消油剂和机械装置也对海洋生物造成二次伤害。

用油轮在全球运输石油和石油产品，导致平均每年约15万
145 吨的石油泄漏——约占全球人为泄漏的22%。来自油轮的石油

泄漏会是灾难性地大且集中，也因此破坏力十足。1989年“埃克森·瓦尔迪兹”号油轮在阿拉斯加海岸触礁时，约3.7万吨石油泄漏到威廉王子湾。海流携带着海面浮油沿阿拉斯加海岸一路南下，覆盖了约2 100千米岸线，大面积破坏了这里的潮间带，杀死了成千上万只海鸟、数千只海洋哺乳类和难以计数的鱼类。三文鱼、鲱鱼、虾蟹类、平鲉和裸盖鱼渔场也因此关闭。这场灾难的影响持续至今，部分海岸线仍受困于石油污染。令人振奋的是，大型（700吨以上）油轮泄漏事件以及由此进入海洋环境的石油总量在过去30年中显著减少，平均每年发生的泄漏次数，从1990年至1999年的7.7次，降为2000年至2009年的3.2次，再减少到2010年至2017年的1.8次。

全球每年与汽车、卡车以及船舶（较小程度）操作中使用石油产品相关的泄漏，导致约48万吨石油以各种方式进入海洋环境之中。汽车和卡车操作中泄漏的石油铺在城市路面上，之后被冲进溪水与河流，再汇入海中。令人吃惊的是，这构成了海洋中最显著的人为石油污染来源——约占总数的72%。因为这是一个扩撒污染源，所以很难加以控制。这一长期的、扩散的石油污染暗中威胁着海洋生物和海洋群落的功能。人们已认识到，发现于石油中的许多不同种类的有机烃，对许多海洋生物极为有害且有着累积效应（即便浓度极低），而海洋动物在幼体阶段尤其脆弱。 146

第八章

来自海洋的食物

数千年来，人类一直从海洋中获取食物。起初这是沿海的小规模自给性渔业，随着经验累积和人口增多，它演变为广泛的商业活动。现在，工业规模的捕捞在全球范围内进行，为人类提供了最后一个重要的野生食物来源。今天，超过460万艘渔船航行在茫茫大海上，其中约280万艘为机械动力渔船，从业人口超过4 000万。每年野生海产品的上岸价值超过1 300亿美元，海鲜是全球数十亿人饮食中备受欢迎的组成部分，成为他们获取优质蛋白的一个来源。不幸的是，全球海产品捕捞量在20世纪90年代中期达到顶峰，现在停滞不前或正在下降，三分之一的鱼类资源被过度捕捞并面临崩溃。过度捕捞不仅严重影响着目标物种，还影响着许多海洋生态系统的生物多样性和功能。

海洋捕捞的扩张历程

人们常认为，在古代，鱼类和其他海产品的捕捞量受限于当
147 时较低的人口数量以及简陋的渔具和船只，因此直到近代海产

品资源才被轻度开发。然而，从历史上的海洋生态研究中，人们推断出数千年来人类已对海洋资源造成显著影响。地中海便是人类对海洋资源长期施压的一个范例。

人类定居在地中海沿岸已有约50 000年历史。渔村已在此存在至少10 000年之久，至少自公元前900年前后的希腊和罗马时代，海产品就是地中海居民重要的蛋白质来源。人们捕捞的种类包括海豚、海龟、鲨鱼、鳐鱼、金枪鱼、沙丁鱼、鳀鱼、鲻鱼、石斑鱼、比目鱼、牡蛎、贻贝、蛤蜊和扇贝。其中部分种类至罗马时代已所剩无几，到了公元1世纪，意大利近海已被过度捕捞，捕捞范围扩大至西西里和科西嘉岛等离岛。罗马帝国的崩溃很可能减轻了对海洋资源的压力，但15世纪快速增长的人口导致沿海资源再度枯竭。19世纪末，随着地中海人口的指数级增长，捕捞力度大为提升。20世纪早中期，渔船变得机动化，捕捞范围扩大至地中海外海。持续百年的高强度捕捞之下，如今地中海的传统海洋食物物种几乎都已减少到不足原先数量的一半，约三分之一所剩无几，且许多种类已功能性灭绝。受冲击最大的当属顶级捕食者，它们是渔民捕捉的首选对象。

欧洲其他地区的高强度海洋资源开发比地中海要晚得多。然而，大约8世纪或9世纪时，维京人大肆捕捞着当时在北欧海域数量众多的鳕鱼、黑线鳕、狭鳕、鲱鱼和其他海洋种类。维京 148
人来到英国和诺曼底时，也带来了他们的捕捞技术，到了11世纪，这些地区的海洋捕捞已形成体系。至18世纪末，北欧的许多鱼类资源因过度捕捞而严重衰退，人们开始实施最早的保护措施。尽管如此，捕捞强度仍居高不下，至2000年，超过半数的北欧鱼类资源被认为遭到严重的过度开发。据估计，如今欧洲总体的鱼类资源仅有1900年规模的十分之一（见图36）。也有人提出，与欧洲鱼类资源未开发时相比，目前欧洲鱼类资源总量不及当初的5%。

历史上，海洋食物资源的开发自欧洲向外扩散的时间令人吃惊地早。早在公元1000年，维京人就在开发冰岛和格陵兰岛周围丰富的鱼类资源，并可能进入了加拿大北部海区。大约200
149 年后，巴斯克渔民也捕捞着北大西洋的鱼类资源，甚至可能在1492年的哥伦布航行前就在北美沿海进行捕捞活动。然而，到16世纪早期，巴斯克、法国和葡萄牙渔民都在纽芬兰沿海的大浅滩捕捞鳕鱼，以供应欧洲市场。1600年前后，每年有150多船鳕鱼从加拿大海区被捕捞上来。渔获物被晒干或腌渍，如此一来能保存数年之久，并为欧洲人民提供稳定的蛋白质来源。开始于17世纪的北美长期殖民活动，标志着对美国东海岸鱼类资源

图36　1906年英国格里姆斯比鱼市的场景。以今天的标准来看，这些鱼的数量与大小都非同一般

的利用拉开序幕，这些资源包括鲟鱼、美洲西鲱、三文鱼、灰西鲱和牡蛎。至19世纪早期，北美东部沿岸的鱼类资源已出现严重衰退的早期征兆。

在19世纪晚期和20世纪早期，快速的城市化进程和全球人口增长使得对海产品的需求持续上升。这也与渔获物的运输、保存技术进步有关，这一进步意味着外海的鱼类资源也能被轻易开发，且能供应远距离的市场。二战之后，全球海洋捕捞以前所未有的速度在规模和范围上增长着，渔船船队数量激增，渔具也得到了改善，并引入了渔获物船上加工设备。这些变化揭开了工业化捕捞海产品的帷幕。世界上多数沿海水域捕捞量大幅上升，渔船也开始在大陆坡深水区作业，在海底山拖网，在全球范围内围捕金枪鱼。到了2000年，捕捞力度在全球所有地区（尤其是亚洲）大增，中国的渔获量居全球首位。

在21世纪回顾过往，我们几乎难以想象海洋中的鱼类曾经
是多么丰富。然而，早期探险家和定居者的叙述、旧报刊上的文 150
章和照片、19世纪渔业统计数据和捕鱼比赛的历史记录，共同描绘出过去鱼类丰度与大小的惊人图景。

商业捕捞方式及其影响

机械动力渔船的出现，使人们得以应用拖网超高效地捕捞鱼类。拖网是大型的圆锥形网具，被渔船拖动着前行，将所经之处的鱼类和其他海洋生物一股脑舀入其中［见图37（a）］。大型拖网的网口宽度相当于一座足球场，高度则向三层楼看齐。

底拖网贴着海底拖行，捕捞底层或底栖性鱼类和无脊椎动物［见图37（a）］。中层或表层拖网则远离海底，捕捞的是水层

中集群游动的鱼类。商业拖网渔船的捕捞海域涵盖大陆架浅水、大陆坡，以及深度超过2 000米的峡谷和海底山［见图37（b）］。

在重度捕捞海区，海底的同一位置每年无数次被拖网渔船扫过。日积月累之下，如此高强度的拖网作业极大损害了海床。拖网刮擦并粉碎着由管虫、冷水性珊瑚和牡蛎等生物在数百年间建立起的丰饶且复杂的海底栖息地。这些栖息地最终沦为清一色的碎石和沙砾。总而言之，这些区域被彻底改变且面目全非，之后栖息于此的是适应了频繁扰动且丰富程度低得多的群落。底拖网还会捕获大量不需要的非目标鱼类和无脊椎动
151 物——副渔获物，它们常常被丢弃。此外，底拖网还可以捕捉到海龟、海豚和海豹。因此，底拖网是极具破坏力的捕捞方式，已被禁用于多数海域。中层拖网的破坏力较小，因为它不与海底接触。但是，副渔获物仍然是一个问题。

另一种常见的捕捞方法是延绳钓，即由渔船牵拉一条悬挂着许多吊钩的长绳，其绳长可达数千米，鱼钩数量为2 000多个。因目标种类不同，延绳钓可设置于不同水层，捕捉表层或底层鱼类。采用此方式也会捕捉到非目标鱼类，以及哺乳类、海龟和海鸟。兼捕问题可通过以下方式缓解：夜间作业，以避开依赖视觉的鸟类；加大配重，使绳钩快速下沉；使用不容易诱捕非目标种类的特制鱼钩。

围网被用于捕捉大洋之中的金枪鱼、沙丁鱼、三文鱼和鲭鱼。施放时，鱼群被垂直的网幕包围，网具底部随即收拢以合围鱼群。围网不会影响海洋底部，但它们会捕获非目标物种、幼鱼，以及海豚等哺乳动物。

刺网捕鱼则是悬挂出一面网墙，使鱼类缠绕其间，无法挣

图 37　底拖网：(a) 拖曳于海底的底拖网；(b) 渔民正在起网，拖网内满是胸棘鲷 152

脱。刺网通常不接触海底，还可以调节网目大小，减少幼鱼的捕获量。不过，它依旧存在副渔获物和捕获海豚等保护种类的问题。网具可以加装噪声装置，以驱赶海豚。

商业捕捞种类

全球海洋鱼类有成千上万种，但今天人类捕捞的主要是几个
153 类群当中的少数种类（见图38）。其中捕捞量最大的是鲱鱼类。它们是小型的集群鱼类，直接摄食浮游动植物，鲱鱼、沙丁鱼和鳀鱼均属此类。鳕鱼类是商业捕捞的另一重要类群。它们是底栖性鱼类，包含鳕鱼、黑线鳕、无须鳕和狭鳕，这些鱼类栖息在北太平洋和北大西洋的近海。鲆鱼、鲽鱼和鳎等比目鱼类是商业捕捞的又一重要类群，它们的栖息地同样位于近海。之后便是大型的、高速游动的远洋肉食性鱼类——鲭鱼类，包括鲭鱼和金枪鱼等，后者是大洋渔业的主要对象。鲨鱼构成了被捕捞的又一类海洋鱼类。另外也有针对海洋无脊椎动物的大型渔业，这些动物包括龙虾、蟹类和虾类等甲壳类，以及枪形目、牡蛎和蛤蜊等软体类。

目前全球最大的海洋渔业是秘鲁鳀（*Engraulis ringens*）渔业，在任一年份其产量都占到全球海产品捕捞总量的8%，甚至更多。鳀鱼是小型的（长度可达20厘米）、生长极快的鱼类，栖息于秘鲁沿岸营养丰富的上升流海域，滤食浮游动植物。鳀鱼往往聚成大而密集的鱼群，这意味着围网和中层拖网渔船可以高效地大量捕捉它们。

鳀鱼捕捞量年际间波动极大。在好的年份，其捕捞量可高于1 100万吨，而在差的年份仅为200万吨左右，在极差的年份甚

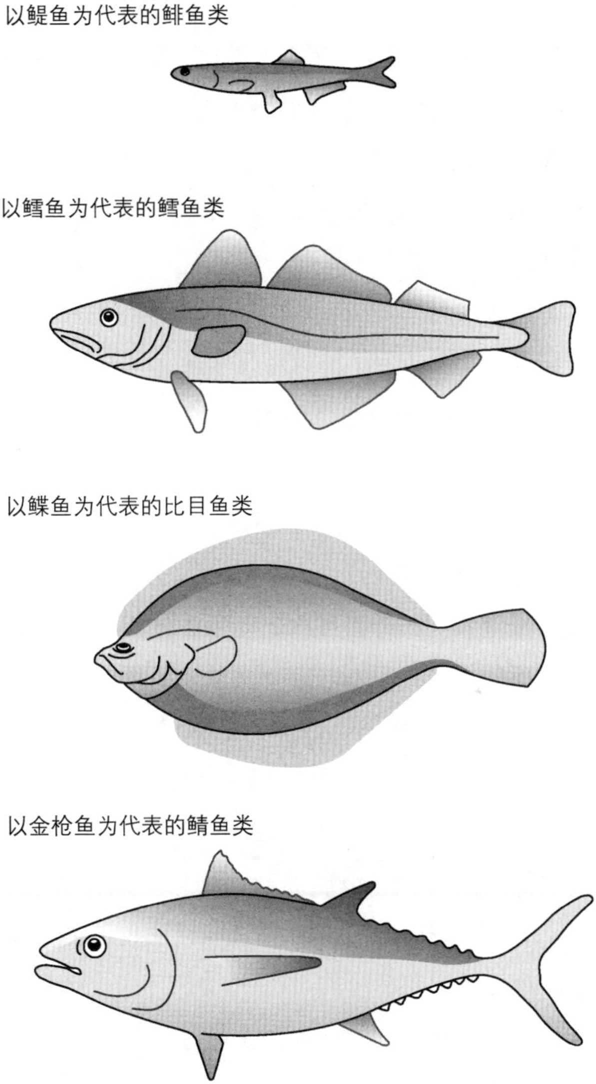

图 38　主要的商业捕捞海洋鱼类　154

至低于15万吨。这种波动多数时候与厄尔尼诺-南方涛动有关（见第二章）。

世界第二大渔业是黄线狭鳕渔业，这是一种广泛分布于北
155 太平洋的底层鱼类，通常是被人用中层拖网捕获的，中层拖网极少刮蹭海底，与底拖网相比损害较小。目前这种鱼类年均产量约为300万吨，被广泛用于快餐食品。厄尔尼诺期间，黄线狭鳕产量甚至可超过鳀鱼。

第三大渔业是鲣鱼业，这是一种在太平洋、大西洋和印度洋热带海域数量众多的鱼类，主要被加工为罐头。人们通常用围网捕捞鲣鱼，其年均产量约为260万吨。

鳀鱼等富含油脂的鱼类不太适合人类直接食用。然而，高的油脂含量使得它们成为鱼粉和鱼油产品的理想原材料，这二者都极具商业价值。鳀鱼经烹煮、干燥和粉碎后被加工为鱼粉，鱼粉则被用作家禽、猪和鱼类商业养殖中的蛋白质补充剂。鱼油是从烹煮后的鳀鱼中压榨出来的，主要被用于鱼类养殖中的饲料生产，但也被加工为胶囊，作为人类的保健品。几乎所有的鳀鱼渔获都被加工为鱼粉和鱼油，其产量占全球此类产品的三分之一左右。

将野生捕捞鱼类用作海产品养殖饲料一直存在争议，分析显示，相较于人类直接食用鱼类，如此间接利用的能量损失相当可观。好在此问题正在解决的过程中，加工为鱼粉、鱼油的鱼类总量一直在下降。20世纪90年代，全球捕获的鱼当中大约有三分之一被加工为这些成分，而不是直接被人类食用，但在2016年，这个数字已下降到19%左右（1 500万吨）。现在，多数鱼粉
156 和鱼油是由鱼类的副产品（内脏、骨架等）加工制成，这些过去

常被弃置的副产品现在被更有选择性地用于鱼类饲料。近期研究显示，以目前的海洋鱼类养殖水平，1千克野生鱼类成分加工为饲料后能转化为2千克养殖鱼类，即如此利用这些野生鱼类原料，可为人类提供额外的食物。具体而言，就三文鱼养殖来说，这一比例目前约为1 ∶ 1，虽然不算理想，但也正随着措施的改进而逐渐提升。

全球海产品捕捞趋势——超过极限

联合国粮食及农业组织（FAO，以下简称“粮农组织”）维护着一个关于海产品捕捞量的全球数据库，统计起始于1950年，数据来源于成员国及欧盟汇报的官方信息。粮农组织数据显示，1950年全球海洋海产品总捕捞量为1 800万吨，之后渔获量稳步增加，到20世纪80年代后期开始趋于稳定（见图39），最高记录则是1996年的8 600万吨。再往后，全球海洋捕捞量虽有波动，但始终低于这个水平，2016年报告的数字为7 900万吨。但这些数据并不反映全球实际捕捞量，这是因为官方报告常忽略丢弃于海上的副渔获量，以及非法、未报告和无管制（IUU）渔业产量，如小规模手工和自给性渔业，所有这些往往难以获取可靠的信息。因此，野生海洋物种的实际捕获量会高于粮农组织的估计，但超出多少尚有争议。基于更广泛数据源的最新研究显示，全球渔获量极可能在20世纪90年代达到约1.3亿吨的峰值，之后便一直在下降，目前约为1亿至1.2亿吨。 157

展望未来，到了2050年，全球海洋能为98亿人在提供野生海产品上做出何等贡献？解决这个问题的出路之一有赖于基本的生态原则，即全球海洋净初级生产力沿食物网的能量传递

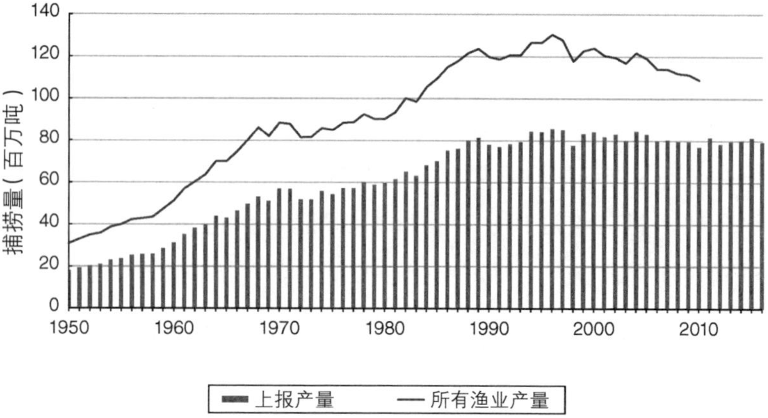

图39 全球海洋年捕捞量趋势，条形图为上报产量，线形图为所有渔业的估计产量

效率（见表2）。全球海洋可依生产力水平的不同分为三个大区。最大的是海洋区域，包含全球所有大洋在内。它有着最低的生产力水平，但面积最大——约占全球海洋总面积的90%。其次是近海区域，所有沿岸海域都囊括在内。此区域有着更高的生产力，但面积小得多——略低于10%。最后是上升流区域，即所有主要的上升流海区。它面积微小——约占全球海洋的1%——但有着极高的初级生产力。

158 下一步是估计每个区域食物网内部的营养级数量。大洋食物网相对复杂，初级生产者和捕捞的鱼类之间平均存在5个营养级是合理的（见第二章）。相对而言，上升流海域的食物网就简单得多了。秘鲁鳀渔业就是一个恰当的例子——鳀鱼直接摄食浮游植物或浮游动物，因此它们只比初级生产者高1个或2个营养级。因此，上升流区域可在初级生产者和鱼类之间分配1.5个营养级。近海是大洋与上升流海区间的天然过渡区域，可被平

表2　全球海洋鱼类总产量估计值（雷瑟，1969年）

区域	占海洋面积比例	平均生产力（$g\ C\ m^{-2}\ yr^{-1}$）	总生产量（10亿吨 $C\ yr^{-1}$）	营养级数量	效率比例（%）	鱼类产量（吨，鲜重）
大洋	90.0	50	16.3	5	10	160万
近海	9.9	100	3.6	3	15	1.2亿
上升流区	0.1	300	0.1	1.5	20	1.2亿
总量						约2.4亿

159

均划分为3个营养级。

分配完毕，便可以开始估计每个区域中营养级之间能量流动的效率。在大洋复杂而分散的食物网中，能量流动效率最低，因此给大洋分配的数值为10%。相反地，在上升流区域简单而集中的食物网中，能量流动效率要高得多，因此分配给上升流海区的数值为20%。效率介于上述二者之间的近海被分配的数值则是15%。

综合了各区域初级生产力、营养级数量和能量流动效率的数据后，可以估计出各区域的大致鱼类年产量，从而得出全球鱼类总产量的估计值——每年2.4亿吨（见表2）。

从雷瑟的分析中得出的结论之一，即近海和上升流区域在鱼类产量中具有压倒性的重要性，这是因为这二者有着较高的初级生产力以及相对简单的食物网。近海和上升流区二者合计占了全球海洋几乎所有的鱼类产量。大洋虽然有着广阔的面积，但鱼类产量微乎其微。这与我们已知的事实一致——鲱鱼、鳕鱼和比目鱼产量最大的商业渔场均位于全球海洋的上升流和 160

浅海海域。唯一例外的是以金枪鱼和鲭鱼等为目标的大洋渔场，这些鱼类是广阔海洋系统中的顶级捕食者。

雷瑟估计的2.4亿吨鱼类产量并非全部能被人类捕获利用。如果这一数量全被人类开发利用，那么鱼类资源将迅速枯竭至无法持续利用的水平。此外，这一产量中的多数也被人类以外的顶级捕食者——比如海洋哺乳类、鲨鱼和海鸟——捕食消费，而且人类不可能在任何时候都以最佳水平定位和开发所有鱼类资源。在此基础上可以合理地假设，人类每年可持续利用的鱼类最多为1亿吨。

这些方法以及其他类似的方法，为评估人类期待从海洋中获取的可持续海产品产量提供了基于生态原则的理论基础。关键之处在于，目前全球的实际捕捞量为1.2亿吨，已超出理论极限。此外，尽管渔船船队的规模和效率总体上有所增加，但全球捕捞量停滞不前，甚至逐渐下降。这些都是明确的信号，表明全球海洋渔业正处于过度开发之中。因此，在我们目前的渔业管理方法下，增加人类从海洋中获取的野生海产品的数量，以养活迅速增长的人口，几乎没有任何余地。

全球海洋渔业资源日益不稳定的状态有力地支持着这一结论。来自粮农组织的最新情报显示，60%的鱼类资源已被充分利用，即它们目前的产量处于最大可持续水平，没有继续增加的余地。另有33%的鱼类被过度捕捞，数量正在减少，甚至濒临灭
161 绝（1974年为10%），仅有7%的鱼类未被捕捞。所有这些数据描绘出一幅全球海洋渔业现状的严峻画面。我们面临的真正问题并非能否从海洋中捕捞更多鱼类，而是能否维持目前的捕捞量，这一捕捞量关系到对人类来说至关重要的食物来源。显然，

为了养活未来98亿人口所需要增加的食物当中，有70%左右需要另想办法。海水养殖业正在帮助填补需求的空缺，2016年，1.2亿吨野生海产品被捕捞的同时，也有2 900万吨海产品来自养殖。

过度捕捞不仅会毁灭目标物种，而且常以意想不到的方式影响它们所属的海洋生态系统的功能。西北大西洋鳕鱼业的崩溃便是例证之一，展示了过度捕捞的影响是如何沿食物链向下殃及池鱼的。美国东北岸一度盛产鳕鱼，但因过度捕捞，渔业于20世纪90年代早期崩溃了。鳕鱼是龙虾的主要捕食者，它们从生态系统中消失后，龙虾的数量随即呈爆炸式增长。到目前为止，还没有鳕鱼渔业恢复的迹象，所以龙虾主导的生态系统似乎将长期持续下去。大量的龙虾对于龙虾渔业无疑是一件好事，但如此高的密度以及海洋变暖引发的压力，也使得龙虾容易感染疾病，而疾病已摧毁了其他区域的龙虾种群。过度捕捞对生态系统造成影响的另一个例子是非洲西南海岸的沙丁鱼、鳀鱼渔业。上述渔业在20世纪70年代崩溃，原因是过度捕捞和环境变化。沙丁鱼和鳀鱼很快便被大量的虾虎鱼和水母取代，而后两者的营养价值远不如沙丁鱼和鳀鱼。结果，生态系统中以沙丁鱼和鳀鱼为食的其他动物数量急剧下降，其中包括企鹅和鲣鸟，以及一度繁盛的几种鳕鱼。 162

这似乎也是向一个全新的、多样性及生产力较低的生态系统的长期转变。这些示例表明，渔业管理者不仅必须管理目标物种，也要采取更广泛的“基于生态系统”的渔业管理方法，这需要更深入地了解生态系统中不同营养级生物之间如何交互作用。

海洋渔业的未来——最后的野生食物

目前，由于全球人口快速增长，对珍贵的野生海产品的需求不断增加，各个国家控制过度捕捞并限制非法渔业的难度极大。世界各国政府必须加倍努力，更好地监测资源状况、限制捕捞量、减少捕捞投入以及禁止非法渔业，从而使资源得以恢复，生态系统得到修复。政府也必须准备好做出艰难且不受人欢迎的决定，以彻底关停未以可持续方式管理的渔场。海产品零售商和消费者也在其间起到重要作用。鱼类资源的过度开发常是由消费需求、漠不关心以及知识匮乏所驱动的。如果消费者能被正确引导并充分认识到过度捕捞的问题所在，他们便能下定决心不购买处于过度捕捞中的种类，并转而支持可持续的渔业产品。例如，MSC会给由海洋科学家独立评估为可持续开发的渔业进行相应认证。经MSC认证的渔业产品包装上会印有显眼的“蓝鱼”标签。与之类似的是，世界自然基金会也会发布针对具体国家的指南，提供有关特定鱼种资源状况的信息，并依据可持续程度将物种标注为绿色、黄色或红色。

近年来，在恢复过度捕捞的资源方面已有了一定进展，尤其
163 是在管理制度得到改善的发达国家。例如，美国海域的可持续捕捞资源量占比从2005年的53%上升为2016年的74%，澳大利亚则是从2004年的27%提升到2015年的69%。但在欠发达国家，受限于监测、管理和执法能力，过度捕捞仍在加剧。扭转这一趋势并恢复衰退的资源，对于维护海洋生态系统的多样性和健康，以及保护人类最后的野生食物重要来源而言，是一项非常重大的事业。

海洋保护区在渔业管理中的作用

“禁捕”执行得当的海洋保护区（MPA）为其中的鱼类和无脊椎动物提供了喘息之所，它们在这里可以免遭游客和渔民的捕捞。这使它们得以在保护区内生活更长时间，长到更大的体型，而且数量逐渐增多。更大的体型意味着产出的卵更多，并且一只动物生活得越久，参与繁殖的次数便越多。因此，保护区内长寿的大体型动物的密集种群能繁殖出大量的卵和幼体，这些卵和幼体漂流到保护区外，并加强了对邻近区域耗尽的鱼类资源的补充。海洋保护区也具有溢出效应。鱼类和龙虾等游泳生物在保护区内的数量增长，它们最终遍布保护区，并开始扩散到未受保护的区域，支持着那里的休闲和商业渔业。因此，正如许多渔民已经认识到的那样，最好的捕鱼区域常位于已建立的海洋保护区左近，这一点也不奇怪。

关键问题在于，我们需要保护全球海洋的多大面积，才能给我们星球的海洋生态系统带来有实际意义的复苏，使鱼类资源恢复到能够给渔业带来稳定商业回报的水平，并为人类提供安 164
全的、可持续的野生海产品。海洋科学家们日益达成的共识是需要建立起覆盖30%以上的海域的禁捕保护区网络，且辅以有效的监管。也有一些生态学家认为，地球上一半的陆地以及一半的海洋需要受到保护，免受人为干扰，从而阻止地球生物多样性的丧失。

建立并管理全球海洋保护区网络的成本相当之高，但预期的收益，包括渔业产量的提升、大量的就业机会和海洋保护区游客带来的旅游业增收，足以抵消其成本。例如，渔业科学家估计，如果所有过度捕捞的海洋种群能够恢复，并以可持续的方式被捕捞，那么全球年捕捞量可能会增加1 650万吨左右。

2015年，联合国确立了海洋可持续发展的目标，以“保护和可持续利用海洋及海洋资源”。目标之一是截至2020年，至少10%的沿海和海洋区域得到保护。由联合国世界自然保护监测中心维护的一个名为“受保护的星球”的在线平台，会每月发布全球海洋保护区覆盖率的最新统计数据。这一数据显示，2000年海洋保护区的覆盖率仅为0.7%（200万平方千米）。从那时起，建设速度增加了10倍以上，全世界已建立了15 000多个海洋保护区，覆盖面积达2 700万平方千米（7.5%）。这是一个良好的进展，但仍远低于最低30%的要求。此外，覆盖范围也不均衡，公海区域的覆盖范围不足300万平方千米（约11%）。这是因为在国际海域设立保护区涉及法律争端。另一个问题是，许
165 多保护区由于资源不足而未得到有效管理，捕捞依旧猖獗。相应地，国际自然保护联盟正着手将符合管理标准的海洋保护区列入“绿色名单”。

海洋保护区自然不能解决海洋的所有问题，而只是有效管理海洋的工具之一。除了过度捕捞，海洋生态系统还处于污染以及海洋变暖、酸化等气候变化的压力之下，所有这些影响不分边界，共同降低着海洋生态系统正常运转的能力。解决这些问
166 题需要其他方法和手段。

第九章

海洋的未来

正如本书所讨论的，与工业时代之前相比，人类世的海洋生态系统状况已大为改变，且在过去40年中，变化的速度大大加快。到了2050年，海洋状况究竟会如何？我们是否注定要继续走目前的消极路线？或者我们是否有能力规划一条新的路线，并扭转我们对海洋造成的诸多不利影响？

海洋荒野的终结

最近一次关于人类对全球海洋生态系统影响的研究，揭示了人类对海洋环境影响的全貌，并将其作为2018年的基线，以此来衡量未来的变化，无论这个变化是积极的还是消极的。此分析涉及识别“海洋荒野”区域，即海洋生态系统较少受人为干扰，而更多地以自然方式运作的地方。研究人员将全球海洋分为15个地理区域，并依据人为“压力源”（包括污染、过度捕捞、生物入侵和气候变化）的数量、强度和累积影响对每个区域进行评分。他们发现，当气候变化（包括海洋温度上升和酸化）这一

167 压力因素被纳入分析后，因其影响广泛且难以管控，全球将不存在海洋荒野。即使气候变化压力未包括在内，也仅有约13%的海洋可被视为海洋荒野。这些区域多位于南半球的部分大洋之中，以及南大洋和北冰洋。从这项研究和其他研究中得出的令人痛苦的结论是，人类活动影响了全球海洋，而海洋生态系统仍然完整且可以“保全”这一认知不再站得住脚。人类现在面临的挑战是找到稳定海洋生态系统并预防其进一步退化的方法，进而走上海洋恢复之路。社会是否会充分理解和承认海洋面临的问题，是否足够关注海洋环境，并快速实施恢复海洋生态系统所需的措施，这些都有待观察。然而，不这样做的话，最终的结果将是灾难性的。在接下来的几十年里，人类的所作所为将决定一切。

笔者乐观地认为，社会及其机构将理性地做出反应，并选择走上恢复海洋的道路，保护海洋提供的各项生态价值。做出这一判断是因为了解到公众和媒体对海洋环境问题的认识、关注和参与度正在快速提升，尤其是在年轻群体之中；这一风潮也蔓延到欠发达国家。这些见多识广的人将对政治家、国际和国家组织及与之有业务往来的公司施加压力，促使其负责任地处理海洋环境问题。此外，其中一些人将成为政治领袖和杰出的海洋环境代言人，而其他人将是新一代海洋科学家，他们能够引领我们走上恢复海洋生态系统之路。牢记这一点，接下来我将从10个方面简要介绍一下2050年的全球海洋状况。这是一个充满希望的前景，如果我们加速并全面实施许多已经采取的行动，
168 并大胆采用一些新方法，它又是完全可以实现的。

2050年的海洋——一个可能的未来

到2050年，世界上大多数国家都是一个负责管理全球海洋的**有效国际行政机构**的活跃成员。这一机构脱胎于国际自然保护联盟，依据《联合国海洋法公约》（UNCLOS）提供的国际法律框架来进行日常运作。该机构制定并实施长期战略，以管理地球的海洋环境及其资源，并协调和监管各成员国在战略实施上的行动与进度，在应对拒不执行的情况时也会提供有效的强制措施。该机构成员搁置了在海洋管理问题上基于短期优先事项和国家利益的大多数分歧，通力协作，以实现海洋生态系统恢复和资源管理这一商定的长期目标。

由于社会关注的浪潮促使政府和行业采取适当措施，**海洋塑料碎片危机**已基本得到解决。各国政府，特别是较贫穷国家的政府，已经资助了更为先进的废物收集系统，从而阻止塑料通过河流从陆地汇入海洋。由于全球禁止使用一次性塑料袋以及减少塑料包装，对塑料的需求大减。此外，现有的高效系统可以回收并循环利用塑料，从而大大减少了制造中的原生塑料的用量。最初的磨合问题解决之后，系统开始高效清除海洋环流中的塑料碎屑，环流中的塑料量减少了四分之三，极大降低了其对海洋生物的危害，减少了海洋中大部分微塑料的来源。世界各地的海岸线和海景整洁一新，海鲜中的微塑料含量也大大降低。169

由于消费者的关注、有效的立法、为农民提供更好的教育和决策支持工具，多数国家广泛采用了更可持续的农业措施，使得**流失到海洋中的营养物**减半；此外，大多数沿海城市都安装了有效的污水处理系统。这些举措大大减少了流失到海岸环境中的氮和磷，且近海死区的数量和规模首次开始下降。有害浮游植物爆发的频率也在同步降低。

积极管理和监管到位的**全球禁捕海洋保护区**网络已经建立，覆盖全球海洋面积的30%以上，其中半数位于公海大洋之上，过去在国际水域设立保护区所涉及的许多法律争端业已解决。管理这一网络的成本则由因保护区效应而大幅提升的商业捕捞量和收益抵消。如此一来，许多大型渔业公司开始赞助海洋保护区的持续管理。保护区也可从在受保护区域浮潜和水肺潜水的游客那里获取可观收入。海洋保护区网络大获成功且得到广泛认可，以至于国际海洋治理机构设立了到2070年全球海洋覆盖率达50%的新目标。

基于生态系统**改进渔业管理措施**成为多数国家的常态，其中富裕国家协助较不富裕的国家制定、实施和执行改进的渔业管理方案，并将其应用于以前不受管制的渔业。所有渔业国家对鱼类数量的监测以及对捕捞限额的监管水平大为提升。各国
170 向粮农组织提交的报告中包含副渔获物以及手工、休闲渔业的捕捞数据，使粮农组织每年发布的报告更能体现实际的全球海洋捕捞量。依靠从绕地球运行的大型立方体卫星群获得的雷达数据，侦测和追踪海面上的所有渔船成为可能，非法渔业几乎完全被废除。全球渔业投入大幅减少，从业人口转而从事海洋保护区和观光业的监测与管理工作。渔业已转为“少拿多赚”的商业模式，更重视可持续地获取高值优质渔业产品。底拖网作业仅限于少数经核准且受监管的海域。所有大型食品零售商只供应来自经认证的可持续渔业的海鲜产品。见多识广的消费者驾轻就熟地扫描海鲜包装上的“智能码”，以确认其来源。许多

以前衰退的鱼类种群几十年来第一次得以重建，海洋生态系统的生物多样性和稳定性正随着许多具有重要生态意义的海洋动物（如掠食性鱼类、鲸和鲨鱼）的数量增加而恢复。

系泊设备上的传感器、机器人水下滑翔机、自主水下航行器和卫星被大量运用于全球海洋的**密集监测**。它们提供了大量关于海洋环境的物理、化学和生物状况的实时数据，这些数据经先进的计算机技术分析和可视化，作为免费、开放的数据源广泛提供。此信息提供了逐月更新的海洋状况的详细概貌，为持续的管理决策提供信息，并可衡量达成一致的海洋重建目标的进度。

现在，许多工作都集中在**适应和管理人为引起的气候危** 171
机对海洋生态系统与渔业的持续影响上。虽然许多国家在经济脱碳方面取得了进展，但全球仍在努力实现2015年《巴黎协定》的减排目标，即将全球平均气温的升幅控制在2℃以下。在2100年之后，气候稳定且大气中温室气体减少之前，地球将升温2.5℃。正如预测的那样，由于海洋表面极端温度引发的一系列背靠背白化事件，地球上80%以上的珊瑚礁已经崩溃，成为由巨藻主宰的系统。幸存下来的相对健康的珊瑚礁斑块散布在热带海洋中，得到了精心的管理和保护，且免受过度捕捞、污染和棘冠海星的侵扰，这样它们才能尽力抵御海洋升温、酸化以及频发的风暴。一旦气候趋于稳定，这些幸存的珊瑚在邻近地区重新繁衍。积极的干预措施正在顺利进行，以部分恢复一些关键地点的珊瑚礁生态系统，采用的方式包括辅助基因交流和辅助演化技术，基因编辑技术也正被用于培育对温度以及酸化海水有更强耐受力的珊瑚株。在陆地设施中培育出的大量株体被移植到适宜的地点，以重建部分珊瑚礁生态系统，并恢复其部分生态功能。许多地方也正在建造人工珊瑚礁栖息地，以重建一些珊瑚礁渔业，并保护脆弱的海岸线。

外海石油和天然气勘探已大大减少，因为这些化石燃料已被陆地和海洋中的可再生能源大量取代。这极大减少了石油勘
172 探和运输对海洋造成的污染。交通运输系统的电气化也大大减少了汽车和卡车中石油相关产品所导致的石油泄漏。

用于海底采矿、海岸风能和波浪能发展的**海洋工业化**，及海水养殖都在加速推进，但这些活动均经过了妥善的评估和管理。使用自主水下航行器和新一代载人深海航行器的深海生态系统探索进展顺利。相应知识被用于评估海底采矿的影响。涉及向海洋中大规模施铁肥的气候工程项目由于生态风险太大而被放弃。

各国政府和工业界在**海洋研究与发展**方面投入巨资，以提供应对气候变化对海洋生态系统的破坏和恢复海洋环境及其资源所需的相关知识。海洋生物学家、生态学家、分子生物学家、微生物学家、化学家、物理海洋学家、传感器和机器人工程师、计算机科学家和信息系统专家共同致力于研究复杂的海洋环境问题。

总之，这一关于2050年海洋未来的图景仅描绘了一条可能的途径。其他许多情况也有可能发生，当然，其中一部分可能性不大。未来10年将是全社会决定我们能留给子孙后代的海洋生
173 命命运的10年。

索　引

（条目后的数字为原书页码，见本书边码）

A

B

C

D

E

F

G

H

I

J

K

L

M

N

O

P

R

S

T

U

V

W

Z

Philip V. Mladenov

MARINE BIOLOGY

A Very Short Introduction

SECOND EDITION

165

For Taman, Maeve and Jem—may they enjoy the oceans as much as I have

Contents

Acknowledgements

I am grateful to Jenny Nugee and the team at Oxford University Press for their advice and encouragement throughout this project and to Roger Harris for his careful reading and astute comments on the manuscript.

List of illustrations

List of abbreviations

AMOC	Atlantic Meridional Overturning Circulation
CCAMLR	Commission for the Conservation of Antarctic Marine Living Resources
DOM	dissolved organic matter
DSL	deep scattering layer
ENSO	El Niño Southern Oscillation
FAO	Food and Agriculture Organization of the United Nations
HAB	harmful algal bloom
HNLC	high nutrient–low chlorophyll
ICES	International Council for the Exploration of the Sea
IUCN	International Union for Conservation of Nature
IUU	illegal, unreported, and unregulated
MBARI	Monterey Bay Aquarium Research Institute
MPA	marine protected area
MSC	Marine Stewardship Council
NASA	National Aeronautics and Space Administration
NGO	non-governmental organization
POM	particulate organic matter

ppm	parts per million
UNCLOS	United Nations Convention on the Law of the Sea
UNEP	United Nations Environment Programme
USGS	United States Geological Survey
WCMC	World Conservation Monitoring Centre
WoRDSS	World Register of Deep-Sea Species
WWF	World Wildlife Fund

Introduction

The oceans are our planet's most distinctive and imposing natural habitat. They cover 71 per cent of its surface; create a vast globally connected fluid living space; support a remarkably diverse and exquisitely adapted array of life forms from microscopic viruses, bacteria, and plankton to the largest existing animals; and possess many of Earth's most significant, intriguing, and inaccessible ecosystems. For these reasons alone, marine biology—the study of how oceanic organisms live and interact with each other and their environment—is an inherently significant and fascinating subject that has fostered our wonder, curiosity, and exploratory urges for generations.

However, now that Earth has entered the Anthropocene, a new geological epoch in which humans are significantly altering the global environment, the oceans are undergoing rapid and profound changes. The study of marine biology is thus taking on added importance and urgency as people struggle to understand and manage these changes. We now fully appreciate that functional ocean ecosystems provide services that are essential for human survival and well-being—they produce half of the oxygen we breathe; stabilize our climate; sustain ecosystems that protect our coasts; provide us with abundant healthy food; host diverse organisms that provide us with natural products for medicine and biotechnology; and support many forms of recreation and tourism.

The value of healthy, intact ocean ecosystems is thus incalculable—life on Earth as we know it would not exist without them. Nonetheless, economists and policy makers routinely attempt to put a monetary value on key ocean services to highlight the importance in investing to protect the oceans, and their results are striking. A recent study has estimated very conservatively the value of the annual 'gross marine product' of ocean services, which we can think of as equivalent to a country's gross domestic product, at US$2.5 trillion, and the total asset base of the oceans at US$24 trillion—if the oceans were a country they would be regarded as a powerhouse economy, among the largest in the world.

Unfortunately, human activities have been affecting the oceans for many years. It is now clear that overfishing, habitat destruction, pollution, the spread of exotic species, and the emission of climate-changing greenhouse gases are causing significant changes and damage to the oceans and the life forms living within them. This is destroying their natural beauty and biodiversity and severely eroding their ability to provide the life support systems and services that sustain our well-being and prosperity. Since the human population will increase from 7.7 billion to about 9.8 billion over the next thirty years, such pressures will intensify and pose an increasingly serious threat to human welfare.

Fortunately, there is rapidly growing community awareness, concern, and engagement about marine environmental matters, with the result that many more people worldwide are showing heightened interest in the science of marine biology and are seeking a greater understanding of our impacts on the oceans. This book aims to contribute to this auspicious trend by providing an accessible, up-to-date, and comprehensive introduction to the oceanic environment and the nature of life in the oceans so that readers can better appreciate the inherent beauty and complexity of marine systems, their significance to our planet and to human society, some of the consequences of increasing human impacts, and, ultimately, some of the actions required to put us on a path to a more sustainable relationship with our oceans so that they can be restored and protected for future generations.

Chapter 1
The oceanic environment

Viewed from space, our planet is clearly dominated by its greatest natural feature—a vast, deep, and interconnected mass of seawater—the Global Ocean. The Global Ocean has an area of about 362 million square kilometres, an average depth of 3,682 metres, and contains an enormous amount of water—about 1.34 billion cubic kilometres, which constitutes about 97 per cent of all the water that exists on our planet. As the science writer Arthur C. Clarke observed: 'How inappropriate to call this planet Earth, when clearly it is Ocean.'

Geography of the Global Ocean

The Global Ocean has come to be divided into five regional oceans—the Pacific, Atlantic, Indian, Arctic, and Southern oceans, the latter extending from the coast of Antarctica to the line of latitude at 60° S (see Figure 1). Many of the marginal areas of these regional oceans are familiarly known as seas, for example the Caribbean Sea or the Red Sea.

Oceans are large, seawater-filled basins that share characteristic structural features (see Figure 2). The edge of each basin consists of a shallow, gently sloping extension of the adjacent continental land mass and is termed the continental shelf. Continental shelves typically extend offshore to depths of a couple of hundred

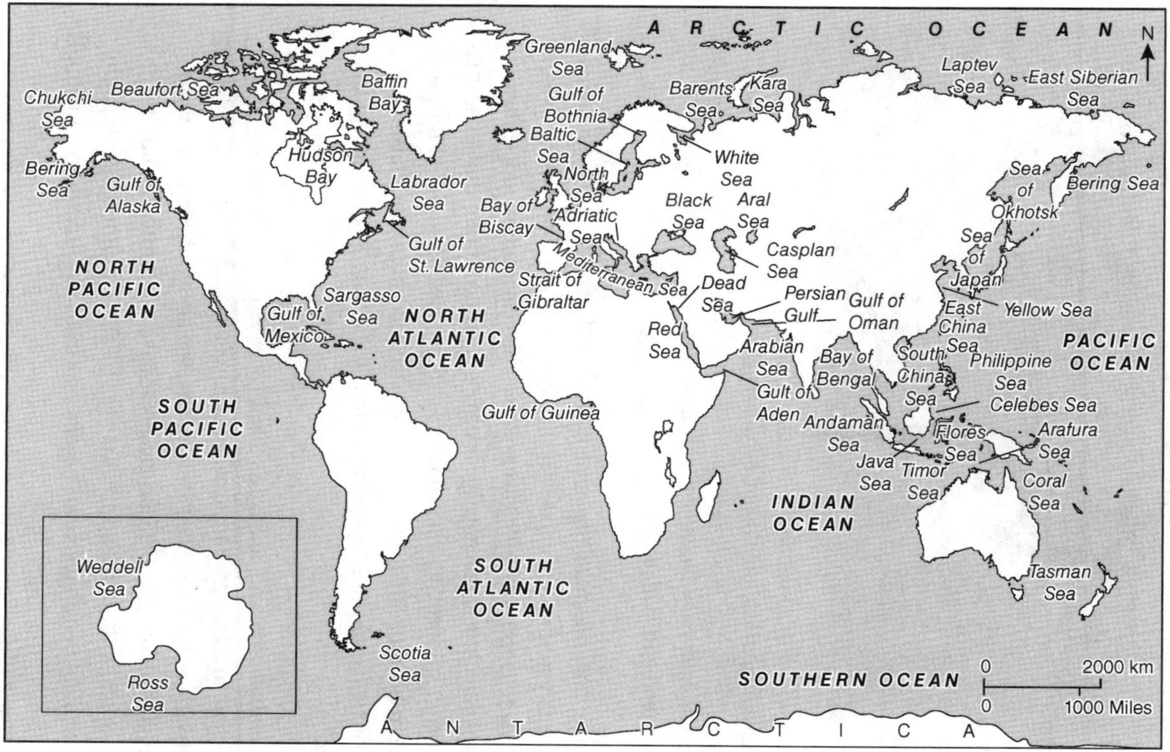

1. The Global Ocean.

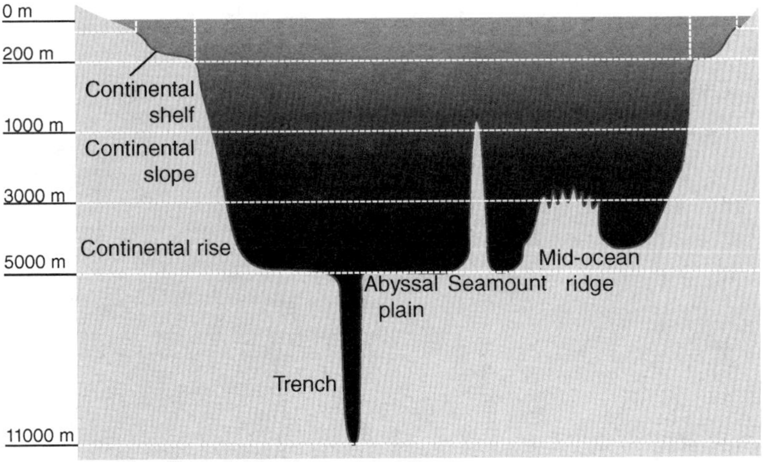

2. Diagrammatic cross-section of an ocean basin.

metres and vary from several kilometres to hundreds of kilometres in width.

At the outer edge of the continental shelf, the ocean floor drops off abruptly and steeply to form the continental slope, which extends down to depths of 2–3 kilometres. The continental slope then gives way to a more gently sloping continental rise that descends another kilometre or so to merge with a vast expanse of flat, soft, ocean bottom—the abyssal plain—that extends over depths of about 4–6 kilometres and accounts for about 76 per cent of the Global Ocean floor.

The abyssal plains are transected by extensive mid-ocean ridges—underwater mountain chains created by intense volcanic activity—that rise thousands of metres above the surrounding abyssal plains. Mid-ocean ridges form a continuous chain of mountains that extend linearly for 65,000 kilometres across the floor of the Global Ocean basins—akin to the seams on a baseball.

In some places along the edges of the abyssal plains the ocean bottom is cut by narrow trenches that plunge to extraordinary depths—3–4 kilometres below the surrounding ocean floor—and are thousands of kilometres long but only tens of kilometres wide. To provide a comparative sense of scale, the Grand Canyon averages about 1.6 kilometres deep, is 446 kilometres long, and is about 16 kilometres wide on average. The deepest known part of the Global Ocean—at around 11 kilometres below sea level—is at the bottom of one such trench, the Mariana Trench, located off Japan and the Philippine Islands.

Seamounts are another distinctive feature of ocean basins. They are typically extinct submarine volcanoes that rise 1,000 or more metres above the surrounding ocean floor but do not reach the surface of the ocean. Their peaks are thus hundreds to thousands of metres below the ocean surface. Seamounts generally occur in chains or clusters in association with mid-ocean ridges, although some rise from the ocean floor as solitary features. The Global Ocean contains an estimated 100,000 or so seamounts that rise more than 1 kilometre above the surrounding deep-ocean floor, and around 13,000 seamounts that rise more than 1.5 kilometres.

Ocean habitats

Marine organisms live throughout the Global Ocean, from its sunlit surface to the bottom of its deepest trenches. They can be living in the open ocean, termed the pelagic zone, or in association with the ocean bottom, the benthic zone. Tiny organisms living suspended in the pelagic zone are known as plankton. Phytoplankton are those planktonic organisms capable of making their own food by photosynthesis; while zooplankton are small planktonic animals. Larger animals that actively swim through the water are referred to as nekton.

This colonization of every part of the marine environment by living things is now taken for granted, although in the 19th century it was widely believed that no life existed in what was then termed the 'azoic zone'—any part of the oceans beneath 300 fathoms (about 550 metres). Here the environment was considered a dead zone of darkness, too inhospitable for any life form. This notion was firmly laid to rest following the historic expedition of HMS *Challenger* (1872–6), the first ship to comprehensively explore the deeper parts of ocean basins and to discover marine life to depths of close to 6,000 metres.

We now know that the oceans are literally teeming with a huge diversity of life. Viruses, the most primitive of life forms, are astoundingly abundant, occurring at concentrations of tens of billions per litre of seawater; bacteria occur at concentrations of a billion or more per litre; phytoplankton at tens of millions per litre; zooplankton in the thousands per litre; and many hundreds of thousands of species of invertebrates, fish, mammals, and reptiles live in large numbers throughout the Global Ocean.

So what sort of environment does this plethora of life occupy?

Salinity

The water in the oceans is in the form of seawater, a dilute brew of dissolved ions, or salts. Chloride and sodium ions are the predominant salts in seawater, along with smaller amounts of other ions such as sulphate, magnesium, calcium, and potassium (see Table 1).

Table 1. Major ions in seawater

Ion	**Weight (grams/kilogram of seawater)**
Chloride (Cl^-)	19.35
Sodium (Na^+)	10.76
Sulphate (SO_4^{2-})	2.71
Magnesium (Mg^{2+})	1.29
Calcium (Ca^{2+})	0.41
Potassium (K^+)	0.40
Total	**34.92**

The total amount of dissolved salts in seawater is termed its salinity. Seawater typically has a salinity of roughly 35—equivalent to about 35 grams of salts in one kilogram of seawater. But this can vary, particularly in partially enclosed bays subject to high rates of evaporation, which increases salinity, or to freshwater inflow in the form of rain, river run off, or ice melt, which depresses salinity.

Temperature

Most marine organisms are exposed to seawater that stays within a reasonably moderate temperature range compared to the extremes characteristic of terrestrial environments. Surface waters in tropical parts of ocean basins are consistently warm throughout the year, ranging from about 20–7°C, and up to around 30°C in shallow tropical bays at the height of summer. On the other hand, surface seawater in polar parts of ocean basins can get as cold as –1.9°C.

Ocean temperatures typically decrease with depth, but not in a uniform fashion. A distinct zone of rapid temperature transition is often present that separates warm seawater at the surface from cooler deeper seawater. This zone is called the thermocline layer (see Figure 3).

In tropical ocean waters the thermocline layer is a strong, well-defined, and permanent feature. It may start at around 100 metres and be a hundred or so metres thick. Ocean temperatures above the thermocline can be a tropical 25°C or more, but only 6–7°C just below the thermocline. From there the temperature drops very gradually with increasing depth. Thermoclines in temperate ocean regions are a more seasonal phenomenon, becoming well established in the summer as the sun heats up the surface waters, and then breaking down in the autumn and winter. Thermoclines are generally absent in the polar regions of the Global Ocean.

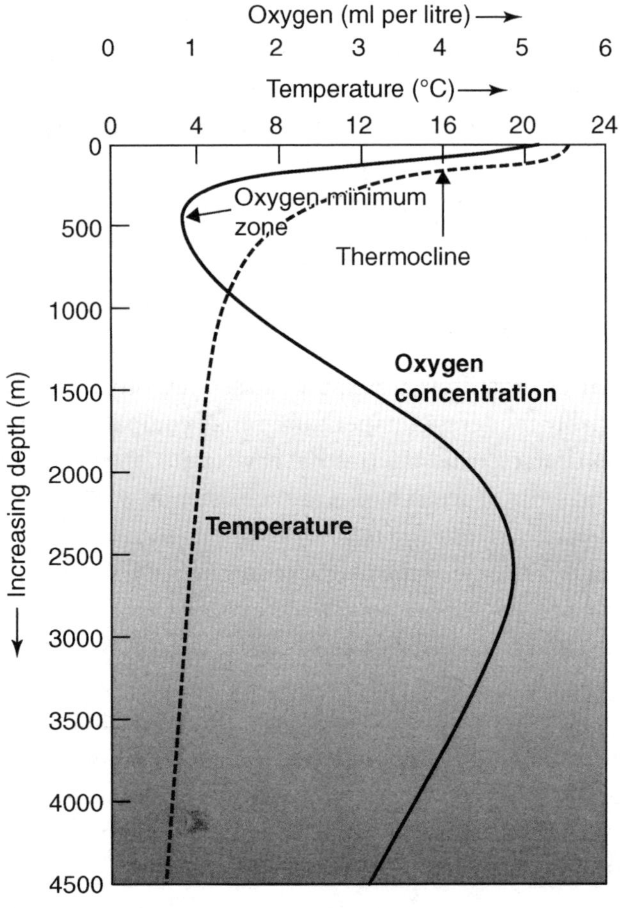

3. Typical profile of the tropical ocean showing a thermocline layer and the oxygen minimum zone.

Human-induced global climate change, which is resulting in increasing average global air temperatures, is also resulting in rising ocean temperatures. The oceans absorb nearly all the additional warmth created from human greenhouse gas emissions and the resulting greenhouse effect; over the last forty years the oceans have absorbed an astonishing 93 per cent of the additional heat created. This oceanic heat sink has thus played a major role in shielding humanity from climate change by moderating the rise in atmospheric temperatures that would have occurred otherwise. To put this into perspective, if the heat generated between 1955 and 2010 had all gone into the Earth's atmosphere instead of its oceans, average global surface air temperatures would have increased by about 36°C, instead of the 1.1°C increase thus far.

As a result, however, the surface waters of most of the Global Ocean are now close to 1°C warmer than 140 years ago and in some places more than 3°C warmer. Later in this century, temperatures will begin to increase in deeper parts of the oceans as well as the warmer surface seawater is slowly mixed to deeper depths. This warming trend is causing a rapid decrease in the thickness and coverage of sea ice in the Arctic Ocean and the thinning of ice shelves in Antarctica. It is also impacting on marine organisms and the functioning of marine ecosystems in a variety of important ways that we will explore throughout this volume.

Light

The amount of sunlight that strikes the surface of the oceans varies considerably with time of day, cloud cover, time of year, and latitude. The depth to which this available sunlight manages to penetrate the surface of the oceans (the sunlit layer or photic zone of the oceans) depends largely on the amount of suspended particles in the seawater. These consist of a mixture of suspended sediment and living and dead organic matter. As a rule of thumb, light does not penetrate much beyond about 150–200 metres in most parts of the Global Ocean, with red light being absorbed within the first few metres and green and blue light penetrating the deepest. In temperate coastal seas light may penetrate only a few tens of metres at certain times of year because of the large amounts of particulates in the seawater.

Pressure

Pressure is a defining feature of the marine environment. In the oceans, pressure increases by an additional atmosphere every 10 metres (one atmosphere of pressure is roughly equivalent to the air pressure at sea level). Thus, an organism living at a depth of 100 metres on the continental shelf experiences a pressure ten times greater than an organism living at sea level; a creature living at 5 kilometres depth on an abyssal plain experiences pressures some 500 times greater than at the surface; those organisms dwelling in the deeper parts of oceanic trenches are subject to pressures some 1,000 times greater than a sea-level dweller—the pressure at these depths equates to a massive 10,000 tonnes per square metre.

Oxygen

Dissolved oxygen is reasonably abundant throughout most parts of the Global Ocean. However, the amount of oxygen in seawater is much less than in air—seawater at 20°C contains about 5.4 millilitres of oxygen per litre of seawater, whereas air at this temperature contains about 210 millilitres of oxygen per litre. The colder the seawater, the more oxygen it contains; for example, seawater at 0°C contains around 7.8 millilitres of oxygen per litre.

Oxygen is not distributed evenly with depth in the oceans. Oxygen levels are typically high in a thin surface layer 10–20 metres deep. Here oxygen from the atmosphere can freely diffuse into the seawater, plus there are abundant phytoplanktonic organisms in the photic zone producing oxygen through photosynthesis. Oxygen concentration then often decreases rapidly with depth to reach very low levels, sometimes close to zero, at depths of around 200–1,000 metres. This region is referred to as the oxygen minimum zone (see Figure 3). This zone is created by the low rates of replenishment of oxygen diffusing down from the surface layer of the ocean, combined with the high rates of depletion of oxygen by bacterial decay of particulate organic matter sinking from the surface.

Beneath the oxygen minimum zone, oxygen content increases with depth such that the deep oceans contain quite high levels of oxygen, though not generally as high as in the surface layer. The higher levels of oxygen in the deep oceans reflect in part the origin of deep-ocean seawater masses, which are derived from cold, oxygen-rich seawater that sinks rapidly down from the surface of polar oceans, thereby conserving its oxygen content. Also, compared to life in near-surface waters, organisms in the deep ocean are comparatively scarce and have low metabolic rates, thus consuming little of the available oxygen.

Carbon dioxide and ocean acidification

In contrast to oxygen, carbon dioxide (CO_2) dissolves readily in seawater. Most of it is then converted into carbonic acid (H_2CO_3), bicarbonate ion (HCO_3^-), and carbonate ion (CO_3^{2-}), with the proportion of all four forms existing in a complex equilibrium, as shown in the following equation:

$$CO_2 + H_2O \leftrightarrow H_2CO_3 \leftrightarrow H^+ + HCO_3^- \leftrightarrow H^+ + CO_3^{2-}$$

Bicarbonate ion (HCO_3^-) is by far the dominant form in seawater, with the other forms occurring in much smaller amounts. However, changes in CO_2 concentration affect this equilibrium and, hence, the pH of seawater. For example, if more CO_2 is added to seawater some of the available carbonic acid (H_2CO_3) loses an H^+, which lowers the pH and creates more bicarbonate ion (HCO_3^-). Furthermore, some of this additional H^+ reacts with some of the available carbonate ion (CO_3^{2-}), reducing its availability. In contrast, removing CO_2 creates more carbonic acid (H_2CO_3), thus binding more H^+, increasing the pH, and making more carbonate ion (CO_3^{2-}) available.

Seawater is naturally slightly alkaline, with a pH ranging from about 7.7 to 8.2, and marine organisms have become well adapted to life within this range. Seawater near the surface of the oceans is generally at the higher end of the pH range because abundant photosynthetic organisms in the photic zone are taking up carbon dioxide. Furthermore, surface seawater is generally warmer than deep-ocean water and the warmer the seawater, the less carbon dioxide it can absorb. In deep, colder parts of the oceans, where no photosynthesis is taking place, carbon dioxide concentrations are higher, and the pH is often at the lower end of the range.

As a result of the carbon dioxide–carbonic acid–bicarbonate–carbonate equilibrium in seawater, the Global Ocean is a vast reservoir of inorganic carbon, which has important implications for marine life and human society. From a biological perspective, carbon is never a limiting factor for the growth of marine photosynthetic organisms, as it is for terrestrial plants. From a planetary perspective, the Global Ocean is an enormous natural sink for atmospheric carbon dioxide, a climate-changing greenhouse gas.

At present, the Global Ocean is absorbing at least 25 per cent of the roughly 41 billion tonnes of carbon dioxide being spewed into the atmosphere each year by humans burning fossil fuels and deforesting the planet's surface—this is roughly 1.2 million tonnes of carbon dioxide per hour. Another 25 per cent or so is absorbed by forests, with the balance accumulating in the atmosphere. The net result is that atmospheric carbon dioxide concentrations are currently rising at a rate of about 3 parts per million (ppm) per year, which is why carbon dioxide concentrations in the planet's atmosphere have increased from a pre-industrial level of 278 ppm to a level now greater than 405 ppm and rising rapidly. It is a sobering thought that if it were not for the Global Ocean's uptake of large amounts of anthropogenic carbon dioxide, atmospheric carbon dioxide concentrations would now be over 460 ppm.

The Global Ocean thus plays a fundamental role in damping the rate of human-induced climate change not only by absorbing excess heat from the atmosphere, but also by mopping up much of the excess carbon dioxide spewed into the atmosphere since the Industrial Revolution. Unfortunately, all this absorbed carbon dioxide is starting to change the basic chemistry of the Global Ocean, making it more acidic on average, a process called ocean acidification.

The average pH of surface seawater in 1870 was about 8.18. It is now around 8.0 to 8.1 and by 2100 is predicted to be about 7.7 to 7.8 if humans continue to emit anthropogenic carbon dioxide at current rates. These seem like small changes numerically but, because the pH scale is logarithmic, they equate to about a 30 per cent and a 170 per cent increase in acidity, respectively. This rate of change is about ten times faster than anything that has occurred over the last 65 million years. As acidified surface seawater gradually mixes with deeper water, the entire Global Ocean is affected.

Ocean acidification is already causing the pH of many regions of the Global Ocean to decline to levels below the range naturally experienced by marine organisms. Surface water pH values less than 8.0 are now commonly measured and values as low as 7.6 have been measured in some regions. Declining ocean pH is now affecting many types of marine organisms, particularly those with external shells or internal skeletons containing calcium carbonate, such as corals, clams, oysters, sea urchins, starfish, and some species of plankton and algae. These organisms use carbonate in seawater to manufacture their shells or skeletons. As noted above, as pH decreases, there is less carbonate in seawater, which makes it more difficult for these organisms to build proper shells or skeletons and grow. Furthermore, as carbonate depletion increases, seawater begins to draw carbonate out of the shells and skeletons of these organisms, corroding and weakening them, with obvious impacts on their health.

Ongoing research is revealing many examples of the negative effects of ocean acidification on marine life. Effects have already been observed in foraminifera—microscopic organisms which are abundant in the plankton and which build calcium carbonate shells. The shells of foraminifera from the Southern Ocean are now significantly thinner compared to preserved specimens from pre-industrial times. Studies on reef corals have shown that ocean acidification significantly reduces the ability of some species to produce their skeletons, which impacts their growth and ability to recover from other environmental stresses. It has also been shown that the shells of sea butterflies, or pteropods—tiny planktonic sea snails—dissolve at ocean pH levels predicted to occur in 2100. Sea butterflies are particularly important in polar and subpolar oceans where they are eaten by whales, seabirds, and commercial fishes such as salmon, herring, cod, and mackerel. A comprehensive review of the sensitivity of marine animals to ocean acidification has found that a significant proportion of the 153 different species of marine invertebrates and fishes studied exhibited negative effects of some kind. This suggests that ocean acidification will cause substantial changes to ocean ecosystems within this century, including permanent shifts in species composition.

The oceans in motion

On a planetary scale, the surface of the Global Ocean is moving in a series of five enormous, roughly circular, wind-driven current systems, or gyres, each thousands of kilometres in diameter (see Figure 4). The northern hemisphere gyres in the North Pacific and North Atlantic Oceans flow clockwise; the southern hemisphere gyres in the South Pacific, South Atlantic, and the Indian Oceans flow counterclockwise. These gyres transport enormous volumes of water and heat energy from one part of an ocean basin to another and carry along many kinds of plankton.

The North Atlantic Ocean gyre provides a good example of the dynamics of gyre systems. Here the surface waters circulate

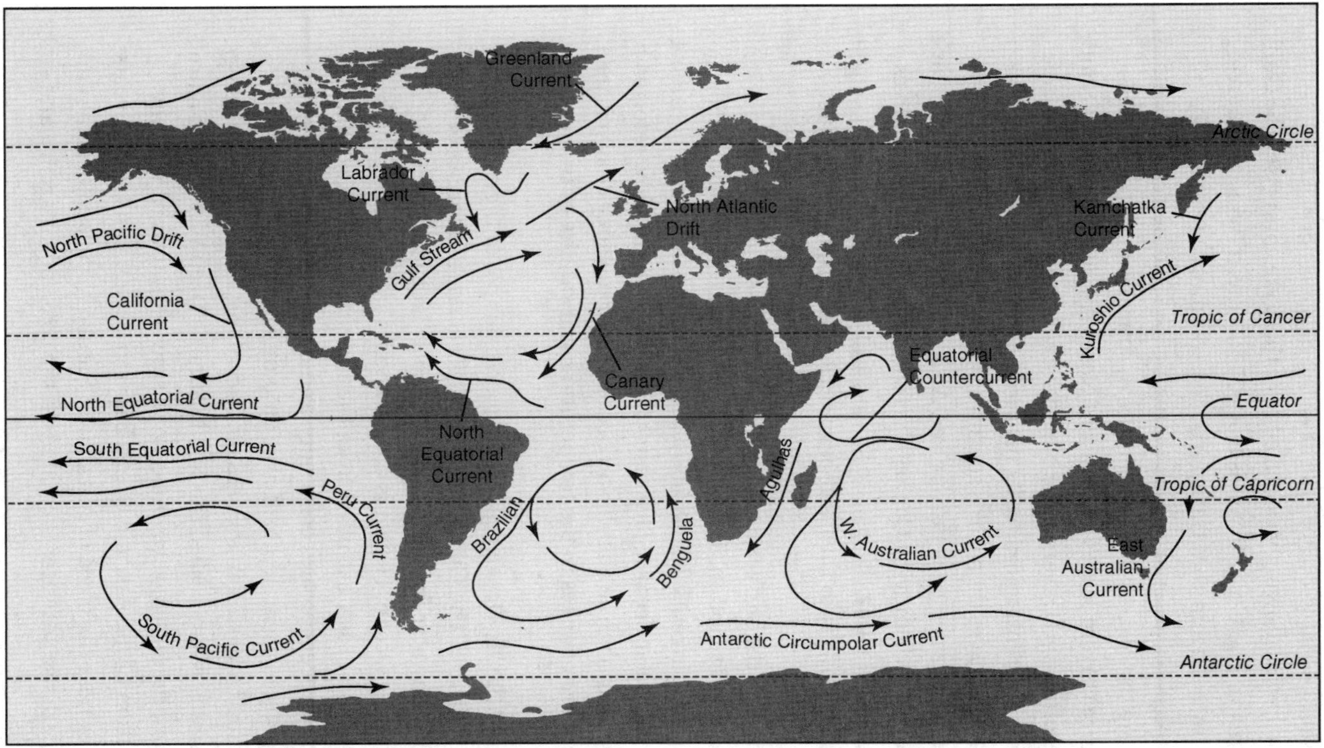

4. The major surface currents of the Global Ocean.

around a stable centre known as the Sargasso Sea. The northward-flowing western edge of this gyre comprises the Gulf Stream. The Gulf Stream is a 50–75-kilometre-wide fast-moving surface current that transports vast volumes of warm, salty tropical seawater at speeds averaging 3–4 kilometres per hour up along the eastern edge of the North American continent. This warm current leaves the coast of North America at around South Carolina and traverses the North Atlantic as the North Atlantic Drift Current, releasing its heat into the atmosphere along the way. The gyre then turns southward and meanders down along the western edge of Europe and Africa as the cooler, broader, and more slowly moving Canary Current. This current then curves westward along the equator to form the North Equatorial Current which flows into the Caribbean region to complete the gyre.

Beneath the surface, the deeper water masses of the Global Ocean are also in motion. This motion is not created by wind, as for surface currents, but by buoyancy changes in seawater occurring in the polar oceans. This results in a more stately flow referred to as thermohaline circulation because the buoyancy changes are a result of changes in the temperature and salinity of the seawater.

The Atlantic Ocean provides a good example of thermohaline circulation. The Gulf Stream transports large amounts of warm, salty seawater from the tropics to polar latitudes in the North Atlantic Ocean. Here it is cooled and its salinity increased by the addition of salt extruded from the freezing of Arctic seawater. This process creates cold, salty, and dense seawater that sinks rapidly to great depths. Large amounts of such seawater are formed and sink in the seas off Greenland, Iceland, and Norway forming what is called the North Atlantic Deep Water (see Figure 5). From there this water mass flows slowly southward near the bottom of the Atlantic Ocean basin to upwell hundreds of years later near the coast of Antarctica. Similarly, very cold, salty, and very dense seawater is created off the coast of Antarctica and sinks

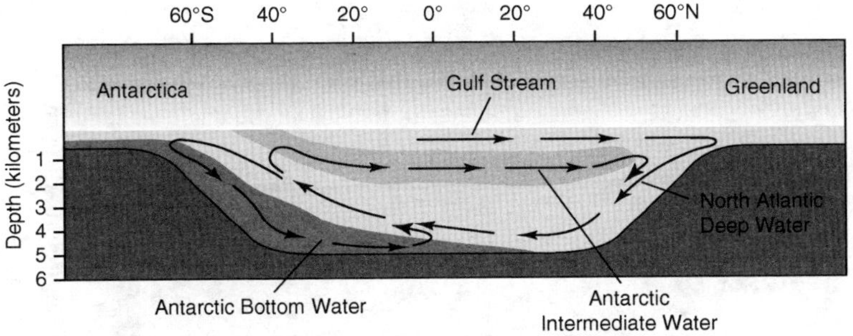

5. Simplified schematic of the Atlantic Meridional Overturning Circulation.

to the bottom of the Atlantic basin and flows northwards beneath the North Atlantic Deep Water and penetrates far into the North Atlantic basin. This mass of water is referred to as the Antarctic Bottom Water. Some of the upwelling North Atlantic Deep Water diverges towards Antarctica, cools, and merges with Antarctic Bottom Water to sink back into the depths. However, another portion of this upwelling seawater diverges away from Antarctica and moves back towards the equator where it becomes somewhat warmer and less saline and sinks beneath the Gulf Stream water to create another water mass of intermediate density called the Antarctic Intermediate Water that penetrates well into the North Atlantic. This Atlantic Ocean circulatory system is termed the Atlantic Meridional Overturning Circulation (AMOC).

The AMOC plays an important role in transporting heat northwards from equatorial regions and releasing it into the atmosphere above the North Atlantic Ocean. It thus has a major influence on northern hemisphere climate patterns. Oceanographers have speculated that human-induced climate change could affect this system by adding more low-salinity water to the polar North Atlantic because of enhanced melting of sea ice and the Greenland Ice Sheet. This would make the surface waters more buoyant, decreasing the rate of sinking of seawater, and weakening the AMOC.

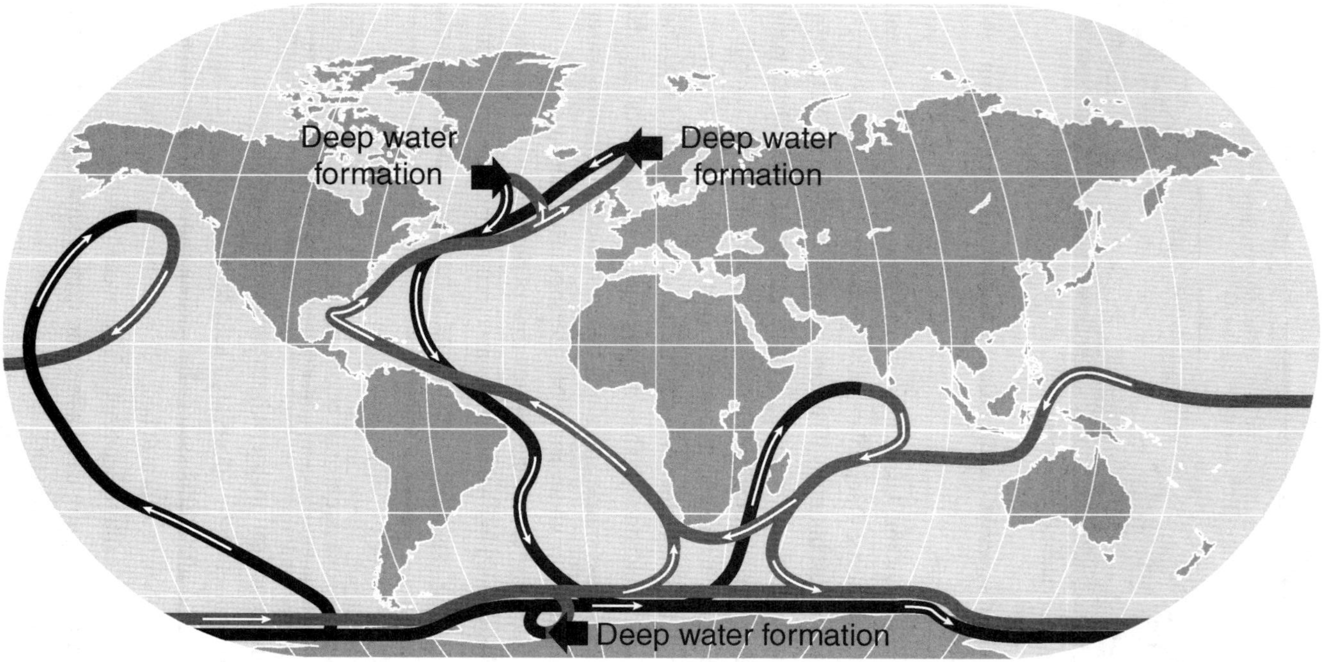

6. Simplified view of the Great Ocean Conveyor Belt. Darker shading shows cold deep currents; Lighter shading shows warmer shallow currents.

There is mounting evidence that this scenario may be playing out. Recent studies have shown that the AMOC flow rate is now about 15 per cent slower than at any time in the past 1,600 years. It is not yet completely clear to what extent this weakening is being driven by natural climate variability or human-induced climate change. It is likely that both mechanisms are involved, with anthropogenic warming working together with natural climate variability to sustain or enhance ice melting and AMOC weakening. Further work is needed to better predict the state of the AMOC over the next half-century since further weakening or, in the worst case, collapse of the system, would lead to profound changes in climate patterns throughout the northern hemisphere.

The AMOC is part of a much larger, planetary-scale ocean circulation system. The sinking of seawater off Greenland, Iceland, and Norway, supplemented by the sinking of seawater off Antarctica, drives a remarkable Global Ocean current system known as the Great Ocean Conveyor Belt. Like a giant conga line, the Great Ocean Conveyor flows through and links up the Atlantic, Indian, Pacific, and Southern Oceans (see Figure 6). Simply put, the Conveyor moves cold saline water in the form of a deep current from the Atlantic Ocean into the Southern Ocean where it then flows in a clockwise direction around Antarctica, giving off branches into the Indian and Pacific Oceans. These currents rise to the surface, warm, and return as surface currents back across the Pacific, Indian, and Atlantic Oceans to the starting point of the Conveyor system in the polar North Atlantic, a process that takes about 1,000 years. The Great Ocean Conveyor moves at much slower speeds than the wind-driven surface currents—a few centimetres per second—but it moves enormous volumes of water—more than a hundred times the flow of the Amazon River. It is thus akin to a planetary-scale distribution system, transporting oxygen, nutrients, and heat throughout the oceans of the planet and moderating the global climate.

Chapter 2
Marine biological processes

Marine microbes—microscopic, single-celled organisms—are much more diverse and abundant in the oceans than previously thought and play key roles in the production and flow of organic matter and energy and the cycling of nutrients in the oceans. Roughly half of the planet's primary production—the synthesis of organic matter by chlorophyll-bearing organisms using light energy from the sun—is produced within the Global Ocean. On land the primary producers are large, obvious, and comparatively long-lived life forms—the trees, shrubs, grasses, and food crops characteristic of the terrestrial landscape. The situation is quite different in the oceans where, for the most part, the primary producers are phytoplanktonic microbes suspended in the sunlit surface layer of the oceans. These energy-fixing microorganisms—the marine environment's invisible pasture—form the basis of the marine food web, the network of pathways through which food energy is transferred to all the other organisms in the marine system including other microbes, zooplankton, fish, marine mammals, and, ultimately, humans.

An ocean of microbes

Microbes are astoundingly abundant in the pelagic marine environment. If one added up the weight of all the microbes in the oceans it would account for more than two-thirds of the total marine living biomass. The oceans are undoubtedly a vast, clear soup of microbial life.

The revolution in our understanding of the importance of microbes in marine processes began in the 1970s when improved microscopy and counting techniques revealed the unsuspected diversity and extraordinary abundance of the marine microbial world, or marine microbiome. Since then knowledge of the structure and function of the marine microbiome has advanced much further due to more intensive sampling of the oceans and a convergence of new technologies that include: further improvements in microscopic imaging; the recent development of metagenomic approaches that allow the genomes of huge numbers of microbes sampled from the natural environment to be quickly analysed by very rapid sequencing of their genetic material; and a revolution in bioinformatics based on advances in computing that assist in the analysis and interpretation of the enormous amounts of metagenomic data being generated.

Several 21st-century ocean expeditions, reminiscent of the classic oceanographic voyages of discovery of the 19th century, have played key roles in marine microbiome research. The *Tara* Oceans Expedition is one such voyage. The *Tara* is a 36-metre schooner that sailed the world's oceans between 2009 and 2013 collecting more than 35,000 seawater samples from the surface to 1,000 metres for metagenomic analysis of the microbes they contained. The work so far has revealed a genetic goldmine in the oceans—an inventory of around 40 million genes, over 80 per cent of which are new to science, reflecting the incredible diversity of the marine microbiome.

Marine microbial diversity

Four main groups of microbes live in the oceans—bacteria, archaea, protists, and viruses (see Figure 7).

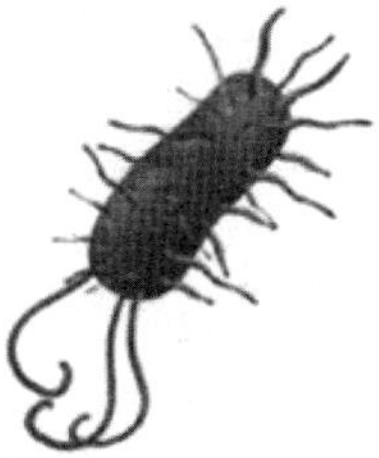

Bacteria

Prokaryotic – cell without a nucleus

Less than 2 µm

1 billion to 10 billion in a litre of seawater

Autotrophic, heterotrophic or mixotrophic nutrition

Archaea

Prokaryotic – cell without a nucleus

Similar in size and shape to bacteria but with a different biochemistry

Abundant component of marine microbiome

Utilise many different sources of energy

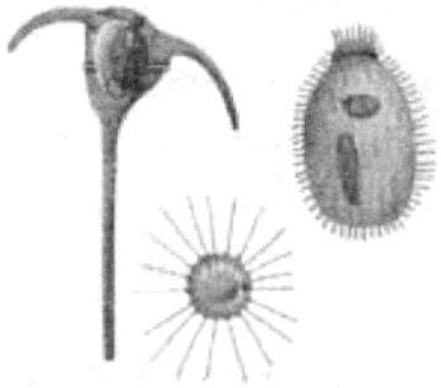

Protists

Eukaryotic – cell contains a nucleus

1 – 200 µm in size

1 million to 100 million in a litre of seawater

Morphologically and genetically very diverse

Autotrophic, heterotrophic, mixotrophic and parasitic forms

Viruses

0.02 – 0.3 µm in size

10 billion to 100 billion in a litre of seawater

Infect bacteria, archaea and protists

7. Marine microbial diversity.

Bacteria form part of a group of life forms known as prokaryotes—single-celled organisms without a nucleus. Marine bacteria are minute, generally less than 2 μm in diameter. They can be non-motile or have one or more whip-like appendages, called flagella, which provide them with a degree of mobility within the microworld within which they feed, grow, and reproduce. Densities of bacteria in seawater range from about a billion up to a staggering 10 billion per litre. Due to their microscopic size, a billion marine bacteria weigh only about 0.1 mg and would occupy a scant 0.0000001 per cent of a litre of seawater. Thus, despite being incredibly numerous, bacteria occupy very little space in the oceans.

Some marine bacteria are autotrophic—their cells contain chlorophyll allowing them to produce their own food by photosynthesis. Others are heterotrophic—they obtain nutrition by absorbing organic molecules dissolved in seawater (Dissolved Organic Matter or DOM) through their cell membranes, or by colonizing and absorbing energy from tiny particles of organic matter suspended in seawater (Particulate Organic Matter or POM). Some are mixotrophic—able to combine autotrophic and heterotrophic modes of nutrition. Marine bacterial cells have extremely high metabolic rates and can grow and reproduce asexually by cell division very quickly, often daily, sometimes in a matter of hours. Bacterial populations thus have the potential to produce huge population 'blooms' very rapidly under favourable conditions.

Archaea, like bacteria, are prokaryotes and look superficially like bacteria in size and shape, but their basic biochemistry is very different. Archaea were first discovered in harsh environments, such as hot springs and very saline lakes, and were originally considered to be 'extremophiles', only found in such extreme environments. They are now known to be abundant in many other habitats, including the pelagic zone of the oceans, where they comprise an abundant and diverse component of the microbial biomass.

Protists are eukaryotic, meaning their cells possess a nucleus, but they are single-celled, not multicellular like other eukaryotic organisms. Marine protists range in size from about 1 to 200 μm and occur at densities of 1 million to 100 million in a litre of seawater. The protists are the most diverse group of organisms in the oceans, much more diverse than marine bacteria and marine animals. Metagenomic analysis suggests that there are hundreds of thousands of different types of protists in the oceans, most known only by their genetic signature. Despite being single-celled, marine protists have evolved a dazzling array of shapes and specialized sub-cellular structures. Some have cilia or flagella for locomotion, while others are amoeboid; some have internal skeletons, while others produce external shells; and many have developed specialized structures for capturing food and sensing the environment. Marine protists can be autotrophic or heterotrophic while some are mixotrophic. The heterotrophs are predators of bacteria and other protists and are often referred to as protozoa. Some protists live as parasites or symbionts in association with other organisms.

Viruses are by far the most abundant 'life forms' in the oceans—existing at the boundary between living and non-living entities. They are much smaller than bacteria, with a diameter typically between 0.02 and 0.3 μm and are present at astonishing densities of 10 to 100 billion in a litre of seawater.

A virus consists of a protein coat encapsulating a small amount of genetic information in the form of nucleic acids. Viruses are not self-replicating and must infect a host organism to survive and propagate. In the oceans, bacteria, archaea and protists are readily available hosts. Viruses that infect such hosts are called phages and phage infections ultimately cause the death and break-up of the host cells, releasing vast numbers of identical copies of the original virus, along with the cell's remains, into the seawater. Phage infections are thus major contributors to a large store of DOM and POM in the oceans.

Marine phytoplankton diversity

Autotrophic bacteria are a key component of marine phytoplankton, contributing in the order of 30–50 per cent of total marine primary production. One group, the cyanobacteria, or blue-green bacteria, are particularly important. One type of cyanobacterium, *Prochlorococcus*, is one of the smallest (a sphere about 0.6 μm in diameter) and most numerous photosynthesizing microbes in the oceans (see Figure 8(a)). Because of its small size, this microbe was only discovered in the 1980s. We now know that it is incredibly abundant in tropical and sub-tropical parts of the Global Ocean between 40° N and 40° S latitudes from the surface to about 200 metres at densities of over 100 million per litre of seawater. It has been calculated that the oceans contain about 3×10^{27} (or three billion billion billion) *Prochlorococcus* cells, probably making this bacterium the most abundant photosynthetic organism on the planet and responsible for about 5 per cent of global primary production. Gene sequencing has revealed that *Prochlorococcus* comprises thousands of ecotypes—each ecotype being a genetically distinct strain adapted to a specific environment. For example, there is an ecotype adapted to high light levels in surface waters and another adapted to low light levels in deeper waters.

Protists comprise the other major group of marine phytoplankton. Diatoms are an important component of this group and are very abundant, particularly in polar waters and upwelling regions. Their cells are generally about 10 to 200 μm in size, making them much larger than photosynthetic bacteria. Each diatom cell is enclosed within an ornately sculptured, clear glass box made of silica, called a frustule (see Figure 8(b)). The individual cells of some species of diatom can link up to form colonies of long chains.

The dinoflagellates and silicoflagellates are two other significant types of protistan phytoplankton. Their cells range in size from

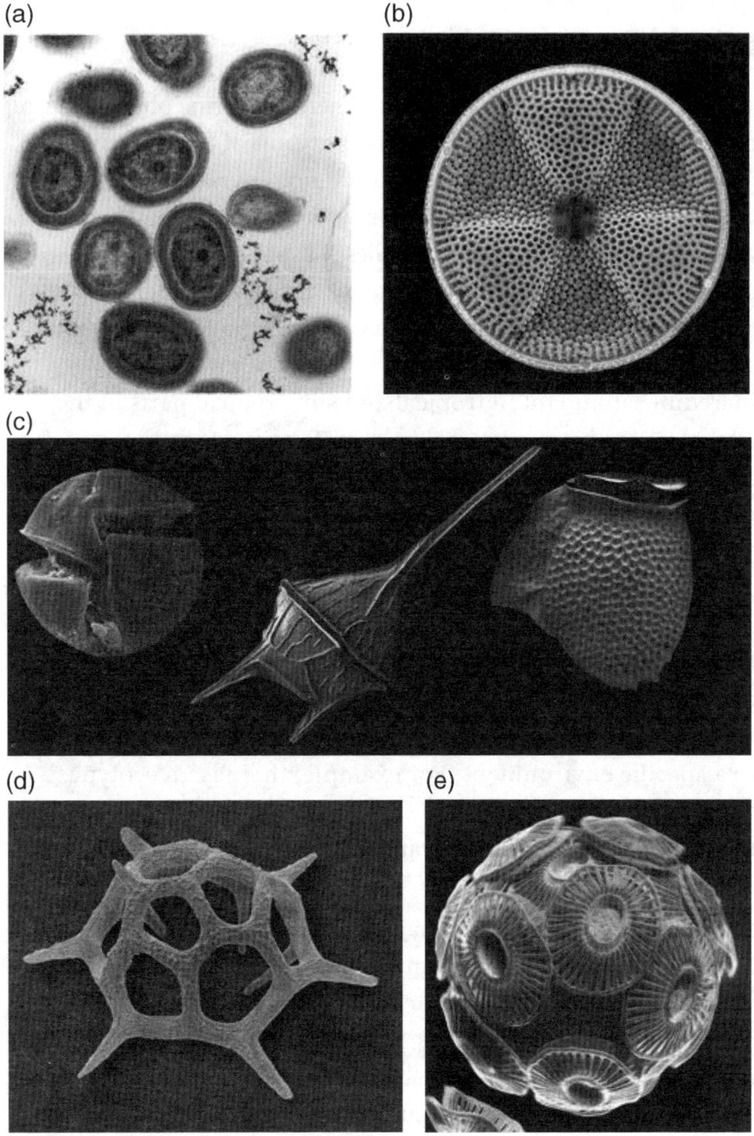

8. Marine phytoplankton diversity: (a) Transmission electron micrograph of cells of the cyanobacterium *Prochlorococcus*; (b) Scanning electron micrograph of a diatom; (c) Scanning electron micrograph of several types of dinoflagellates; (d) Scanning electron micrograph of the skeleton of a silicoflagellate; (e) Scanning electron micrograph of a coccolithophore.

about 2 to 20 μm. Dinoflagellate cells possess two hair-like flagella, providing them with some limited motility, and are often armoured with translucent plates made of cellulose (see Figure 8(c)). Silicoflagellates possess one long flagellum and an internal skeleton made of silica (see Figure 8(d)).

Coccolithophores are yet another important kind of protistan phytoplankton. Their cells are in the 20–200 μm size range. Each cell is covered with small ornamented plates, called coccoliths, made of calcium carbonate (see Figure 8(e)).

Factors affecting marine primary production

Phytoplankton use the chlorophyll pigments in their cells to harvest the energy of sunlight penetrating the photic zone of the oceans. Through the process of photosynthesis this energy is used to synthesize energy-rich carbon-containing organic compounds, such as glucose. Dissolved carbon dioxide (CO_2) in the seawater provides the source of inorganic carbon for this process. Oxygen (O_2) is a by-product of photosynthesis and is released into the surrounding seawater.

Photosynthesis is a complex, multistep process, but it can be summarized with the following simplified equation:

$$6CO_2 + 6H_2O \xrightarrow{\text{Sunlight}} \underset{\text{organic compounds}}{C_6H_{12}O_6} + 6O_2$$

The organic matter produced by phytoplankton is the energy base, or first trophic level, of the Global Ocean; it represents the major source of energy supporting life in the oceans. The energy at the first trophic level is used by a diversity of marine organisms at the second trophic level—the primary consumers or herbivores—which are in turn eaten by consumers at higher trophic levels in the system.

The rate of photosynthesis, and hence primary production, decreases with depth in the oceans because of decreasing light intensity. Since the upper layers of the oceans are a naturally turbulent environment, phytoplankton are mixed to various depths within the water column depending on the strength of vertical circulation. If phytoplankton are to grow and reproduce, they must spend enough time above a certain depth in the photic zone, often referred to as the 'critical depth', to be able to photosynthesize more energy than is required for their basic metabolic requirements. Otherwise all the energy produced is respired and there is nothing left for growth. Thus, light availability and the strength of vertical mixing are important factors limiting primary production in the oceans.

Nutrient availability is the other main factor limiting the growth of primary producers. One important nutrient is nitrogen, which phytoplankton require for a variety of metabolic functions. For example, nitrogen is a key component of amino acids—the building blocks of proteins. Nitrogen is absorbed by most marine photosynthetic organisms in the form of dissolved ammonium (NH_4^+), nitrite (NO_2^-), or nitrate (NO_3^-). Nitrogen 'fixing' bacteria, such as the cyanobacterium *Trichodesmium*, provide a source of these essential inorganic nitrogen compounds in the oceans. These bacteria have the specialized ability to convert or 'fix' molecular nitrogen (N_2) dissolved in the seawater into ammonia (NH_3), which is then used by their cells to synthesize nitrogen-rich organic compounds such as proteins. When nitrogen-fixing bacteria die, these organic compounds are released into the seawater where other kinds of bacteria break them down and recycle them back into inorganic forms of nitrogen which are then available to other primary producers.

Photosynthetic marine organisms also need phosphorus, which is a requirement for many important biological functions, including the synthesis of nucleic acids, a key component of DNA. Phosphorus in the oceans comes naturally from the erosion of rocks and soils on land and is transported into the oceans by rivers, much of it in the form of dissolved phosphate (PO_4^{3-}), which can be readily absorbed by marine photosynthetic organisms.

Inorganic nitrogen and phosphorus compounds are most abundant in the deep ocean where bacteria decompose and recycle a rain of dead organic material sinking down from the surface waters back into inorganic forms of nitrogen and phosphorus. When the upper layer of the ocean is well mixed, or unstratified, these deep nutrient-rich waters are mixed up into the photic zone, bringing an abundant supply of nutrients to the surface. But when a thermocline is present, it acts as a barrier to the regeneration of nutrients from the deep, oceanic waters below. Under such circumstances, and if light levels are not limiting, photosynthetic organisms will rapidly deplete nutrients from the surface layer above the thermocline. In practice, inorganic nitrogen and phosphorus compounds are not used up at the same rate. Thus, one will be depleted before the other and becomes the limiting nutrient at the time, preventing further photosynthesis and growth of marine primary producers until it is replenished. Nitrogen is generally considered to be the rate-limiting nutrient in most oceanic environments, particularly in the open ocean.

Marine primary producers also require the micronutrient iron, which is used in a variety of metabolic processes essential for photosynthesis and growth. The iron in the oceans is derived from iron-rich dust that is blown far out into the oceans from deserts during dust storms. Iron deposits at the edge of continents are another source. Adequate concentrations of dissolved iron exist in most parts of the Global Ocean, so it is not normally a limiting factor for primary production. Nevertheless, in some open-ocean regions, such as the equatorial and North Pacific Ocean and large parts of the Southern Ocean, concentrations of dissolved iron are so low that iron becomes the rate-limiting factor for primary production despite high levels of nitrogen and phosphorus being present. Such areas are referred to as high nutrient–low chlorophyll (HNLC) regions, the low chlorophyll concentrations reflecting the dearth of chlorophyll-containing organisms in the seawater.

Some researchers have suggested that artificially fertilizing HNLC regions with iron to kick-start primary production in these otherwise nutrient-rich regions could be a way of mitigating climate change. The idea is that the resultant phytoplankton bloom will draw down large amounts of carbon dioxide from the atmosphere. When the phytoplankton die, they will sink into the deep ocean where, if they reach the ocean floor, the carbon in their tissues will be potentially locked away into marine sediments. In other words, if done on a large enough scale, these artificially created blooms of phytoplankton might enhance the naturally occurring phytoplankton mediated 'pumping' of carbon dioxide from the atmosphere into the ocean interior and potentially into long-term storage in deep-ocean sediments. Indeed, some corporations have plans to convert theory into practice and have proposed to undertake large-scale iron fertilization of the oceans and earn income from the creation and sale of carbon credits in global carbon trading markets.

Over a dozen, small-scale (about 100 km^2) trials involving fertilizing patches of the open ocean with around a tonne of dissolved iron dispersed from research vessels have shown that primary production can be stimulated in this way over periods of a few days to weeks. Whether this will ever be a practical way to 'geoengineer' the large-scale removal of carbon dioxide from the atmosphere is very uncertain. To work well and lock away significant amounts of carbon in marine sediments, the process will have to stimulate the right kind of phytoplankton blooms—large diatom cells that are resistant to being grazed by organisms at the second trophic level, and that sink rapidly to the sea floor. Otherwise the primary producers will be quickly consumed by zooplankton and the carbon released as carbon dioxide back into the surface waters. The trials so far have shown that it is very difficult to verify what amount of carbon, if any, is being transported to the ocean floor and whether the process would actually make a difference if adopted on a large scale. More importantly, no one can predict what the adverse effects might be on the greater marine biological system of industrial-scale ocean fertilization with iron. It would almost certainly change the composition and dynamics of phytoplankton communities on a large scale and impact marine food webs in unintended ways. Indeed, in 2008 the parties to the United Nations Convention on Biological Diversity agreed to a moratorium on all artificial ocean fertilization projects except for small ones in coastal waters. Thus, although research on iron fertilization is furthering our understanding of primary production processes in the oceans, it is unlikely that it will lead to a viable and safe technology that can be used to help limit human-induced climate change with minimal risks.

Measuring marine primary productivity

The rate of primary production—termed primary productivity—varies considerably over space and time in the Global Ocean. Primary productivity is often expressed as the number of grams of carbon (C) 'fixed', or incorporated into organic matter, per square metre of ocean surface per year (g C m^{-2} yr^{-1}). Unless otherwise stated, estimates of primary productivity refer to net primary productivity. This figure is of interest to marine biologists because it is a measure of the proportion of fixed carbon that is used for growth of phytoplankton and which is therefore available to higher trophic levels. It excludes the fixed carbon that is respired away as carbon dioxide to maintain cellular functions and which is therefore lost to the next trophic level.

Measuring primary productivity in the oceans is a challenging business. It can be done by putting samples of seawater into bottles, exposing them to light, and measuring the amount of oxygen released by the photosynthetic organisms in the bottles.

This can be converted into estimates of the amount of carbon that has been fixed into organic material because the number of molecules of oxygen produced is closely equivalent to the number of molecules of carbon dioxide fixed into organic matter (see the equation for photosynthesis, p. 29). Another approach is to measure more directly the amount of carbon incorporated into the phytoplankton in the bottles using radioactive carbon-14 as a tracer. Using these methods, estimates of primary productivity in a patch of ocean at a particular time can be obtained.

The problem with these *in situ* techniques is that, even with the most intensive sampling regime, they can only provide estimates of primary productivity for a small number of locations at any one time. It is therefore difficult to build up a global and dynamic picture of primary productivity using these approaches. This changed when satellite observations of the colour of the surface of the oceans started to become available from 1978 with the launch of the Nimbus 7 satellite. This satellite carried an instrument called the Coastal Zone Color Scanner which measured the wavelengths of light reflected from the ocean surface—basically, the greener the ocean surface, the greater the chlorophyll concentration, and hence the more photosynthetic organisms present. More advanced satellite-borne sensors are now used routinely to estimate chlorophyll concentrations, and thus primary productivity, over very large areas of the Global Ocean. Repeated satellite-derived measurements of the entire Global Ocean over scales of days, weeks, and years, coupled with direct, *in situ* measurements, have provided a greatly improved synoptic understanding of spatial and temporal patterns of global primary productivity.

Global patterns of marine primary productivity

The overall pattern of primary productivity in the Global Ocean depends greatly on latitude (see Figure 9). In polar oceans primary production is a boom-and-bust affair driven by light

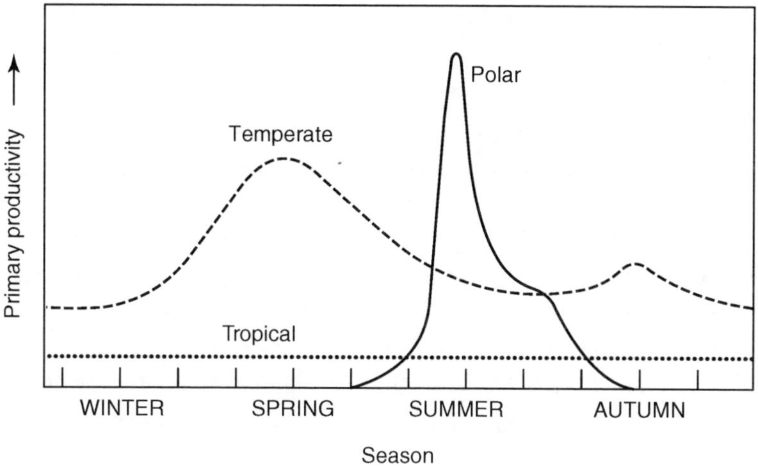

9. Depiction of seasonal variation in primary productivity in polar, temperate, and tropical oceans.

availability. Here the oceans are well mixed throughout the year, so nutrients are rarely limiting. But during the polar winter there is no light, and thus no primary production is taking place. In the spring, light levels and day length both increase rapidly, and a point is reached during the year in which both nutrients and light become simultaneously non-limiting, and an intense phytoplankton bloom commences. This may last for several months until light once again becomes limiting in the autumn. Although limited to a short seasonal pulse, the total amount of primary production can be quite high, especially in the polar Southern Ocean where annual productivity can be in the order of 100 g C m^{-2} yr^{-1} and in some areas much more.

In temperate open-ocean regions, primary productivity is linked closely to seasonal events. In the winter the ocean surface cools and the thermocline breaks down, assisted by strong winds that mix the surface layers. This allows surface waters to become well mixed with deeper, nutrient-rich seawater. However, light levels are low in the winter and limit primary productivity. In the spring, as the days lengthen, and the sun gets higher in the sky, a time is reached when both light and nutrients become non-limiting and a spring phytoplankton bloom is triggered. In the summer, although light is now abundant, a thermocline becomes re-established as the surface waters warm, locking out the photic zone from the nutrient-rich deeper waters. Nutrients are now limiting and the spring bloom 'crashes'. In the autumn, the thermocline breaks down once again and nutrients are regenerated into the photic zone. If this occurs early enough in the autumn, while there is still enough sunlight, then nutrients and light both become non-limiting for a short time, and an autumn phytoplankton bloom may occur. This bloom will persist until light once again becomes a limiting factor in the late autumn and winter. Although highly seasonal, primary productivity in temperate oceans totals in the order of 70–120 g C m^{-2} yr^{-1}, levels similar to a temperate forest or grassland.

In tropical open oceans, primary productivity is low throughout the year. Here light is never limiting but the permanent tropical thermocline hinders the mixing of deep, nutrient-rich seawater with the surface waters. Hence nutrients are present at permanently low levels in the photic zone, which limits primary productivity. For this reason, open-ocean tropical waters are often referred to as 'marine deserts', with productivity generally less than about 30 g C m^{-2} yr^{-1}, which is comparable to a terrestrial desert.

Some of the most productive marine environments occur in the coastal ocean above the continental shelves. This is the result of a phenomenon known as coastal upwelling which brings deep, cold, nutrient-rich seawater to the ocean surface, creating ideal conditions for primary productivity which can be more than 500 g C m^{-2} yr^{-1}, comparable to a terrestrial rainforest or cultivated farmland. These hotspots of marine productivity are created by wind acting in concert with the planet's rotation.

The phenomenon can be explained in basic terms as follows. When a steady wind blows over the surface of the ocean it sets the surface layer moving in the direction of the wind. This top layer of moving seawater will in turn set a layer of seawater beneath it moving, although a bit more slowly than the layer above it, and so on down the water column until all the wind's energy has been transferred into moving water. However, due to the planet's rotation, which creates a phenomenon known as the Coriolis Effect, each of these moving layers of seawater curls slightly to the right in the northern hemisphere and to the left in the southern hemisphere. This creates a characteristic spiralling pattern of water movement down the water column called the Ekman Spiral. The net outcome of an Ekman Spiral is that the average direction of flow of the seawater set in motion by the wind is at roughly right angles to the direction of the surface wind—to the right of the wind direction in the northern hemisphere, and to the left in the southern hemisphere. This net movement of water to the right or left of the wind direction is known as Ekman transport.

Coastal upwelling can occur when prevailing winds move in a direction roughly parallel to a coastline to create offshore Ekman transport. Coastal upwelling is particularly prevalent along the west coasts of continents. In the southern hemisphere, when a steady wind blows roughly from the south along the western edge of a continent, the net movement of the top 100 metres or so of seawater is on average westward away from the coast because of Ekman transport (see Figure 10). This mass of displaced seawater can only be replaced by seawater from below, which is drawn up to the surface. If the upwelling is coming from water beneath the depth of the thermocline, then this replacement seawater is cold and nutrient rich. Likewise, in the northern hemisphere, when a steady wind blows roughly from the north along the western edge of a continent, the surface layer of seawater moves on average westward away from the shore, creating coastal upwelling conditions. Since coastal upwelling is dependent on favourable winds, it tends to be a seasonal or intermittent phenomenon and the strength of upwelling will depend on the direction and strength of the winds.

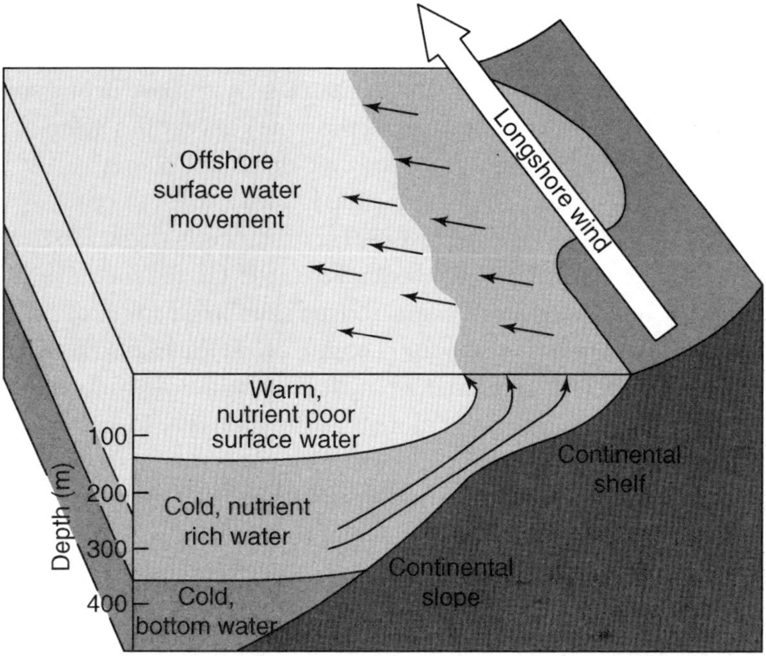

10. Depiction of coastal upwelling along the west coast of a continent in the southern hemisphere bringing nutrient-rich seawater to the surface.

Important coastal upwelling zones around the world include the coasts of California, Oregon, north-west Africa, and western India in the northern hemisphere; and the coasts of Chile, Peru, and south-west Africa in the southern hemisphere. These regions are among the most productive marine ecosystems on the planet. When upwelling is occurring, the cold, nutrient-rich seawater stimulates immense blooms of phytoplankton, mainly the larger types such as diatoms and large species of dinoflagellates.

El Niño Southern Oscillation

The upwelling off the west coast of South America supports one of the most productive fisheries on the planet—the Peruvian anchovy fishery. Peruvian fishers have long been aware of a phenomenon they termed El Niño (the Child) in honour of the Christ child, because it often occurred around Christmas. During El Niños the surface waters become unusually warm and fish and seabirds die, the anchovy fishery diminishes or collapses, and whales, dolphins, and seals disappear.

We now know that this is part of an important and poorly understood global phenomenon termed the El Niño Southern Oscillation (ENSO). ENSOs are associated with periodic reversals of atmospheric pressure in the Pacific Ocean. Normally, there is a persistent high-pressure system in the eastern Pacific Ocean, and a persistent low-pressure system in the western Pacific Ocean. Under these conditions the Pacific trade winds blow strongly from east to west, moving surface seawater towards the west and creating a coastal upwelling system that supports the Peruvian anchovy fishery. During an El Niño event, though, this pressure system reverses for an unknown reason. This causes the trade winds to diminish, allowing warm water from the western Pacific Ocean to move eastwards and accumulate along the coast of South America, depressing the upwelling system that supports the anchovy fishery. Without the anchovy, seabirds die and marine mammals that normally feed on anchovy leave their usual feeding grounds. El Niños occur about every two to seven years and normally end in less than a year, although severe El Niños can persist for several years.

More than twenty El Niño events have been recorded since the early 1950s and there is evidence that the intensity of these events has increased in recent years. During this period, the most severe El Niños occurred in 1982–3, 1997–8, 2014–16, and 2018–19. The effects of strong El Niños are felt globally. California and western South America can experience unusually heavy rains, while parts of Australia, Indonesia, and Africa can experience severe drought. The flooding, crop failures, landslides, and other events associated with these El Niño weather patterns are very costly, causing huge damage and many deaths.

Moving energy through the marine food web

As discussed in this chapter, phytoplanktonic microbes suspended in the photic zone are responsible for almost all the primary production in the oceans. But what are the various pathways through which this food energy moves through the marine food web and with what efficiencies? Over the past four decades marine biologists have made significant advances in answering these questions.

Up until the 1970s it was thought that most of the primary production in the oceans moved through a simple food chain comprising a small number of 'trophic levels'—the level in a food web from which a species derives its food. In this 'classic' view, the primary producers at the first trophic level are mainly large diatoms and dinoflagellates which are eaten by large zooplankton, mainly copepods, at the second trophic level (see Figure 11(a)). These in turn are eaten by small fish at the third trophic level, which are then food for top predators such as squid, large fish, and marine mammals at the fourth trophic level. In our human-dominated world of today, many of these marine top predators are harvested by the ultimate top predator—humans at the fifth trophic level (see Chapter 8).

When marine biologists began to understand the importance of microbes in the economy of the oceans, it became clear that this classic food chain concept was in many cases too simple and incomplete a picture of how energy moves through the marine ecosystem. Consequently, new models of food web structure have emerged which are still being studied and refined by marine biologists.

It is now known that microscopic autotrophic bacteria produce a significant amount of the primary production in the oceans, particularly in nutrient poor oceanic waters. Their cells are too

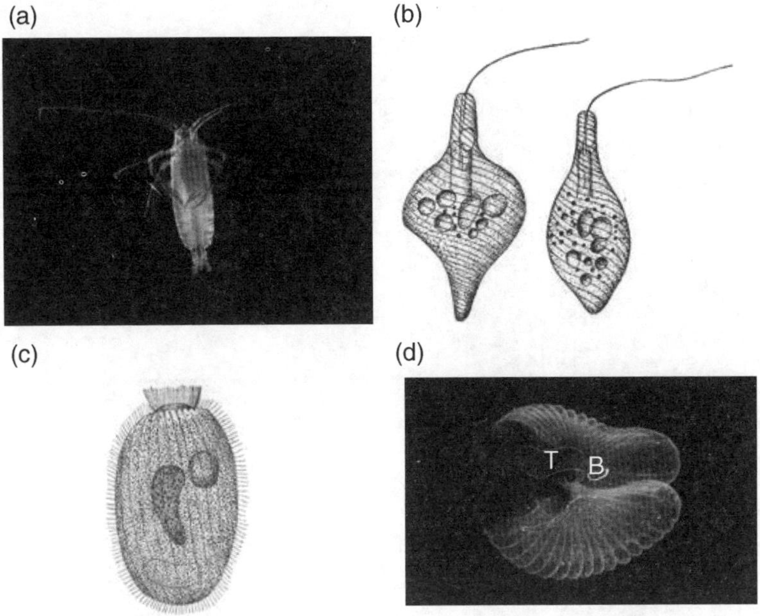

11. Zooplankton diversity: (a) Copepod; (b) Flagellated protists; (c) Ciliate protist; (d) Giant larvacean. B = body of animal, T = tail of animal © 2002 MBARI.

small to be captured and eaten by the large zooplankton of the classic food chain, but small flagellated protists (see Figure 11(b)) can consume them. These are then eaten by ciliated protists (see Figure 11(c)) which are large enough to be eaten by larger zooplankton, such as copepods, thus linking into the classic food chain (see Figure 12).

It is also now known that much of the phytoplankton production—up to 50 per cent under certain conditions—is not transferred to the next trophic level through direct consumption but is 'leaked' into the surrounding seawater as dissolved organic matter (DOM). Some of this leakage results from passive loss of organic molecules across the membrane of phytoplankton cells. But phytoplankton also actively exude organic molecules into the seawater for reasons not yet entirely understood.

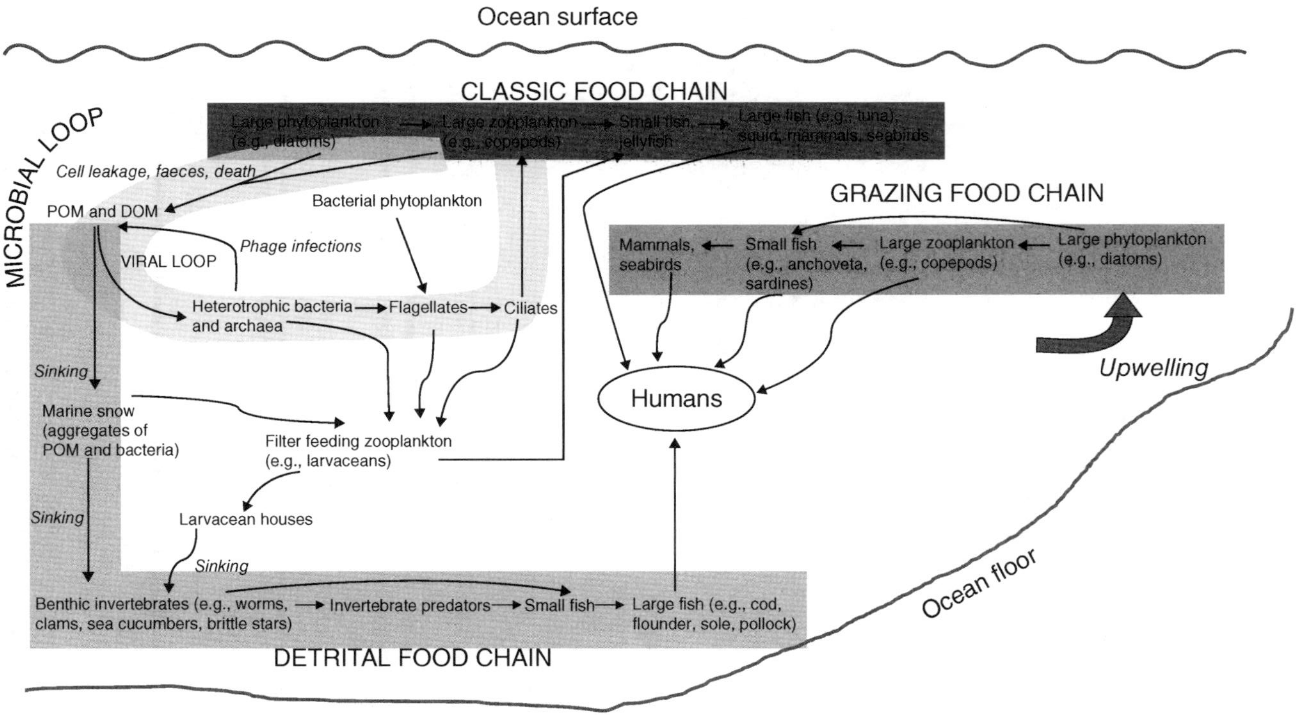

12. Major pathways of energy flow through the marine system.

Furthermore, DOM and small particles of organic matter (POM) are lost when phytoplankton cells are broken up during feeding by predators and following the natural death of the cells. Copepods and other zooplankton also release large amounts of POM into the oceans in the form of faeces and when they die and disintegrate. It is also recognized that viral phage infections play a very important role in the loss of DOM and POM from marine microbes. It has been estimated that viruses kill about 20 to 40 per cent of marine bacteria daily—a remarkable infection rate—and large amounts of DOM and POM are released as the host cells die.

The loss of organic matter from all these sources creates an enormous pool of non-living food energy in the oceans (see Figure 12). The total size of this pool, expressed in carbon, is estimated to be about 1,000 billion tonnes, which dwarfs the roughly 6 billion tonnes of carbon existing within all the living organisms of the oceans. Much of this is DOM in the form of carbohydrates, amino acids, proteins, and lipids.

Heterotrophic bacteria and archaea absorb DOM directly from the seawater and use it as an energy source. They also colonize POM floating in the seawater and extract food energy from it. Many of these microbes are quickly killed by viruses and thus re-release DOM and POM back into the seawater. This rapid cycling of energy back and forth between the pool of DOM and POM and bacteria and archaea, mediated by phages, is often referred to as the 'viral loop' (see Figure 12). Those bacteria and archaea that escape viral infection are consumed by flagellates and ciliates. These protists then link into the classic food chain discussed earlier when eaten by larger multicellular zooplankton, such as copepods (see Figure 12).

These microbial pathways of energy flow are often referred to as the 'microbial loop' because when depicted diagrammatically they form a 'loop' connected to the classic food chain (see Figure 12). The flow of energy through the six trophic levels in the combined microbial loop and classic food chain—from bacteria and archaea through to top predators like squid, tuna, and seabirds—involves five transfers of energy. Only about 10 per cent of the energy available in each trophic level can be converted into biomass at the next trophic level. This is because much of the food energy consumed by the organisms in each trophic level is lost as faeces and expended on basic metabolic processes and searching for food. Furthermore, not all the available food at each trophic level can be located and consumed by organisms at the next level, so there is 'wastage'. Therefore, only a tiny fraction of the original primary production—about 0.001 per cent—ends up as flesh in the top predators at the sixth trophic level. Despite its length and comparative inefficiency, this food chain is an important nutritional link between the huge amount of non-living organic matter in the oceans and large marine animals, which are exploited by humans. It is especially important in the extensive open-ocean regions of the Global Ocean where most of the primary production is from autotrophic bacteria which are too small to enter the classic food chain.

Some of the POM created at the surface of the oceans is 'exported' into deeper waters as it sinks slowly through the water column (see Figure 12). On the way down, smaller organic particles aggregate to form larger particles which are colonized by heterotrophic bacteria and become 'marine snow'—a shower of small whitish flakes of detritus several millimetres in size that can be observed in the lights from a submersible or remotely operated underwater vehicle. Bacteria extract a considerable amount of the energy in marine snow before it reaches the ocean floor, particularly in very deep water over the abyssal plains. Nonetheless, marine snow represents an important food source for marine animals living in the deeper waters of the oceans and on the ocean floor.

Some types of zooplankton have evolved fascinating ways of using marine snow as an energy source. For example, small tadpole-like animals known as larvaceans construct ornate 'houses' out of thin films of mucus. In some species, these houses can be up to a metre across (see Figure 11(d)). The beat of the larvacean's tail creates a current through the house which filters organic particles, which are then passed to the animal's mouth. The larvacean discards its house every few hours once it becomes clogged and quickly secretes a new one. These discarded houses, along with all the particles trapped on them, collapse and sink quickly to the ocean floor before bacteria can extract all the energy from them, thereby increasing the input of food to animals on the ocean floor.

The detrital material that reaches the ocean floor creates the base of a benthic food chain (see Figure 12). The detritus is eaten by animals such as worms, clams, and brittle stars, which are then eaten by predatory animals such as sea stars, crabs, and small bottom-dwelling fish. These animals are then eaten by larger predators including fish of commercial value, such as flounder, sole, and pollock (see Chapter 8).

Grazing food chains, similar in structure to the classic food chain, operate in upwelling zones (see Figure 12). In these systems, diatoms are generally the main primary producers and occur in huge, dense blooms. Massive schools of small, commercially valuable filter-feeding fish, such as anchoveta and sardines, graze directly and efficiently on the diatoms and on copepods feeding on the diatoms. These small fish are then eaten by large fish, marine mammals, and seabirds. The grazing food chain involves only one or two transfers of energy between phytoplankton at the first trophic level and commercially valuable fish at the second or third trophic levels (see Figure 12). Furthermore, the efficiency of energy transfer between trophic levels in these simple food chains involving dense aggregations of organisms can be as high as 20 per cent. Upwelling systems are thus very efficient and productive and support large commercial fisheries (see Chapter 8).

Trophic structure of marine and terrestrial systems—a study in contrasts

The total primary productivity of the Global Ocean is about 50 billion tonnes of carbon per year. In comparison, total terrestrial primary productivity is around 52 billion tonnes per year. Thus, the total primary productivity of the planet is a little over 100 billion tonnes of carbon per year, of which about half comes from the oceans and half from land. But the ocean and land systems generate primary production in fundamentally different ways.

As discussed in this chapter, the primary producers in the oceans are invisible, single-celled, microscopic phytoplankton comprising bacteria and protists. In contrast, the primary producers on land are large, highly visible plants comprising trees, shrubs, grasses, and, now that we have entered the human dominated Anthropocene epoch, food crops. The total biomass, or standing crop, of these very different types of producers is also starkly different. The total biomass of primary producers in the oceans, expressed as the weight of carbon in their living tissues, is about 1 billion tonnes, whereas the total biomass of primary producers on land is several orders of magnitude higher—about 450 billion tonnes of carbon. Thus, marine primary producers, although incredibly numerous and occupying a much larger surface and volume than the terrestrial environment, account for only about 0.2 per cent of the total biomass of primary producers on the planet. Yet, remarkably, marine primary producers generate as much primary production as all the producers on land on an annual basis. This is made possible because marine phytoplankton have extremely high metabolic rates and are highly efficient photosynthetic engines, which allows them to grow and divide very rapidly. The result is that phytoplankton in the Global Ocean are turning over their entire biomass about every seven days on average. In contrast turnover rates of terrestrial primary producers are on the order of years on average.

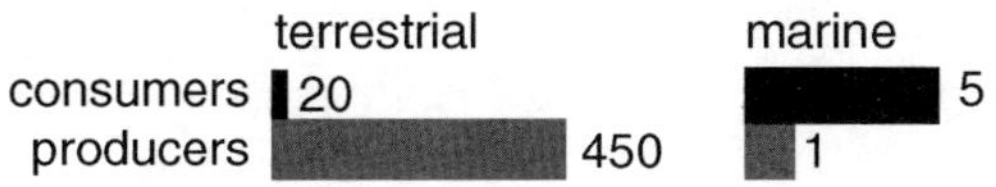

13. Distribution of biomass between producers and consumers in the terrestrial and marine environments. Numbers are billions of tonnes of carbon.

The trophic structures of the marine and terrestrial systems are also fundamentally different. On land, the approximately 450 billion tonnes of carbon of primary producer biomass supports a total of roughly 20 billion tonnes of consumers in all the higher trophic levels. This results in what is generally considered to be a typical standing biomass pyramid, where the biomass of primary producers is much larger than that of the consumers. In contrast, in the oceans about 1 billion tonnes of primary producers support a total of about 5 billion tonnes of consumers, resulting in an inverted biomass pyramid (see Figure 13). In an ecological food web, primary productivity must always be greater than total consumer productivity. The 'atypical' standing biomass distribution in the marine environment can be maintained because, as discussed earlier, the microbial primary producers of the ocean have a very rapid turnover, so their resulting productivity is necessarily higher than the total consumer productivity.

Chapter 3
Life in the coastal ocean

The coastal regions of the Global Ocean comprise a narrow strip of ocean extending from the shoreline to the edge of the continental shelf. Although this coastal ocean environment is comparatively small, accounting for only about 7 per cent of the area of the Global Ocean, it is of huge importance to human society. Currently, roughly 44 per cent of the human population, or 3.4 billion people, crowd along the coast or live within 150 kilometres of a coast. This number is increasing rapidly as more people migrate to urban centres near coastal regions. It has been forecast that by the end of the century thirteen out of fifteen of the world's largest cities will be located on or near a coast.

This close relationship with human society means that the coastal ocean is heavily impacted. It is the receiving environment for many of the by-products of human activities, such as industrial and agricultural pollutants, human and animal sewage, plastic waste, and oil spills. The coastal ocean is heavily fished, providing much of the wild-caught seafood that humans obtain from the oceans. It is also the place where most aquaculture operations are sited, providing additional seafood for human consumption, but also leaving behind aquaculture waste products, such as unconsumed feed and faecal material, which accumulate and decompose on the ocean floor. Furthermore, the coastal ocean is heavily exploited for other resources such as oil and gas.

Because of its proximity to land, and its comparative shallowness, the coastal ocean is comparatively easily studied by means of scuba diving, small research vessels, moored instruments, and, more recently, networks of thousands of Internet-connected sensors gathering real-time continuous data on ocean physics, chemistry, and biology. Thus, much information is being gathered about the biology of coastal marine life and how coastal ecosystems function. If put to good use, this knowledge will help us to better manage the various habitats comprising the coastal environment in the face of a rapidly growing human presence.

Kelp bed habitats

Kelp beds are beautiful and important marine habitats found on rocky bottoms in shallow waters close to shore. They are found in cool, temperate coastal regions where ocean temperatures normally do not exceed 20°C. They thrive particularly well in the cool, nutrient-rich waters of coastal upwelling zones (see Figure 14).

Kelp beds consist of dense aggregations of brown seaweeds, or kelps. Whereas most photosynthetic organisms in the oceans are microscopic, single-celled, and planktonic, kelps are large, multicellular algal forms that are attached firmly to the bottom by root-like structures known as holdfasts (see Figure 15). The holdfast is an attachment structure, not a root system, and kelps do not possess a specialized vascular system for transporting food and nutrients through its frond. Instead, the kelp absorbs nutrients, water, and carbon dioxide directly from the surrounding seawater.

Kelps begin life as microscopic spores which settle to the ocean floor and grow into microscopic male or female plants, called gametophytes. The gametophyte is the sexual stage of the life cycle. The male gametophytes produce sperm, which are released into the ocean where they fertilize eggs present on the surface of the female gametophytes. The fertilized eggs grow into the large fronds, or sporophytes, that we generally associate with kelps.

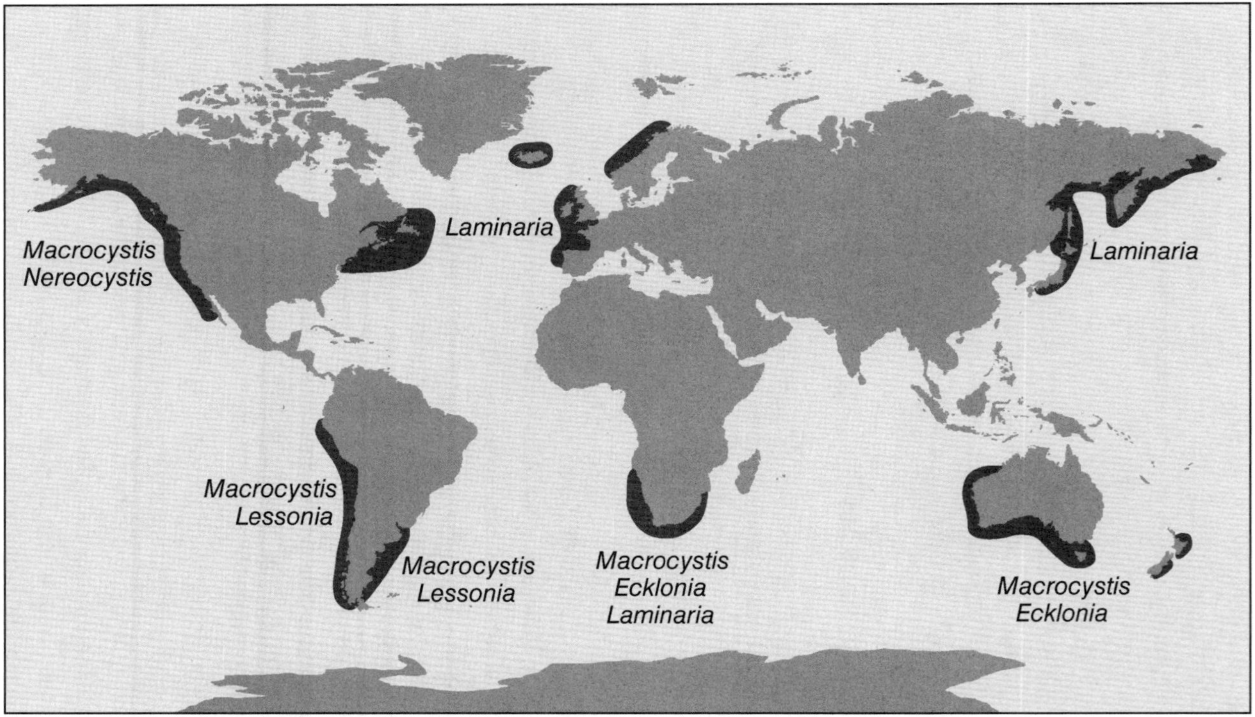

14. Global distribution of kelp beds. The genera of kelp shown on the map are dominant in the region indicated.

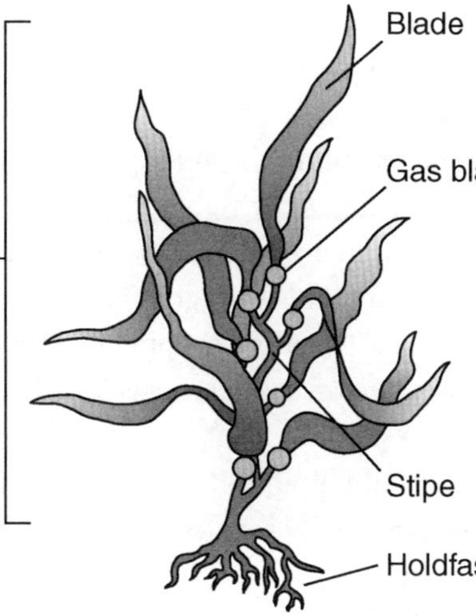

15. The structure of a kelp frond.

The sporophytes then release many new spores into the ocean to start the process over again. The life cycle takes around one to two years to complete.

Kelp beds are very productive. Under favourable conditions kelps grow very quickly, and some species reach a very large size. For example, the giant kelp, *Macrocystis*, which is abundant along the coasts of many parts of the world (see Figure 14), can grow at rates of more than 30 centimetres per day and reach lengths of more than 30 metres in less than a year. Giant kelps form vast underwater 'forests' with dense surface canopies that are held aloft in the seawater column with the assistance of gas-filled floats called pneumatocysts.

Kelp beds provide the foundation for a very lush, diverse marine habitat. Many types of organisms live attached to the surface of the kelps themselves, or buried within the interstices of the holdfasts, and the kelps provide shelter and food for many species of invertebrates and fish, including commercially harvested species.

Sea urchins are the main grazers of kelps, although they normally remove very little, perhaps 10 per cent or so, of the living kelp biomass directly, unless present in very large numbers. Much of the energy in the kelps enters the kelp bed community in the form of dead plant material, which is consumed by a range of scavengers, including sea urchins and, where present, abalone. The sea urchins are fed on by a range of predators including species of sea stars, snails, octopus, spiny lobsters, crabs, and fish. In the North Pacific Ocean, sea otters also feed on sea urchins.

Longer-term studies of kelp habitats have shown that they are susceptible to overgrazing by sea urchins. When this happens, luxuriant, productive, and biologically diverse kelp communities are converted into drab, impoverished 'urchin barren grounds' (see Figure 16(a) and (b)). Although these 'phase shifts' occur naturally on a limited scale, they have recently become a more frequent and global problem. Rapid, widespread, and catastrophic collapse of kelp beds has occurred worldwide, including in the

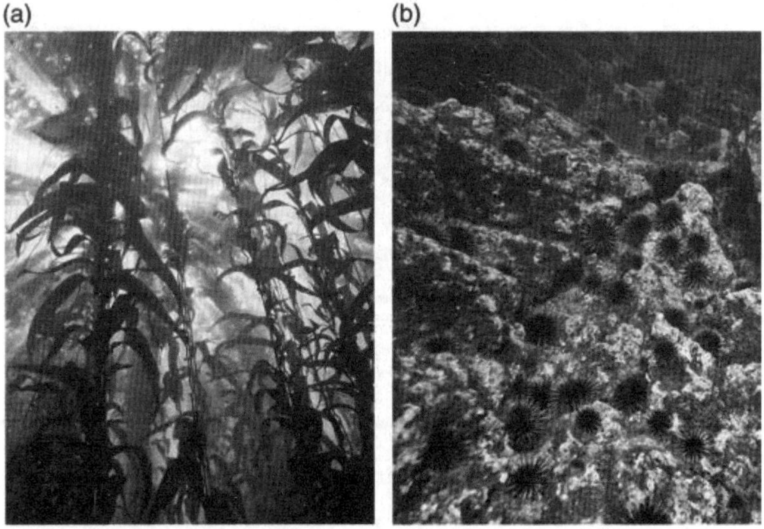

16. Kelp bed collapse: (a) Typical kelp bed; (b) A sea-urchin-dominated barren ground that has replaced a kelp bed.

north-east Pacific Ocean in the 1960s–1970s, the north-west Atlantic Ocean in the 1970s–1980s, along the coast of Norway in the 1970s, and, most recently, along the east coast of Tasmania in the 2000s.

Marine biologists have made good progress over the last three decades in unravelling the various factors that can stress a kelp bed habitat to the point where it becomes susceptible to a rapid transition into an urchin barren. Both physical and biological stressors have been identified that often interact to exert an additive effect. Most are human-derived or amplified by human activities.

Physical stress on kelp beds can take the form of higher than normal ocean temperatures or unusually rough sea conditions. For example, periods of unusually warm seawater on the Pacific coast of North America, brought about by a reduction or cessation of upwelling of deep cool water, can stress kelps to the point where they are vulnerable to urchin overgrazing, particularly if urchin numbers are higher than normal for other reasons. Also, large storm-generated waves associated with severe El Niño events can shred kelps to pieces and tear many of them from their holdfasts. The sea urchins in the area can then take over, grazing down any young kelps attempting to recolonize the area and hindering the re-establishment of a kelp habitat. Human-induced climate change is increasing the frequency, duration, and magnitude of such physical stresses on kelp beds, making them more susceptible to overgrazing and collapse.

Decreases in the abundance of a key sea urchin predator as a result of human interference is a well-studied contributor to kelp bed collapse. A classic example is the predator–prey interaction between sea otters and sea urchins. By feeding on sea urchins, sea otters keep the intensity of grazing on kelps below a critical level which helps maintain a stable kelp bed community. But if sea otters are largely missing from the system sea urchin numbers can increase greatly, putting greater grazing pressure on kelp beds.

Once a critical density of sea urchins is reached, kelp beds rapidly collapse into urchin barren grounds. For this reason, sea otters are often referred to as a keystone species, which is one that may not be present in large numbers but plays a fundamental role in shaping and maintaining the structure of a marine community.

Sea otters were historically an abundant member of kelp communities in the coastal ocean along the rim of the northern Pacific Ocean from northern Japan to Baja California. Their total natural population was estimated to be in the range of 150,000 to 300,000.

There is evidence from the study of middens that over 2,000 years ago aboriginal Aleut fishers in the Aleutian Islands hunted sea otters heavily enough to cause a localized shift in the structure of the coastal marine community, from kelp dominated to sea urchin dominated. Commencing in the 1700s, sea otters began to be harvested on a widespread industrial scale by fur traders for their dense pelts, and by the early 1900s only several thousand sea otters remained throughout their entire range, inhabiting just a few isolated coastal refugia. This resulted in the creation of extensive urchin barren grounds in places like the Aleutian Islands and off the coasts of Alaska, Canada, and elsewhere. Commercial hunting of sea otters was mostly banned from 1911 and conservation efforts commenced, with sea otters from surviving populations being reintroduced into certain areas. As a result, sea otter populations have rebounded to over 100,000 animals occupying two-thirds of their former range, and a shift back to a kelp-dominated habitat has been observed in many areas where sea otters are now abundant.

The recent decimation of kelp beds off eastern Tasmania is another example of a human-derived impact. Here, ocean warming has allowed large numbers of the sea urchin *Centrostephanus rodgersii* to spread from mainland Australia poleward into Tasmania, causing extensive overgrazing of kelp and the collapse of over 95 per cent of the eastern Tasmanian kelp beds.

Once created, urchin barrens can persist for many decades. Part of the reason is that once the sea urchins have consumed all the kelps, their numbers persist because they can survive by feeding on other sources of food including encrusting algae growing on bare rock surfaces and on small invertebrates. It often takes another major event to trigger a shift back to a kelp habitat. This can take the form of a massive mortality of the sea urchin population, which reduces grazing pressure on young kelp plants, and clears the way for a kelp habitat to be re-established. Such urchin mass mortality can be the result of an urchin disease and, ironically, anthropogenic ocean warming is likely to increase the frequency of such disease events and assist kelp recovery. This is because periods of unusually warm seawater can stress sea urchins and make them more susceptible to pathogens.

There is still much to learn about the complex dynamics of kelp bed collapse and recovery and further research will be crucial for the future management of kelp bed habitats and the retention of their ecological and social benefits, particularly in an era of rapidly increasing human-derived impacts on the oceans.

Seagrass meadows

Seagrasses are the basis of another important type of marine habitat that is widespread on sandy and mud bottoms in shallow waters from the tropics to the Arctic, with Antarctica being the only continent without seagrasses. Unlike kelps, seagrasses are flowering plants that have become adapted to live completely submerged in seawater. They evolved originally on land and are the only group of flowering plants that have recolonized the marine environment.

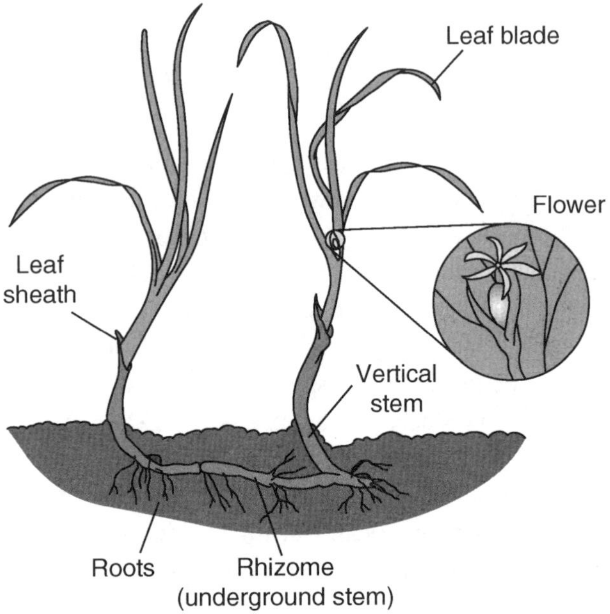

17. Structure of seagrass.

Seagrasses have a true root and vascular system and absorb their nutrients from the sediment on which they live (see Figure 17). Their leaves are long, thin, flexible blades, generally about 10–50 centimetres in length, but up to several metres in some species. Seagrasses colonize the seabed by sending out underground stems, or rhizomes, which give rise to new plants. They can also reproduce sexually, with currents carrying pollen from one flower to another, and with the seeds also being dispersed by currents.

Seagrasses are very productive. The blades can grow as much as a centimetre per day and are continually being shed and replaced. Seagrasses can thus form vast meadows covering tens of thousands of hectares and comprising thousands of leaves per square metre of seabed. Seagrass meadows are most abundant in water less than about 10 metres deep where light levels are high, but they can be found to depths of over 40 metres in very clear seawater. In temperate regions, *Zostera*, or eelgrass, is a widespread type of seagrass; while *Thalassia*, or turtle grass, is common in tropical regions.

Seagrasses form the basis of a diverse community. Many kinds of clinging and encrusting organisms colonize the surface of the seagrass blades, while various types of burrowing animals, such as clams and worms, are found among the roots. These organisms provide a rich source of food and shelter for fish and other animals, including commercially important species.

In temperate regions there are few animals that can graze directly on the tough seagrass blades, except for some birds, such as swans, geese, and ducks. In tropical waters, large grazers such as manatees, dugongs, and green turtles feed directly on living seagrass leaves. The dead leaves and roots of seagrasses are broken down by bacteria and fungi and fed upon by a range of detritus feeders such as worms, crabs, brittle stars, and sea cucumbers.

The green turtle, *Chelonia mydas*, is intimately associated with seagrass meadows. Green turtles are key grazers of seagrass, hence the common name, turtle grass, for some tropical species of seagrass. An adult green turtle can eat about 2 kg of seagrass a day.

Green turtles mate at sea and the females return to the same beaches where they hatched to lay their own eggs. A female digs a pit on a dry area of the beach into which she lays her eggs. She then covers the eggs with sand and returns to the ocean. A female may return several times to the same beach during the breeding season at intervals of several weeks to lay successive clutches of eggs. The eggs hatch after a couple of months, generally at night, and the hatchlings scuttle quickly to the ocean. Here they remain in coastal waters near where they hatched to feed and grow. When they mature, the turtles migrate to new seagrass feeding grounds where they remain until they are ready to return to their nesting beaches to reproduce. These migrations can cover vast distances. For instance, one population of green turtles feeds on seagrasses along the Brazilian coast but migrates over 2,300 kilometres to nesting beaches on tiny Ascension Island in the middle of the South Atlantic Ocean to breed. The turtles use the angle of the sun, wave direction, and smell to navigate their way to the island.

Worldwide, green turtles have been heavily hunted for their meat, and their eggs are harvested from their nesting beaches for food. Consequently, green turtle numbers have declined drastically and they are a globally endangered species. It has been estimated that in pre-Columbian times there were over 90 million green turtles inhabiting the Caribbean Sea alone. In their diaries, explorers describe green turtles in the Caribbean in terms of 'infinite numbers' and 'inexhaustible supplies'. Since then there have been staggering losses, with numbers now down to about 300,000, or 0.33 per cent of their historic numbers. Since their numbers are now so low, their effect on seagrass communities is currently small, but in the past, green turtles would have been extraordinarily abundant grazers of seagrasses. They would have kept seagrass meadows cropped, like putting greens, and thinned out the beds, thereby reducing direct competition among different species of seagrasses and allowing several species to coexist. Without green turtles in the system, seagrass beds are now generally overgrown monocultures of one dominant species.

Manatees and dugongs are large marine mammals that also graze on seagrasses. Dugongs live in the warm waters of the Indian and Pacific Oceans, whereas manatees are found in the Caribbean and Gulf of Mexico, and off the coast of West Africa. Dugongs in Australia have been shown to engineer seagrass beds like green turtles. Herds of grazing dugongs thin out the beds, creating space for more species of seagrass to coexist and for younger, more nutritious, plants to regenerate. This has been likened to dugongs 'cultivating' the seagrass meadows in a way that provides them with improved nutrition.

Seagrasses are of considerable importance to human society. Because they are effective at trapping and binding sediment, they stabilize the ocean bottom and help protect coastlines from erosion. Seagrass beds also act as nursery grounds and foraging areas for many commercially important species of fish, as well as commercially important invertebrates such as clams, crabs, shrimp, and oysters.

It is therefore of great concern that seagrass meadows are in serious decline globally. A comprehensive global assessment has shown that 29 per cent of known seagrass meadows disappeared between 1879 and 2009. The rate of loss was about 1 per cent per year prior to 1940, but this has accelerated to about 7 per cent per year since 1990. Much of this is the result of sewage discharges, coastal development, and seabed dredging, activities which release excessive amounts of nutrients and sediment into coastal waters which reduce water clarity and smother seagrasses. Seagrass meadows are also routinely torn up by boat propellers and anchors. Furthermore, seagrasses stressed by pollution or elevated ocean temperatures are more susceptible to disease.

It is obvious that humans need to value seagrass habitats more highly and take the necessary steps to preserve them. This means protecting important seagrass habitats from coastal development and educating recreational boaters to not drive across shallow stretches of seagrass, and to anchor away from seagrass meadows.

Soft-bottom communities

Vast expanses of the coastal regions of the Global Ocean consist of sand or mud bottoms. These habitats are strongly influenced by currents and wave action, especially in the shallower depths. Sandy bottoms are present where there are reasonably strong currents that carry away the fine, easily suspended mud particles, leaving behind the coarser sand grains. Muddy bottoms occur in areas with little current and tend to be rich in fine particles which settle out and collect in such areas. In either case, there is almost a complete lack of vegetation, and animal life dominates these habitats.

Most of the animals living in soft-bottom habitats are found buried in the sediment and are referred to as infaunal organisms. For the most part these comprise various species of burrowing clams and worms. Many of these are suspension feeders which filter plankton and organic particles from the overlying seawater. Suspension-feeding clams extend long siphons from their burrows up to the surface of the sediment and pump in this suspended food material. The suspension-feeding worms often dwell in tubes from which they extend a set of tentacles used to filter out suspended particles. On the other hand, some of the infaunal clams and worms are deposit feeders, obtaining nutrition by directly consuming sediment and digesting the organic material and bacteria present in the sediment as it passes through their guts.

Not all members of the soft-bottom communities are burrowers. Some, referred to as epifaunal organisms, live on the surface of the sediment and include brittle stars, sea urchins, sea stars, sea cucumbers, sand dollars, snails, crabs, and shrimp. Many of these surface dwellers feed by either picking up organic particles lying on the surface of the sediment or, like infaunal deposit feeders, engulfing sediment and digesting the organic particles it contains. Others, such as snails, crabs, and sea stars, are predators, feeding on other members of the community.

The infaunal and epifaunal members of soft-bottom communities support a range of bottom-feeding predatory fish that live on or near the ocean floor. These include skates and rays and many types of commercially important species such as haddock, pollock, hake, and cod, as well as flatfish such as flounder, halibut, and sole. These bottom-dwelling fish, collectively known as demersal fish or groundfish, are generally caught using bottom trawls, and play a vital role in feeding the human population.

Coastal dead zones

Many coastal marine systems are greatly stressed and altered by the release of excess nutrients into coastal waters because of human activities, a process referred to as eutrophication. The two main culprits are compounds containing nitrogen and phosphorus.

The nitrogen cycle is one of the most altered nutrient cycles on the planet due to human activity. The use of nitrogen-based fertilizers on land to maintain soil fertility and boost crop yields is a major source of nitrogen pollution. This is because a portion of the nitrogen compounds spread on agricultural land is not incorporated into crops but is leached by rain into streams and rivers and, hence, into the oceans. Much of the nitrogen leaching from cropland is in the form of nitrate.

Other sources of nitrogen pollution are sewage discharges of human and animal wastes. Nitrogen compounds are also produced during the burning of fossil fuels, wood, and crop waste; these end up in rivers and the oceans as nitric acid in acid rain.

The extensive use of phosphate-based fertilizers is a major source of phosphorus pollution. Some of the phosphate is washed off into streams and rivers, mostly adhered to soil particles; from there it finds its way into the oceans. Human and animal sewage waste is another source of phosphorus compounds, as is deforestation. In the latter case, some of the soil exposed following the removal of trees, as well as the ash from burnt trees, both of which contain phosphorus, is washed into rivers. It is estimated that phosphorus concentrations in many rivers are now on average twice natural levels, and much of this ends up in the oceans.

Eutrophication of the oceans through excess nitrogen and phosphorus stimulates massive blooms of phytoplankton, particularly in coastal waters. As this mass of primary producers dies, it decays and consumes oxygen in the seawater. If dissolved oxygen levels are reduced below what is required to sustain most of the marine life in the area, about 2 millilitres per litre of seawater, then temporary or permanent marine 'dead zones' are the result. Loss of biodiversity, high fish mortality, and the collapse of local fisheries are all associated with dead zones.

The number of marine dead zones in the Global Ocean has roughly doubled every decade since the 1960s and now sits at over 500, up from fewer than 50 in 1950. Not surprisingly, dead zones are common in areas subject to run-off from intensive agriculture. The Gulf of Mexico dead zone is a seasonal feature that results from the huge amount of nutrients discharged in the spring into the Gulf from the Mississippi River, which drains a large area of intensively farmed agricultural land. This dead zone routinely covers an area of about 15,000 to 18,000 square kilometres, although in 2017 it was close to 23,000 square kilometres. Apart from the overall destruction of a natural marine system, this dead zone impacts negatively on commercial and recreational shrimp and oyster fisheries in the Gulf. Other dead zones include parts of the Baltic Sea, the northern Adriatic Sea, Chesapeake Bay, and numerous sites in coastal areas of east Asia. The Baltic Sea dead zone is one of the largest on the planet and now regularly covers an area of about 70,000 square kilometres—roughly the size of Ireland.

Dead zones are harmful features in the coastal oceans which are rapidly increasing in number and size. This trend can be halted and ultimately reversed by widespread implementation of precision agricultural practices that optimize and reduce fertilizer use and investment in improved sewage management systems.

Harmful phytoplankton blooms

Blooms of toxic phytoplankton occur frequently in coastal waters. These are often referred to as 'harmful algal blooms' (HABs). Phytoplankton cell densities in these blooms can be high enough to discolour the ocean, sometimes to a reddish hue, hence their common name 'red tides'.

HABs are created by a small number of phytoplankton species, often dinoflagellates, which produce a range of potent toxins that can be excreted into the seawater. These toxins are then transferred through the food web, accumulating first in zooplankton that feed on the toxic phytoplankton and in animals such as clams, mussels, scallops, and oysters that filter-feed on the toxic plankton. The toxins can then be transferred further up the food chain into fish, marine birds, and marine mammals. All these organisms can be affected to a greater or lesser extent through the consumption of these toxins, sometimes resulting in massive mortalities of fish and other marine life, including seabirds and marine mammals, and causing the closure of local fisheries.

Humans feeding on contaminated shellfish and fish can experience neurological symptoms, such as tingling of the fingers and muscular paralysis, as well as respiratory problems and gastrointestinal symptoms such as diarrhoea, vomiting, and abdominal cramps. Such symptoms can be very severe and sometimes fatal. Toxic phytoplankton can sometimes become suspended in the air by wave action to form a coastal spray which, when inhaled by people, can cause asthma-like symptoms.

Occasional HAB events are a natural phenomenon and have probably always been a feature of coastal waters. Early explorers of the 17th and 18th centuries described occurrences of discoloured water and noted that indigenous coastal peoples would avoid harvesting shellfish at certain times of year in certain places for fear of being poisoned. But in recent decades coastal regions throughout the world are experiencing HAB events with much greater frequency, persistency, and geographic extent, and involving a greater number of phytoplankton species.

It is not entirely clear why this is occurring. It may in part be explained by improved recognition and reporting of toxic bloom and seafood poisoning events, but there is almost certainly a link to increased eutrophication of coastal waters that promotes phytoplankton blooms. Also, toxic phytoplankton species are being routinely transferred from one port to another around the world in the ballast water of ships. Ballast water is seawater pumped into the ballast tanks and cargo holds of ships to give them better stability when on a voyage. Ballast water is usually taken on when a ship has delivered cargo to a port and is leaving with less cargo or no cargo. Millions of litres of seawater are taken on at a time and then often transported and released at the next port where the ship picks up more cargo. This is a likely mechanism for expanding the range of toxic phytoplankton species. Some species can produce cysts—a long-lived resting phase of their life cycle—that can lie dormant in the bottom sediments for many years until conditions are favourable for growth, and a HAB event is triggered.

Biological invasions

Many other kinds of marine organisms in coastal waters besides toxic phytoplankton can be pumped into the ballast tanks of ships. When a ship is in shallow water it can also pump in sediments and any associated bottom-dwelling organisms. When the ballast water is next released these organisms may also be released. In this way non-native, or exotic, invaders are introduced into areas where they would never normally be found without human involvement. Roughly ten billion tonnes of ballast water are transferred globally each year and thousands of marine species are carried around the world in ballast water every day.

Ships also move marine organisms long distances in other ways—boring organisms, such as ship worms, colonize the hulls of wooden ships, and attached organisms like barnacles and seaweeds foul the hulls of ships. These organisms can release their free-living larval stages in foreign ports which then settle to the bottom, allowing the organisms to colonize the new site.

Typically, very few of these foreign invaders will survive in their new surroundings. Nonetheless, some encounter conditions that allow them to become well established and sometimes overwhelm the natural marine community in the area. This may be because the invader lacks the natural predators, pathogens, or parasites in its new location that would normally keep its numbers in check. Or it may encounter an unusually abundant food supply or is able to outcompete native species for available food and habitat space. Examples of introduced marine organisms are legion and include various species of seaweeds, jellyfish, sponges, worms, crabs, barnacles, sea stars, clams, mussels, oysters, snails, fish, and many others.

The introduction of a jellyfish-like animal, the comb jelly, *Mnemiopsis leidyi*, from the coastal waters of North America into the Black Sea in ballast water in the 1980s illustrates very well the devastation that can be caused by marine invaders. This animal quickly multiplied to plague numbers in the predator-free environment of the Black Sea, voraciously consuming the natural zooplankton in the sea, including the eggs and juvenile stages of fish. Fish stocks collapsed by the early 1990s, causing great economic loss to the region, and dolphins, which fed on these fish, disappeared. Interestingly, it took the invasion of another exotic species of comb jelly, *Beroe ovata*, also in ballast water, to alleviate this ecological disaster. Around 1997, this species began to thrive in the Black Sea, feeding heavily on the first foreign invader, causing a steep reduction in its numbers. The *Beroe ovata* population then collapsed as it exhausted its food supply. Since then, fish stocks have begun to recover, and dolphins have returned.

The introduction of the Japanese sea star (*Asterias amurensis*) into Australia is another good example of the major impact that an exotic species can have when it invades a new habitat. This sea star is native to the coastal waters of Japan, northern China, North and South Korea, and Russia, but sometime in the 1980s it was introduced into Tasmania, probably as larvae in ballast water, or as juveniles clinging to the hulls of ships arriving from the North Pacific.

The population of this sea star exploded in its new location and by the mid-1990s had reached extraordinary densities in some places. For example, in the Derwent Estuary of Tasmania there are an estimated thirty million individuals at densities up to 10 per m^2. This sea star is a voracious predator feeding on just about anything in its path, including shellfish, crabs, sea urchins, sea squirts, and other sea stars, and turning the bottom into a virtual monoculture of foreign sea stars. They also pose a threat to aquaculture operations in the area with the potential to decimate mussel, oyster, and scallop farms.

Once well established, these foreign invaders are impossible to eradicate. Attempts have been made to control the spread of the Japanese sea star by recruiting divers to remove the animals by hand, and by trapping or dredging the sea stars. They have also been commercially harvested and converted into fertilizer. But none of this has had much success in restoring the natural marine system of the area. Efforts are now focused on limiting the spread of the species through an education campaign that encourages reporting of local sightings, which is followed up by a rapid eradication programme.

International efforts are being made to limit the spread of exotic marine species in ballast water. Ships are meant to empty and then recharge their ballast tanks in the open ocean before arriving at a port. The reasoning behind this is that ballast water hitch-hikers taken up in port will be released into the open ocean where they cannot survive, and that the planktonic organisms taken up in the open ocean will be released into the coastal waters of the next port where conditions will not be suitable for survival. Many countries also require that ballast water is treated with a shipboard system to remove and/or kill organisms before discharge in a port. This can involve treatments using filtration, heat, or disinfectants, often in combination.

Plastic debris

Over the past sixty years, plastic materials, which are derived from oil and gas, have become a ubiquitous and indispensable product of human society, and a major source of human waste. In 1967 about 2 million tonnes of plastics were produced per year; it is currently about 380 million tonnes per year. It has been calculated that humans have produced a total of about 8.3 billion tonnes of plastic to date, more than three-quarters of which has been discarded and ended up in landfills or accumulating in the wider environment.

Not surprisingly, huge amounts of this waste plastic have entered the marine environment—about 10 million tonnes per year currently. Around 80 per cent of marine plastic debris comes from the land, either directly or via rivers. Ten rivers, two in Africa and the rest in Asia, discharge about 90 per cent of all marine plastic debris. Ships and boats are another source of marine plastic pollution. A great variety of plastic trash is dumped overboard from commercial and recreational vessels, and fishing boats discard or lose large amounts of fishing gear, such as fishing lines, buoys, and nets.

A major problem with plastic debris is its persistence. Plastic materials, prized by humans for their inertness and durability, degrade very slowly and most will persist in the environment for many hundreds of years. The oceans have thus been subject to more than half a century of accumulated plastic waste. Plastic debris is now common everywhere in the oceans: floating on the surface and suspended in the water column; accumulating in all five oceanic gyres which, because of their circular motion, tend to trap floating debris; settling on the ocean floor at all depths; and littering all coasts. Over time, plastic debris breaks down into tiny 'microplastic' fragments that are suspended in the oceans and then sink very slowly to the ocean floor.

The amount of plastic debris stranded on shorelines throughout the world is appalling. In the UK there is on average over 7,000 pieces of plastic along a kilometre of shoreline; in the Caribbean about 1,900 to over 11,000 items; in Indonesia more than 29,000. Surveys of the coastal seabed show that there are typically hundreds of items of plastic debris per square kilometre and in some places in Indonesia and the Caribbean there can be thousands of items of plastic per square kilometre.

The amount of plastic debris floating in the oceans was surveyed over the course of twenty-four research voyages that took place between 2007 and 2013 across all five oceanic gyres, along coastal Australia, and in the Bay of Bengal and the Mediterranean Sea. Using the data collected it was estimated that more than 5 trillion pieces of plastic weighing over 250,000 tonnes are floating on the surface of the oceans. Nets towed from the vessels routinely captured 1,000 to 100,000 pieces of plastic per square kilometre of ocean surface and in some tows much more than this. Most of the plastics in the oceans—about 92 per cent—consists of microplastics less than 4.75 mm in size.

Plastic debris is very harmful to many forms of marine life which mistake it for food and ingest it or become entangled in it. Hundreds of different species have been recorded harmed by plastic debris, including seabirds such as penguins, albatrosses, pelicans, and many shorebirds; and marine mammals, including whales, seals, sea lions, sea otters, sharks, manatees, dugongs, and turtles. Entanglement is often caused by discarded fishing nets and ropes, monofilament fishing line, packing strapping bands, and six-pack rings. Seabirds and turtles routinely ingest plastic debris of all sorts, probably mistaking it for items of food. Turtles, for example, appear to mistake plastic bags for jellyfish, one of their prey items. Ingestion of plastic can lead to obstruction of the gut and death, while toxic chemicals can leach out of the ingested material and cause other harmful effects. Microplastics have also been found in the gut and tissues of zooplankton, including copepods. Disturbingly, plastic particles have now been found in seafood eaten by humans, including cod, haddock, mackerel, and shellfish. The effect on humans of eating plastic contaminated seafood is still being debated, although in 2016 the European Food Safety Authority warned of a potential increased risk to food safety and human health.

The scale of the plastic debris crisis is daunting but, thankfully, there is a rapidly growing level of societal awareness and concern about the issue, and initiatives to address the problem are gaining momentum. It is generally agreed that a multi-pronged approach must be pursued involving governments, NGOs, and industry worldwide including: improving waste collection systems, particularly in poorer nations, to reduce loss of plastics from the land to the oceans; greatly increasing the percentage of plastics that are recycled into reused plastic products; reducing the amount of virgin plastic products that are manufactured; stemming the demand for plastics through initiatives such as banning single use plastic bags and reducing plastic food packaging; removing plastic debris from rivers before it reaches the oceans; and removing plastic debris that is already in the marine environment to reduce its ongoing harm to marine organisms and prevent it breaking down into more harmful and impossible to remove microplastics.

The Ocean Cleanup, a non-profit organization, has launched an ambitious plan to significantly reduce the plastic debris concentrated in the North Pacific gyre, which is often referred to as the Great Pacific Garbage Patch. The first working version of their collection system was deployed in the gyre for testing in late 2018. The system consists of a 600-metre-long U-shaped floating tube from which hangs a 3-metre-deep skirt. Wind and waves passively move plastic floating at or just below the surface into the centre of the system where it is concentrated. The skirt is made of smooth, impenetrable material so plankton cannot get trapped in it, and fish can swim underneath the skirt. A modified version of this collection system designed to collect plastic more effectively was deployed in mid-2019 for further testing and is now successfully collecting plastic. Ocean Cleanup now plans to build and deploy a fleet of about sixty full-scale systems, with vessels removing the plastic from the systems every few months and returning it to land for recycling. The organization projects these systems could remove 50 per cent of the plastic in the Great Pacific Garbage Patch in five years. Nonetheless, to adequately address the problem of marine plastics these clean-up systems will have to be a part of a broader suite of initiatives that stem the flow of plastic into the oceans from land.

Chapter 4
Polar marine biology

Flourishing marine biological systems are present in the extreme environments of the Arctic and Antarctic polar regions of the planet. Both these regions are characterized by constantly cold sea temperatures, ice-covered oceans, and extreme seasonal fluctuations in light levels. In many other ways, however, these regions are very dissimilar and have evolved strikingly different and unique marine ecosystems.

Marine biology of the Arctic Ocean

The Arctic Ocean is a comparatively small (about 15.6 million square kilometres) and isolated body of seawater with extensive areas of shallow, continental shelf. It is largely surrounded by land masses with only two outlets, the very narrow Bering Strait to the Pacific Ocean, which is only 70 metres deep; and the broader 400-metre-deep Fram Strait to the Atlantic Ocean. Several large Siberian and Canadian rivers empty into the Arctic Ocean, creating a thin, lower-salinity layer of seawater about 20–50 metres deep that floats on the saltier and denser seawater beneath. Extensive areas of the Arctic Ocean have a soft sedimentary bottom resulting from the discharge of large amounts of sediment from these river systems.

The surface of the Arctic Ocean is at or near the freezing point of seawater (–1.9°C) for much of the year. Thus, much of the Arctic Ocean is permanently covered by a floating cap of sea ice which expands and retreats with the seasons. The cap is largest in April at the end of the Arctic winter and smallest in September at the end of the Arctic summer. The summer melt occurs mostly over the vast continental shelves of the Arctic Ocean, while most of the central Arctic Ocean remains covered by ice throughout the year. This 'multi-year' sea ice has survived complete melting for several years and is 3–4 metres thick. The remainder is thinner first-year ice about 1–2 metres thick.

One might expect this vast volume of frozen seawater to be devoid of life. In reality, it harbours an abundant and diverse community of marine life, unique to polar seas, and one which plays a fundamental role in sustaining the polar food web. Sea ice is habitable because, unlike solid freshwater ice, it is a very porous substance. As sea ice forms, tiny spaces between the ice crystals become filled with a highly saline brine solution resistant to freezing. Through this process a three-dimensional network of brine channels and spaces, ranging from microscopic to several centimetres in size, is created within the sea ice. These channels are physically connected to the seawater beneath the ice.

During the autumn and winter period, viruses, bacteria, archaea, and protists in the seawater become incorporated into the downward growing sea ice. A significant amount of the primary production in the Arctic Ocean, perhaps up to one-third in those areas permanently covered by sea ice, takes place in the ice. In the Arctic spring and summer, enough light penetrates the snow covering the ice, and the ice itself, to sustain primary production by photosynthetic bacteria, diatoms, and dinoflagellates present within the brine channels, and also in a layer coating the bottom of the ice. These organisms soon become so abundant that they colour the ice brown (see Figure 18). The sea ice provides a uniquely stable marine habitat that keeps these photosynthetic

18. Ice core 1 m in diameter showing distinct brown coloration of ice biota.

organisms within the photic zone at all times during the summer, thus maximizing primary productivity.

A well-developed microbial community is present in sea ice that functions in a similar way to the microbial loop of the open-ocean pelagic zone (see Chapter 2). Autotrophic bacteria, along with heterotrophic bacteria feeding on DOM, are eaten by abundant flagellated protists, which are then food for larger ciliated protists.

Large zooplanktonic organisms, such as amphipods and copepods, swarm about on the under surface of the ice and shelter in the brine channels, grazing on the ciliates and larger photosynthetic organisms such as diatoms and dinoflagellates. These larger grazers provide a key link to higher trophic levels in the Arctic food web (see Figure 19). They are an important food source for fish such as Arctic cod that feed along the bottom of the ice. These fish are in turn fed on by squid, seals, and whales. The seals are an important source of food for the roughly 25,000 polar bears that currently inhabit the Arctic region. Polar bears are adept at killing seals as they emerge through breathing holes in the ice, or when they haul themselves up onto the ice edge.

Partway through the summer, as the edge of the sea ice begins to melt, photosynthetic organisms associated with the ice are released into the seawater and seed an under-ice phytoplankton bloom. As the summer progresses, and the ice edge breaks up and retreats, this bloom creates a 20–80-kilometre-wide zone of extremely high productivity at the ice edge. Walrus, seals, narwhal, beluga whales, and bowhead whales are abundant at this ocean–ice boundary, along with seabirds and polar bears. This community follows the ice edge for hundreds of kilometres as it retreats northwards during the Arctic summer.

Unconsumed organic material arising from these intense Arctic blooms sinks to the ocean bottom and supports the Arctic benthic

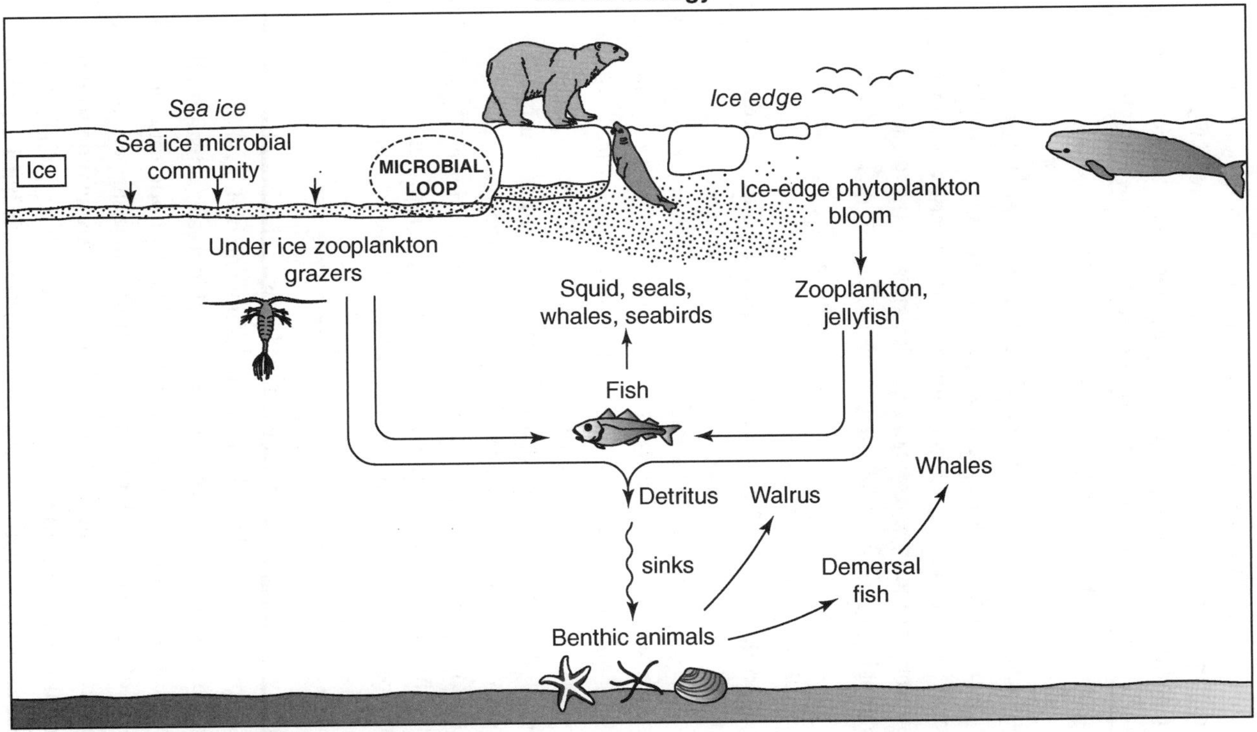

19. **Depiction of the Arctic food web.**

community. Benthic organisms, such as amphipods, worms, clams, and brittle stars, live on or within the soft-bottom sediments of the Arctic Ocean and are particularly common on the continental shelves where they are fed on by bottom-feeding fish such as eelpouts and sculpins, as well as by grey whales and walruses that forage on the seabed.

As a result of human-induced climate change, the Arctic region is warming, and it is doing so at a rate faster than the rest of the planet. This is having a great impact on the Arctic Ocean ice cap. One stark trend is that the overall thickness of the sea ice is decreasing rapidly—it declined from a mean of 3.64 metres in 1980 to 1.89 metres in 2008. Prior to the late 1970s, sea ice typically extended over close to 15.6 million square kilometres in late winter in the Arctic. However, the maximum winter extent of sea ice in the Arctic Ocean has been decreasing by an average of 3 per cent per decade since 1979 and in recent years at a much faster rate than this; it is now down to about 14.4 million square kilometres. The extent of minimum summer ice cover is decreasing at an even faster rate. Sea ice typically extended over about 7 million square kilometres at summer's end in the Arctic. Over the past decade, though, the minimum sea ice extent has been only 3.5 to 5 million square kilometres. At this rate, the Arctic Ocean will become nearly or completely ice free for several months a year before 2040, and possibly within the next decade.

Clearly, the Arctic Ocean as we have known it is about to disappear with profound effects on its marine biology. For example, overall primary production will increase substantially, since less snow and ice cover means a deeper photic zone; also, much of the sea-ice microbial community will disappear in summer. These changes alone will affect the Arctic food web in profound ways. Furthermore, seals and polar bears, which live in close association with sea ice, will be particularly hard hit, since their feeding and breeding habitat will be greatly reduced.

There are no commercial fisheries in the Arctic Ocean currently because of the difficulty of operating fishing vessels in ice-covered seas. But the Arctic Ocean will become more attractive to commercial fishing fleets as the ice cap shrinks further, particularly since ocean warming is causing some important fish stocks, such as cod and halibut, to move further north into Arctic waters. Fortunately, the countries of the European Union plus nine other nations have recently agreed to a moratorium on fishing across much of the Arctic to at least 2034. This will allow time for marine biologists to better understand the Arctic's changing marine ecosystem and, hopefully, provide guidance on its future sustainable management. The best outcome would be a further agreement to designate the Arctic Ocean as a permanent marine protected area.

Marine biology of the Southern Ocean

The Arctic and Southern Ocean marine systems can be considered geographic opposites. In contrast to the largely landlocked Arctic Ocean, the Southern Ocean surrounds the Antarctic continental land mass and is in open contact with the Atlantic, Indian, and Pacific oceans. Whereas the Arctic Ocean is strongly influenced by river inputs, the Antarctic continent has no rivers, and so hard-bottomed ocean floor is common in the Southern Ocean, and there is no low-saline surface layer, as in the Arctic Ocean. Also, in contrast to the Arctic Ocean with its shallow, broad continental shelves, the Antarctic continental shelf is very narrow and steep.

The approximate northern boundary of the Southern Ocean is often designated as the 60° S latitude. Since the edge of the Antarctic continent is at roughly 70° S, the Southern Ocean consists of a ring of ocean about 10° of latitude wide—roughly 1,100 kilometres.

The Antarctic continent is covered by a thick ice sheet that flows outwards towards the coasts, and then out into the ocean to form a vast, floating, 100-metre-thick mass of permanent ice called the ice shelf. Seaward of the ice shelf, the ocean freezes seasonally.

The seasonal fluctuations in the Southern Ocean are enormous. At the start of the southern hemisphere winter, the sea begins to freeze, the freezing front moving outwards rapidly at rates of tens to hundreds of kilometres each day. By the end of the southern hemisphere winter, up to 18 million square kilometres of ocean are covered by sea ice. Unlike the Arctic Ocean, almost all this sea ice will melt during the summer, with only about 3 million square kilometres remaining. Since most of the sea ice in the Southern Ocean is just one year old, it is comparatively thinner than in the Arctic Ocean, generally only 1–2 metres thick.

Antarctic waters are extremely nutrient rich, fertilized by a permanent upwelling of seawater that has its origins at the other end of the planet. As described in Chapter 1, cold dense seawater formed in the North Atlantic Ocean—the North Atlantic Deep Water—sinks and flows slowly southward near the bottom of the Atlantic basin, to emerge hundreds of years later off the coast of Antarctica. This continuous upwelling of cold, nutrient-rich seawater, in combination with the long Antarctic summer day length, creates ideal conditions for phytoplankton growth, which drives the productivity of the Southern Ocean.

As in the Arctic, a well-developed microbial community is present in the sea ice. Sea-ice photosynthetic organisms are even more abundant and productive than in the Arctic Ocean because the sea ice is thinner, and there is thus more available light for photosynthesis. Diatoms can be particularly abundant, and as the sea ice breaks up and recedes in the spring, these are released into the open water at the ice edge and seed huge diatom blooms.

This massive pulse of primary production supports the Southern Ocean's most important marine species, the Antarctic krill, *Euphausia superba*. Antarctic krill are shrimp-like, nearly

20. Antarctic krill.

transparent, zooplanktonic animals about 4–6 centimetres in length (see Figure 20). They can live for five to ten years and thus are able to survive through successive long, dark Antarctic winters when phytoplankton are absent and other food is scarce. During the winter months they lower their metabolic rate, shrink in body size, and revert to a juvenile state. When food again becomes abundant in the spring, they grow rapidly and redevelop sexual characteristics.

In the Antarctic spring, krill crawl about under the sea ice grazing on the lush lawn of photosynthetic microbes. As the sea ice breaks up, they leave the ice and begin feeding directly on the huge blooms of free-living diatoms using their filter-feeding appendages. With so much food available they grow and reproduce quickly, and start to swarm in large numbers, often at densities in excess of 10,000 individuals per cubic metre—dense enough to colour the seawater a reddish-brown.

Krill swarms are patchy and vary greatly in size, from some that can be quite small—just patches of a few square metres when looking down on the ocean surface—to ones that are hundreds of square kilometres in size and contain millions of tonnes of krill. Because the Southern Ocean covers a large area, krill numbers are enormous, estimated at about 600 billion animals on average, or about 500 million tonnes of krill. This makes Antarctic krill one of the most abundant animal species on the planet in terms of total numbers and biomass. For comparison, the human population is about 7.3 billion currently, with a total biomass roughly that of Antarctic krill. It is not surprising, then, that krill play a pivotal role in the Southern Ocean marine system. They are a staple food source for almost all the Southern Ocean's marine animals including fish, squid, leopard seals, fur seals, crabeater seals, penguins, seabirds, and baleen whales. They are thus a key link in a short and efficient two- or three-step food chain (see Figure 21).

Blue, right, and fin whales are abundant in Southern Ocean waters during the summer. These whales have sieve-like baleen plates in their mouths which they use to capture large quantities of krill. They take in large mouthfuls of krill-laden seawater and then use their tongue to force the seawater out through the baleen sieve, which retains the krill.

All Southern Ocean whale species are migratory, feeding in the Southern Ocean during the southern hemisphere summer, and then swimming long distances to warmer northern waters to breed during the winter months. In the southern hemisphere spring they head back south, following the retreating ice edge.

Crabeater seals, despite their name, also depend on krill as a food source. These seals, which live on ice floes, have specialized teeth that are adapted for straining krill directly from the ocean. Much like baleen whales, they take a mouthful of seawater and expel it through their teeth, which retain the krill. Not surprisingly, given the huge size of their food stock, crabeater seals are very abundant although accurate estimates of their numbers remain

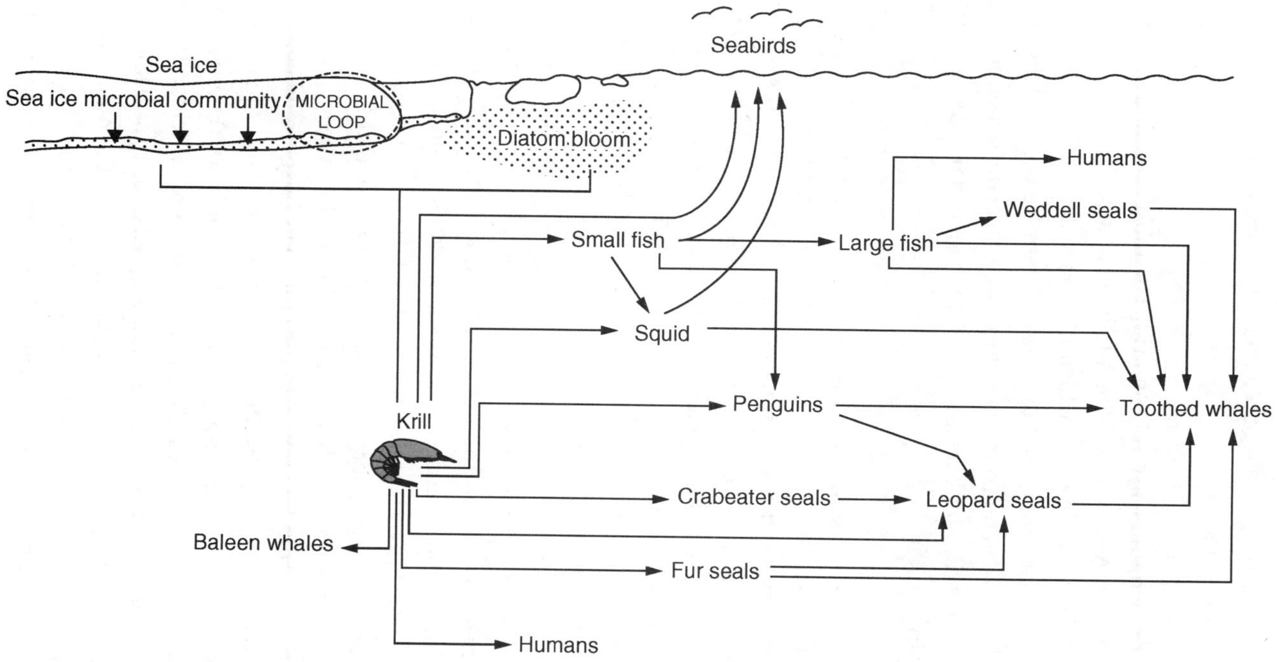

21. The central place of Antarctic krill in the Southern Ocean food web.

elusive. It is currently thought that there are at least 7 million individuals, which would make them the most abundant seal species on the planet.

Antarctic penguins also rely on krill. The most abundant species of penguin in Antarctica is the Adelie penguin. There are about 2.5 million breeding pairs, which feed on krill and small fish. They are capable of diving to depths of hundreds of metres in pursuit of food. The young penguins are especially dependent on krill, and if krill numbers are low in any particular year, juvenile mortality is high.

Large marine predators are common in the Southern Ocean. Leopard seals are voracious carnivores well equipped to feed on large prey, such as penguins, crabeater seals, and fur seals. Yet they too can feed on the ubiquitous Antarctic krill and, like the crabeater seal, have some of their teeth modified to act as krill strainers. Killer whales, or orcas, are another common Antarctic predator, feeding on fish, penguins, seals, and other whales, but even orcas will feed on krill.

Many different species of squid are common in the Southern Ocean and are a very important food source for large marine animals, including toothed whales, such as sperm whales, and seabirds. One of the largest invertebrates on the planet, the colossal squid, inhabits the deep waters of the Southern Ocean. Until recently, a complete specimen of this animal had never been seen, and it was known only from bits found in the stomachs of sperm whales hunted down by whalers. But in 2007 a live colossal squid was brought to the surface from a depth of around 2,000 metres in the trawl net of a deep-ocean fishing vessel from New Zealand. This animal was 10 metres in length and weighed close to 500 kilograms. Stomach analyses show that colossal squids are the major prey of sperm whales in the Southern Ocean. Many sperm whales have scars on their body which appear to be caused by the sharp hooks present at the tips of the colossal squid's two long feeding tentacles, evidence of mighty predator–prey struggles in the cold abyssal depths of the Southern Ocean.

An unusual group of fish, the icefish, are common in Antarctica. These fish, which live constantly in seawater which is on the verge of freezing, have very little of the oxygen transporting red pigment, haemoglobin, in their blood streams; oxygen is simply transported in solution in their blood plasma. These fish can obtain enough oxygen in this fashion because their body fluids are very cold and the amount of oxygen in solution increases with decreasing temperature. They also have other adaptations that prevent their bodies from freezing. For example, their body fluids contain complex proteins and sugars that provide a kind of antifreeze protection by lowering their freezing point.

Seabirds, including albatrosses, petrels, and fulmars, range widely in the Southern Ocean, feeding on krill, squid, and fish. The Wandering Albatross (*Diomedea exulans*) is perhaps the quintessential Southern Ocean seabird. It is the largest of the albatrosses, with a wingspan of 3 metres or more, and spends most of its life on the wing, gliding on the Southern Ocean wind systems. Albatrosses will range over thousands of square kilometres of ocean foraging for food and can travel up to 1,000 kilometres in a day. Albatrosses return to land to breed, mainly on subantarctic islands.

Despite the extreme cold, the benthic communities of the Southern Ocean can be extraordinarily rich. In shallow waters less than about 15 metres, the ocean floor is routinely scoured by grounded ice. Here attached marine animals are absent, and the bottom is occupied during the ice-free period by mobile animals such as sea stars, sea urchins, and large nemertean worms that invade the area when possible to feed on diatoms growing on the ocean floor and to scavenge on dead and dying animals.

In deeper water, attached benthic animals such as sea anemones, corals, and sponges proliferate in great numbers. In some areas, the densities of these ocean floor animals are among the greatest recorded in any marine environment on the planet.

Southern Ocean marine mammals have been ruthlessly exploited in the past. Hunting of Antarctic fur seals began in the late 1700s, and by 1830 most fur seal colonies had been exterminated or reduced to a size where it was uneconomical to continue to hunt them. They were declared a protected species in 1964 and they now number more than five million individuals, which may be a larger population than when exploitation first began.

Southern Ocean whaling commenced in the early 1900s, initially targeting humpback whales, and then spreading rapidly to other species, including southern right, blue, fin, sei, and sperm whales. In the years before the Second World War, tens of thousands of whales were taken annually and in the period between 1956 and 1965, 631,518 whales were recorded killed. The industry collapsed in the 1960s when it became uneconomical to hunt the remnant populations that remained. By that time, the southern right and humpback whale populations had been reduced to about 3 per cent of their original size, blue whales to about 5 per cent, and fin and sei whales to about 20 per cent. A moratorium on commercial whaling came into force in 1987 and, apart from some whaling that Japan considers has a scientific value, no whales are now exploited.

Following the demise of seal and whale populations, the exploitation of Southern Ocean marine species moved down the food web to target smaller animals at lower trophic levels. Commercial fishing began in the late 1960s, first focused on species such as the mackerel icefish. In the 1980s, fishing vessels began to exploit the Patagonian toothfish using longlines set at depths of over 1,000 metres. This fish can grow to over 2.3 metres and weigh more than 130 kilograms. It is marketed as 'Chilean sea bass' and has become a very popular fish commanding a premium price. Catches are currently recorded at about 12,000 tonnes per year. In the late 1990s, this longline fishery expanded to a related species, the Antarctic toothfish, with landings currently about 4,000 tonnes per year. Toothfish are food for sperm whales, killer whales, Weddell seals, and large squid, so their removal will potentially impact on these dependent species. Demand for toothfish outstrips supply, which has led to illegal fishing by vessels which have not been assigned a quota for these species. The value of the illegal catch is in the hundreds of millions of US dollars annually, although in recent years the amount of illegal catch has been reducing due to management measures implemented by the Commission for the Conservation of Antarctic Marine Living Resources (CCAMLR).

Even the krill in the Southern Ocean are subject to human exploitation. The krill are caught by trawling down to about 200 metres. Antarctic krill fishing began in the 1970s and by the early 1980s about half a million tonnes were being harvested annually. Catches then declined from the early 1990s to around 100,000 tonnes per year as most nations abandoned the fishery because of the high cost of operating in the Southern Ocean. But the demand for krill is increasing again and since 2010 catches have been between about 200,000 and 300,000 tonnes per year. Much of the krill is processed into fish meal, which is a component of the artificial feeds used on fish farms. More recently, krill is in demand as a source of health food supplements, such as omega-3 oils.

Krill numbers have declined significantly in some parts of the Southern Ocean since the 1970s, perhaps by as much as 80 per cent. This appears to be the result of rising air temperatures in the Antarctic causing strong declining trends in sea-ice extent in some regions. Krill rely on the sea ice for shelter and food during the winter months, and it has been observed that in years when the extent of sea ice is low, krill are less abundant in subsequent years. It also appears that as krill stocks decrease, salp numbers increase. Salps are planktonic, gelatinous animals that can live in warmer, less productive waters than krill.

The long-standing exploitation of Antarctic marine resources and the growing impacts of climate change belie the commonly held notion that the Southern Ocean possesses one of the planet's last pristine marine systems. Human impacts have undoubtedly pushed the Southern Ocean marine system out of its natural equilibrium, although it has been difficult to document the changes because of the region's remoteness, the lack of a historical baseline of what was 'natural' in the Southern Ocean, and the complexity of species interactions.

An important first step in protecting and restoring the Southern Ocean marine system took place in 2017 with the establishment of the Ross Sea Region Marine Protected Area. The Ross Sea, a deep bay in the Southern Ocean, now contains the largest marine protected area in the world at 2.1 million square kilometres. No fishing is allowed in 1.1 million square kilometres of this reserve. Unfortunately, the agreement expires in 35 years so this is not yet a permanent marine protected area. In 2018, a bid by CCAMLR members to create an even larger marine protected area in the Weddell Sea region of the Southern Ocean was blocked by Russia, China, and Norway, and in 2019 a proposal to create a marine protected area off the east coast of Antarctica was also rejected. There is obviously still a long way to go before enough of the Southern Ocean is properly protected from future exploitation to allow the recovery of this important marine environment.

Chapter 5
Marine life in the tropics

The tropical marine environment encompasses those parts of the Global Ocean where the surface waters are consistently warm throughout the year, rarely falling below 20°C. Such regions occur within an oceanic belt straddling the equator from roughly the Tropic of Cancer in the northern hemisphere to the Tropic of Capricorn in the southern hemisphere (23° N latitude to 23° S latitude).

Coral reefs

Coral reefs embody the archetypal image of a tropical marine environment and are globally significant natural systems in terms of their beauty, biological diversity, productivity, and economic significance (see Figure 22). These 'rainforests of the ocean' are very complex systems that are home to an incredible diversity of marine organisms—one-quarter to one-third of all marine species—with the number of different species on coral reefs globally totalling in the millions.

Coral reefs provide food for hundreds of millions of people, with reef fish species comprising about one-quarter of the total fish catch in less developed countries. They serve as natural protective

22. Aerial view of coral reefs of Heron Island, Great Barrier Reef, Australia.

barriers, sheltering coastal communities from the waves generated by hurricanes, typhoons, and cyclones. They are also the basis of employment through tourism for millions of people in the many regions with reefs in their coastal waters. Apart from these ecosystem services, valued in many billions of dollars, coral reefs have tremendous intrinsic value that is impossible to quantify as anyone who has snorkelled or dived on a healthy reef can attest—without coral reefs our planet and human society would be infinitely poorer.

Physical requirements of corals

Notwithstanding their importance, coral reefs occupy a very small proportion of the planet's surface—a little over 284,000 square kilometres—less than 1.2 per cent of the continental shelf area of the oceans. Coral reefs are thus a rare ecosystem at the global scale. This is because the physical requirements of the main reef-building animals—the corals—are very specific.

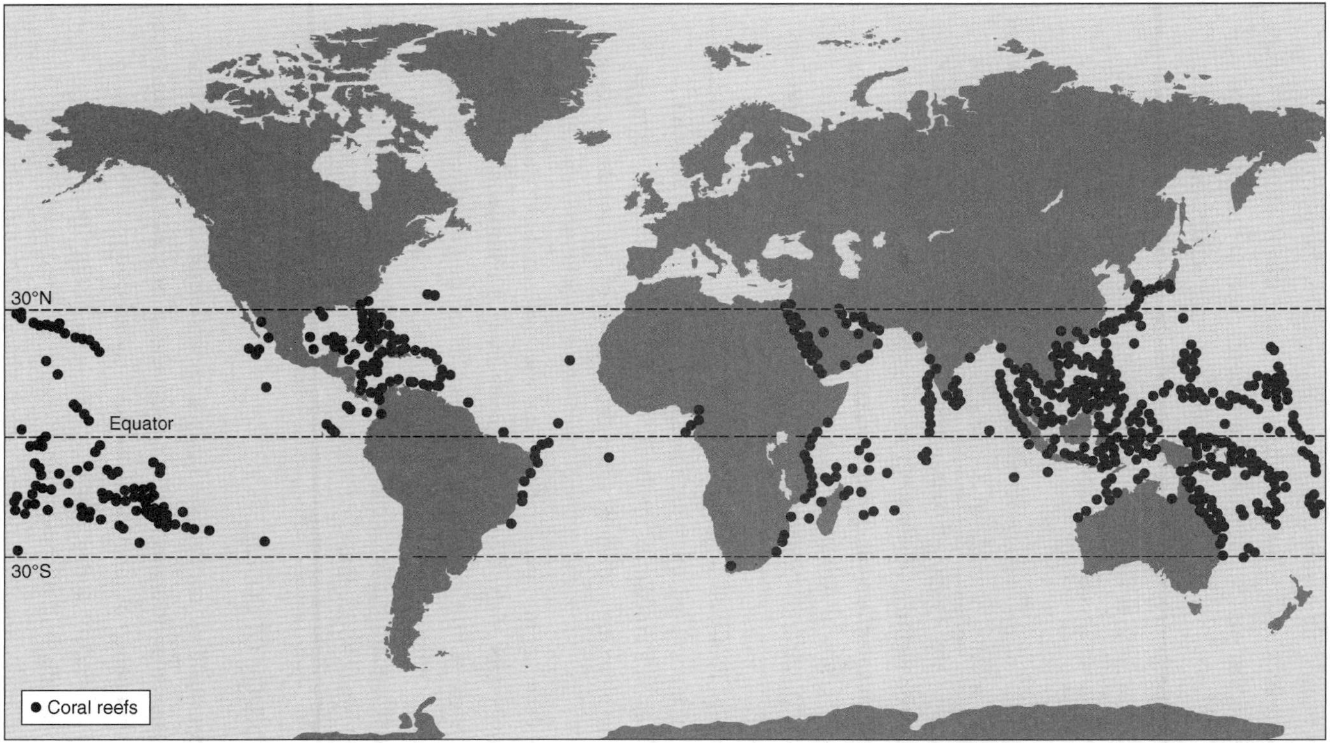

23. Distribution of coral reefs.

Reef-building corals thrive best at ocean temperatures above about 23°C and few exist where temperatures fall below 18°C for significant periods of time. Thus, coral reefs are absent at tropical latitudes where upwelling of cold seawater occurs, such as the west coasts of South America and Africa. Corals also require high light levels to thrive, so they are generally restricted to areas of clear water less than about 50 metres deep.

Reef-building corals generally cannot tolerate freshening of seawater below a salinity of about 30 for extended periods and so do not occur in areas exposed to intermittent influxes of freshwater, such as near the mouths of rivers, or in areas where there are high amounts of freshwater run-off. Therefore, coral reefs are absent along much of the tropical Atlantic coast of South America, which is exposed to freshwater discharge from the Amazon and Orinoco rivers.

Finally, reef-building corals flourish best in areas with moderate to high wave action, which keeps the seawater well aerated, brings in a constant supply of food for the corals, and removes light-blocking sediment from the surface of the corals.

Spectacular and productive coral reef systems have developed in those parts of the Global Ocean where this combination of physical conditions converges, such as in the Caribbean Sea; the many islands of Indonesia, the Philippines, the South Pacific, and the tropical Indian Ocean; in the Red Sea; and off the north-east and north-west coasts of Australia (see Figure 23).

Biology of corals

Reef-building corals, also known as scleractinian or stony corals, are colonial animals related to sea anemones. Each colony consists of thousands of individual animals called polyps (see Figure 24). Colonies grow through asexual reproduction—the polyps repeatedly bud off new polyps, creating an expanding layer of genetically identical polyps which share a common stomach cavity.

As the colony grows, the polyps extract calcium from the surrounding seawater to secrete a sizeable calcium carbonate skeleton which is external to the polyps themselves. Depending on the species, polyps are positioned within individual cups in the skeleton, or in rows within long grooves in the skeleton. The polyps can retract into the skeleton for protection.

One of the remarkable attributes of reef-building corals is that, although they are animals, functionally they perform in many ways like plants, which explains why they only flourish in well-lit environments. This is because all reef-building corals have entered an intimate relationship with photosynthetic microbes. The tissues lining the inside of the tentacles and stomach cavity of the polyps are packed with photosynthetic cells called zooxanthellae (see Figure 24). These are modified photosynthetic dinoflagellates, a group of phytoplankton generally found free living in the oceans

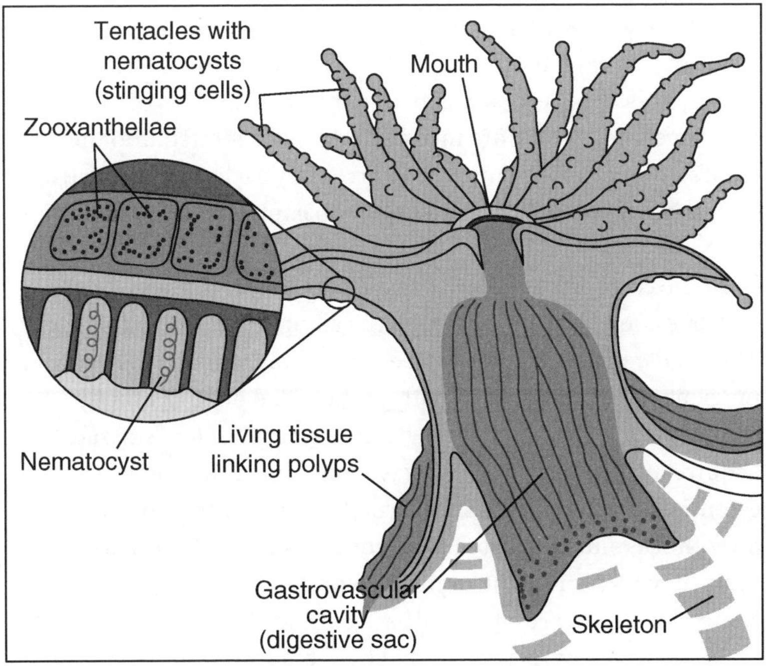

24. Anatomy of a coral polyp.

(see Chapter 2). One square centimetre of coral tissue can contain several million zooxanthellae cells.

Reef-building corals 'cultivate' the zooxanthellae for food. They do not directly consume the zooxanthellae—instead the corals chemically control the density of the zooxanthellae in their tissues and stimulate the zooxanthellae to secrete some of the organic compounds that they synthesize through photosynthesis directly into their gut tissues. Depending on the species, corals receive somewhere between 50 per cent to 95 per cent of their food from their zooxanthellae.

The corals acquire their zooxanthellae in several ways. When the polyps bud asexually, each new polyp retains some zooxanthellae. Coral polyps can also reproduce sexually in which case the polyp often incorporates some of its zooxanthellae into each egg it produces. However, many corals do not inherit zooxanthellae and must acquire them from the surrounding environment as they grow. In this case, it appears that coral larvae secrete a chemical into the seawater that attracts the preferred strains of dinoflagellates, which are ingested and incorporated into the coral's own cells. The coral then surrounds each dinoflagellate cell with a special membrane and begins to control its metabolism.

Both the coral and the zooxanthellae benefit from their symbiotic relationship, although the coral is the controlling party. The beauty of the relationship lies in the way it allows very efficient nutrient recycling between both parties. The photosynthetic zooxanthellae, protectively sheltered within the coral's tissues, acquire a constant supply of waste metabolic products essential for photosynthesis—carbon dioxide, nitrogen, and phosphorus—directly from their coral host. In the presence of light they turn these nutrients into organic compounds, some of which the coral 'steals' back as food. The corals also make use of the oxygen generated by the zooxanthellae as a by-product of photosynthesis.

Although the zooxanthellae provide a large proportion of the coral's energy needs, most reef-building corals supplement their diet by capturing food from the external environment. Corals generally feed at night by extending their polyps above the skeleton, which is why coral colonies appear 'furry' at night. The mouth of each polyp is surrounded by a ring of tentacles equipped with special 'stinging' cells, called nematocysts (see Figure 24), that eject both poisonous and sticky threads that subdue small animals, mainly zooplankton, that the coral colonies feed on. Corals also secrete threads of sticky mucus that collect small organic particles, which are then drawn into the polyps' mouths.

Types of coral reefs

Corals grow slowly, in the order of a few centimetres per year, but over long periods of time form massive durable structures—the largest made by living organisms. There are three main types of coral reef structures—atolls, fringing reefs, and barrier reefs (see Figure 25).

Atolls are common in the tropical Indian and Pacific Oceans and are associated with oceanic islands (see Figure 25(a)). The creation of an atoll is initiated when reef-building corals colonize the sides of a newly created volcanic island to form a 'fringing' reef (see Figure 25(b)). Such newly formed islands often slowly sink because of the massive weight they exert on the underlying ocean floor. As they sink, the corals surrounding the island continue to grow upwards on a bed of calcium carbonate that they secrete—a platform of limestone that gets deeper and deeper over time. These reefs eventually become separated from the island by a seawater-filled lagoon and are known as 'barrier' reefs (see Figure 25(c)). As the island itself eventually disappears beneath the surface of the ocean, the coral reef continues to grow upwards from its island base towards the ocean surface, creating a ring- or semi-ring-shaped structure around the lagoon—the atoll reef (see Figure 25(d)).

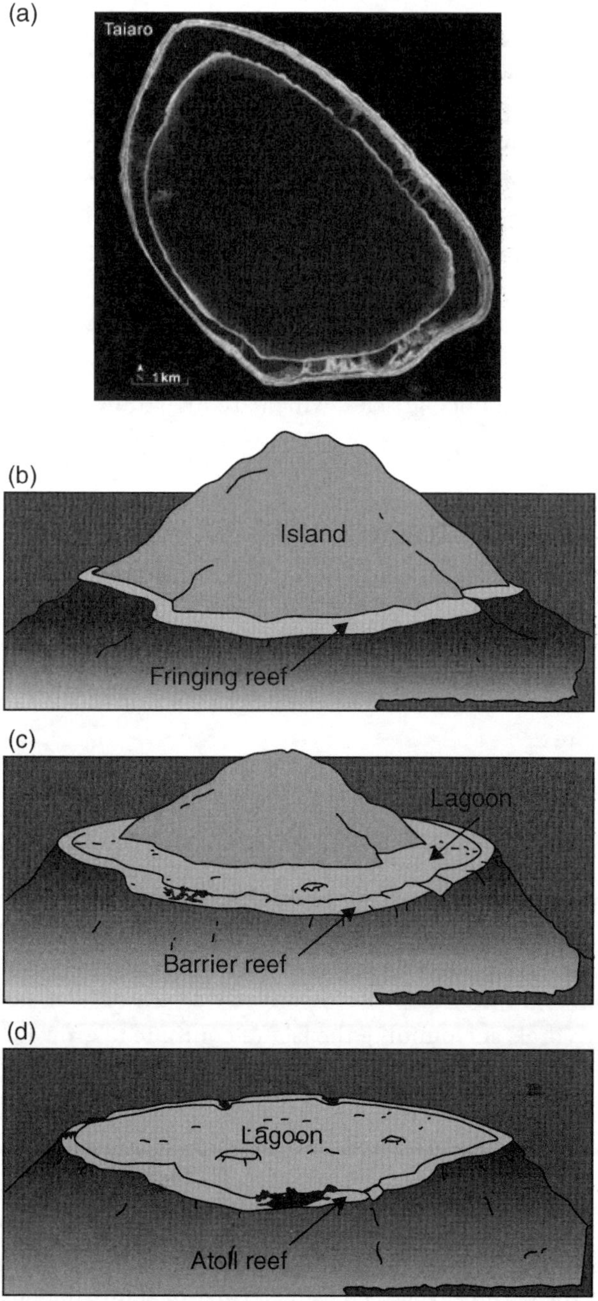

25. Stages in the formation of an atoll reef. The photograph is an aerial view of Taiaro, a small atoll in the west of the Tuamotu group in French Polynesia.

The living crown of an atoll can rest on an enormously thick layer of coral-created limestone. Bore holes drilled at Eniwetok Atoll in the Marshall Islands penetrated close to 1,400 metres of limestone before hitting volcanic rock marking the top of the volcanic island on which the atoll originated. It would have taken about 60 million years of reef growth to create a limestone cap of this thickness.

Fringing and barrier reefs can also develop alongside continental land masses. Fringing reefs are separated from the coast by a narrow channel, whereas barrier reefs occur at a larger distance off the coast. Such barrier reefs develop when the coastline on which they are growing subsides or is flooded by rising sea levels. Barrier reefs can be very large structures, the largest being the Great Barrier Reef which stretches for about 2,600 kilometres off the north-east coast of Australia.

Productivity of coral reefs

The corals are the backbone of the reef ecosystem, creating a complex, three-dimensional habitat that supports a truly remarkable diversity and abundance of marine life. Marine invertebrates are prolific. Some, such as sponges, sea fans, and soft corals, live attached to the reef. Others are more mobile, such as sea urchins, sea cucumbers, sea stars, crabs, shrimps, and sea slugs. Colourful fish are abundant and conspicuous, and on a healthy reef large predatory fish such as groupers, barracuda, and sharks are common.

Healthy coral reefs are very productive marine systems. This is in stark contrast to the nutrient-poor and unproductive tropical waters surrounding the reefs. Coral reefs can be 50 or even 100 times more productive than the surrounding oceanic environment, and for this reason are often referred to as oases in a tropical marine desert.

It is at first difficult to comprehend how coral reefs can be so productive since there are no obvious primary producers on a reef. However, the zooxanthellae hidden within the tissues of the corals themselves occupy up to 10 per cent of the biomass of living corals and thus represent a substantial mass of microbial primary producers. Other kinds of primary producers are also widespread on a coral reef, including microscopic algae and cyanobacteria that bore into coral skeletons, red and green coralline algae that form a ubiquitous encrusting layer on exposed hard surfaces, and various forms of delicate calcareous algae that form turf-like layers on parts of the reef. All this adds up to a large, although somewhat inconspicuous, mass of photosynthetic organisms on the reef.

The seawater flowing over a coral reef is well lit but very nutrient poor. So where do the nutrients come from to support these highly productive tropical marine oases? As it turns out, coral reefs are superb nutrient sinks, able to scavenge the available nitrogen and phosphorus from their nutrient-poor surroundings, and then retain and use these nutrients very efficiently. Reef algae absorb some of the scarce nutrients directly from the seawater flowing over the reef. In addition, the corals obtain some nutrients from the zooplankton and dead organic particles that they filter from the seawater as a supplementary food source. Nitrate is also created by nitrogen-fixing cyanobacteria living in association with the corals and other reef organisms, such as sponges, or free living in the seawater. Once acquired, these precious nutrients are recycled very efficiently back and forth between the primary producers and animals on the reef, with minimal loss to the surroundings. The ultimate example of this is the tight recycling of nutrients between zooxanthellae and the tissues of their coral hosts.

Exposed fleshy macroalgae, or seaweeds, occur sparsely on a healthy coral reef because they are readily consumed by herbivorous fish, such as damselfish and surgeonfish, which are normally very abundant on a reef. Sea urchins, such as the menacing-looking, long-spined, black sea urchin *Diadema*, are also efficient grazers. Together, these herbivores play a very important role in maintaining a healthy coral reef system by preventing the otherwise fast-growing macroalgae from overgrowing and killing the corals by blocking out their light.

Corals are not completely immune to predation despite their protective external skeletons. Several types of fish, known as corallivores, are well adapted to feeding on corals. Some, such as butterfly fish, pluck entire coral polyps from a colony. The forceps-like mouths of butterfly fish, which are armed with numerous small teeth, are well suited for this. Others, such as parrotfish, bite or rasp off and ingest pieces of coral, together with the skeleton, and digest the soft tissues of the coral as well as the algae and bacteria in the coral skeleton. The beak-like mouths of parrotfish, consisting of fifteen rows of extremely hard teeth, are well adapted for this sort of feeding behaviour. When snorkelling or diving on a reef, one can hear the loud noise made by a school of parrotfish crunching on coral. The remains of the material digested by parrotfish are excreted as sand. One large parrotfish produces about 450 kilograms of sand in a year which accumulates in pockets on the reef and helps form the sandy beaches associated with some reef systems.

Sexual reproduction in corals

Reef-building corals can disperse from the parent colony and colonize new habitats through sexual reproduction. Most species of coral are hermaphroditic—able to produce both eggs and sperm on the same colony. In some species, separate male and female colonies are the norm. Most coral species employ what is termed broadcast spawning—they eject huge numbers of sperm and eggs into the ocean where fertilization takes place. The fertilized eggs develop into tiny ciliated larval forms, called planulae, which are transported by currents for days or weeks, depending on the species. When the planulae detect favourable conditions they swim to the bottom, where they attach themselves and start a new colony.

On coral reefs throughout the world, the coral colonies over a large portion of a reef often spawn simultaneously in a spectacular mass spawning event in which the surrounding seawater becomes saturated with coral gametes, which form distinct slicks on the ocean surface. On parts of the Great Barrier Reef, for instance, millions of colonies consisting of many different species of coral spawn together on a single night, or over the course of a few nights, during the southern hemisphere spring or early summer after a full moon. Mass spawning in corals has most likely evolved to create very dense concentrations of sperm and eggs in the seawater to ensure high rates of successful fertilization. The coral eggs can distinguish among the different kinds of sperm present in the seawater during a mass spawning, rejecting sperm of a different species, and so limit the chances of hybridization between species.

The breeding season of coral colonies is controlled by factors such as seasonal changes in ocean temperature or day length, which serve to bring the corals into breeding condition at the same time. The actual spawning of the ripe colonies is triggered by different factors, including lunar periodicity, a decrease in light levels at sunset, and chemical cues released into the water by other colonies of the same species. So-called 'primitive' corals can thus detect light levels, distinguish the phases of the moon, and communicate with each other chemically.

Physical and biological disturbances on coral reefs

Though massive in structure, coral reefs are subject to large-scale physical disturbances. The large waves created by hurricanes, typhoons, and cyclones passing in the vicinity of a reef routinely break up and overturn extensive areas of living coral. The rate of recovery from damage of this kind is generally in the order of decades or longer. Ocean warming caused by climate change is creating the conditions for more frequent and powerful storms that are causing greater, more regular and widespread damage to coral reefs and limiting their ability to fully recover between successive storm events. Large tsunami waves generated by major earthquakes, such as the 26 December 2004 earthquake near Indonesia, also cause large-scale damage. Furthermore, coastal reefs are periodically inundated by freshwater run-off following major flood events, which can kill large numbers of corals.

Coral reefs are also susceptible to large-scale biological disturbance. Population explosions of the 'crown-of-thorns' sea star of the genus *Acanthaster* routinely result in the destruction of coral reefs in the Pacific and Indian Oceans and in the Red Sea. The crown-of-thorns is a very large sea star, reaching a diameter of half a metre, and is a specialist feeder on coral polyps. It normally occurs at very low densities on a reef, less than one animal per hectare. Each sea star on its own can strip the tissue from a square metre or so of living coral a month, which is generally not enough to harm the reef. But when densities exceed about thirty sea stars per hectare of reef, the sea stars begin to consume corals at a rate faster than they can grow, and the results can be disastrous for the reef. During a crown-of-thorns outbreak, which can last for many years, with the sea stars roving from one reef to the next and reaching densities of over 1,000 individuals per hectare, large areas of coral are denuded, leaving behind bare skeletons (see Figure 26). Recovery following such an outbreak is a slow process taking anywhere from about 5 to over 100 years depending on the extent and severity of coral loss, and reefs can be re-infested with crown-of-thorns before they are completely recovered.

Crown-of-thorns outbreaks were first documented in the 1960s in Japan and Australia and have been observed regularly since then in many different places. Such outbreaks probably occurred naturally in the past, but the frequency and size of outbreaks are

26. Crown-of-thorns sea star feeding on coral colonies. The corals to the right of the picture have been stripped of their polyps by the sea star, leaving behind bare skeleton.

now increasing, which suggests a human influence is involved. The crown-of-thorns' array of venomous spines makes it an unpalatable meal for most potential predators, although several species of fish can eat it, as well as a large marine snail, the giant triton. It has been proposed that overfishing of some of its fish predators, together with overzealous collection of the giant triton, whose shell is prized by souvenir hunters and shell collectors, has allowed crown-of-thorns populations to explode in some areas. It has also been suggested that such population explosions are linked to run-off from land following abnormally heavy rainfall, which flushes excessive nutrients from agricultural land into coastal waters. The nutrients stimulate blooms of phytoplankton which create a plentiful source of food for the young planktonic larval stage of the crown-of-thorns. This may result in unusually high rates of survival of the young stages leading to a pulse of high juvenile recruitment and a population explosion some years later.

Though the causes of crown-of-thorns outbreaks are yet to be fully understood, they are causing considerable damage to coral reefs in many areas. The Great Barrier Reef has been subject to waves of crown-of-thorns outbreaks, the first in 1962, then 1979–91, 1993–2005, and the latest which began in 2010. Coral cover on the Great Barrier Reef has declined by about 50 per cent since 1985 and almost half of this decline has been attributed to crown-of-thorns outbreaks.

The Australian government has attempted to control crown-of-thorns outbreaks on selected reefs using teams of divers who inject the sea stars with a toxin, but this approach is very inefficient and a better way of culling large numbers of sea stars is needed. A new approach involving the discovery of a unique chemical cue that crown-of-thorns sea stars release into the seawater and that prompts them to cluster together prior to spawning may offer some hope. It is possible that this chemical could be developed into a 'bait' to attract large numbers of the sea stars to one spot and make it easier to cull them.

Corals are also affected by a range of diseases which can cause discoloration of the coral tissues, tumours, and tissue death. Little is known about the causes and effects of these diseases, although they are most likely associated with infections by various viruses, bacteria, and fungi. A very serious coral disease known as 'white band disease' has been killing two species of branching corals in the Caribbean—staghorn and elkhorn corals—since outbreaks were noted in 1979. These corals once formed vast, impenetrable, and beautiful thickets in shallow waters throughout the Caribbean, but over the last thirty-five years white band disease has killed up to 95 per cent of them, and both species are now listed on the US Endangered Species Act. Intriguingly, recent research has revealed that a small proportion of the remaining staghorn corals are now resistant to the disease, which opens the possibility of outplanting these disease resistant strains to re-establish populations in selected areas in the Caribbean.

Local- and regional-scale human impacts on coral reefs

Although subject to a range of natural physical and biological disturbances, reef-building corals have persisted for many millions of years. Now, unfortunately, coral reefs are under serious threat from a wide range of human disturbances at local and regional levels.

Overfishing constitutes a significant threat to coral reefs. About an eighth of the world's population—roughly 875 million people—live within 100 kilometres of a coral reef. Most of these people live in less developed countries and island nations and depend greatly on fish obtained from local coral reefs as a food source. It is not surprising, then, that unsustainable fishing is a rampant problem on most coral reef systems around the planet.

The larger, high-value, predatory fish, such as groupers, snappers, trevally, and humphead wrasse, are the first to be targeted by fishers on a healthy coral reef. These rapidly become depleted and fishers then start to fish down the food chain out of necessity and target mainly herbivorous fish. The result is a coral reef inhabited by small fish difficult to catch and of little food value, and which is virtually devoid of the large predatory species such as sharks and groupers that would have once been common, as well as the larger herbivorous fish that feed on macroalgae.

Coral reefs in this state become less resilient and much more vulnerable to other perturbations in the system. The coral reefs of the Caribbean region provide a classic example of the destabilizing effects of overfishing. Most of the Caribbean island nations are highly populated and many reefs were overfished by the 19th century. Now, at least 60 per cent of the region's coral reefs are severely overfished and large predatory and herbivorous fish are very rare.

At first, the removal of herbivorous fish from the system was compensated by an increase in the numbers of *Diadema antillarum* sea urchins which did not have to compete with herbivorous fish for macroalgal food. These urchins continued to graze back and control the amount of macroalgae on the reef. Then, beginning in 1983, a sea urchin disease spread rapidly through the Caribbean and killed almost all *Diadema* throughout the region within a couple of years. Now that virtually all coral reef herbivores were absent, macroalgae flourished and quickly overgrew the corals. As a result, over the course of a decade, the coral reefs throughout most of the Caribbean were transformed from coral-dominated structures to drab seaweed-dominated systems lacking the colour, diversity, and complexity of a healthy coral reef. Once fleshy macroalgae become established on a coral reef, the regrowth of corals is severely disrupted. Thus, unfortunately, this massive collapse of the Caribbean coral reef ecosystem will persist indefinitely in the face of continued overfishing, compounded by other stresses. Coral reefs around the world are subject to similar overfishing pressures and transformations similar to those that took place in the Caribbean are now widespread.

Corals are particularly susceptible to any degradation of water quality arising from coastal development and land-use change. Sediment run-off from agricultural land, deforested areas, and from earthworks during coastal development decreases water clarity and coats corals with sediment, reducing the amount of light the corals receive, and smothering the polyps. Even very small increases in nutrient concentrations can stress corals by stimulating elevated levels of phytoplankton, which reduce water clarity and light penetration. Increased nutrients also encourage the growth of coral-smothering macroalgae. Untreated sewage discharge is thus an obvious threat; so too are nutrients in agricultural run-off.

Run-off from agricultural land is affecting the resilience of parts of the Great Barrier Reef. Sediment, nutrients, and herbicides drain into the Great Barrier Reef system from a huge catchment area of about 424,000 square kilometres. Cattle grazing takes place throughout much of this catchment and sugar cane is grown on other parts of the catchment, particularly adjacent to waterways on fertile coastal floodplains. It is estimated that sediment run-off is now 5 to 9 times greater and the impact of nutrient-enriched water 10 to 20 times greater than when the catchment was undeveloped prior to 1850.

It is difficult to assess the overall effects of this run-off on the Great Barrier Reef because there is no information on what the reef was like prior to the development of the catchment. It is very likely, though, that reefs within about 10 kilometres of the coast are now at risk from nutrient enrichment and that reefs further offshore are being affected in ways that will soon reduce their resilience to other stressors. In response, efforts are under way to implement new land management practices that will reduce the pollutants in run-off, such as more efficient use of fertilizers, limiting the use of herbicides, and re-establishing riparian vegetation along the edges of rivers and streams to help filter out sediments and nutrients.

Coral reefs globally have only been seriously studied since the 1970s, which in most cases was well after human impacts had commenced. This makes it difficult to define what constitutes a 'natural' and healthy coral reef system, as would have existed prior to extensive human effects. Coral reef biologists have attempted to obtain a clearer picture of what an un-impacted coral reef system is like, and in so doing reset our biased 'baseline', by studying reefs on uninhabited atolls in the remote Line Islands, which are situated in the central Pacific Ocean 1,600 kilometres south of Hawaii. They then compared what they found on the uninhabited atolls with increasingly populated atolls in the same chain of islands which have been subjected to various levels of fishing pressure and pollution.

They found that the coral reefs on the uninhabited atolls are dominated by large numbers of top predators comprising large fish such as sharks, jacks, red snappers, and groupers; live corals cover nearly 100 per cent of the bottom, and macroalgae are virtually absent. On these reefs an extraordinary 85 per cent of the fish biomass consists of large predators, about three-quarters of which are sharks. This highly 'top heavy' biomass of predatory fish is sustained by a rapid turnover of quickly reproducing and growing prey fish such as butterfly fish, parrotfish, and damselfish. Coral reefs on the populated atolls are quite different. Here predatory fish are rare, and the reefs are dominated by large numbers of small, aquarium-sized herbivorous fish—the 'bottom heavy' pattern of fish biomass that we have come to think of as characteristic of coral reefs. These reefs have much lower levels of coral cover and much larger amounts of macroalgae. Thus, these few remnant coral reef systems on remote uninhabited atolls provide us with a glimpse of what most coral reefs looked like hundreds of years ago prior to widespread human influence.

Global-scale human impacts on coral reefs

The human threats to coral reefs discussed thus far are local or regional in scale. The ultimate peril to coral reefs is global in scale—ocean warming and acidification resulting from the human-induced climate crisis.

Corals are very sensitive to sea temperature, and small increases above normal summer maximum temperatures result in stress. Temperature-stressed corals undergo 'bleaching', in which they expel the zooxanthellae from their tissues. Without the zooxanthellae, the coral tissues become transparent and reveal the white limestone skeleton beneath. If temperature stress is of moderate and short duration, corals can reacquire their zooxanthellae and survive, although they may be more susceptible to other stresses, such as disease. Highly temperature-stressed corals are not able to reacquire zooxanthellae quickly enough and without them they die.

Occasional, small-scale episodes of coral bleaching are a natural phenomenon on coral reefs. Starting in 1980, though, global coral bleaching events have been occurring with rapidly increasing frequency and intensity as a result of ocean warming caused by increases in the concentration of carbon dioxide in the Earth's atmosphere (see Figure 27). Since the 1980 event, global scale bleaching has occurred in 1998, 2010, and 2015–17. The last event—the first yearly 'back to back' event, and the longest, most extensive, and most damaging global bleaching event to date—affected every major coral reef region on the planet. Its impact on the Great Barrier Reef was catastrophic, with 49 per cent of all the corals on a 1,600 km stretch of the reef dying. In the past, coral reefs have had time to regain some coral cover prior to another bleaching event. However, modelling of future ocean surface temperatures, combined with knowledge of coral physiology, shows that by about 2050 severe global coral bleaching will be occurring annually, with reefs in some regions experiencing this by the mid-2030s. We are thus now, unfortunately, entering a period in which the frequency of bleaching events is outpacing the capacity of coral reefs to recover.

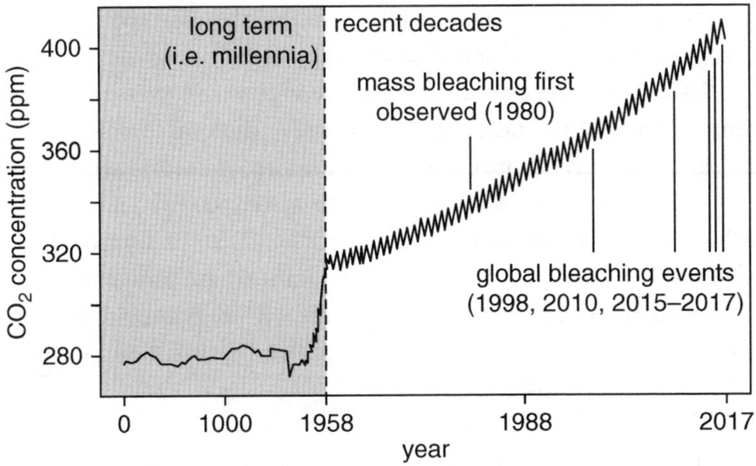

27. Changes in the concentration of carbon dioxide (CO_2) in the Earth's atmosphere over the previous two millennia in relation to the timing of global coral bleaching events. The grey panel shows the long-term trend in CO_2 concentration while the white panel shows the trend over recent decades.

The increasing concentrations of carbon dioxide in the atmosphere are not only causing ocean warming but, as discussed in Chapter 1, are also making seawater more acidic. Ocean acidification makes it more difficult for corals to manufacture their calcium carbonate skeletons. The corals thus must expend more energy to produce their skeletons, which slows their growth and causes stress, making them more susceptible to other stresses such as temperature and disease. Continued acidification will eventually cause corals to stop growing altogether and, at some point, cause their skeletons to slowly dissolve. At current rates of acidification, this will occur around 2080 at which time the skeletons of most corals will start to dissolve faster than they can be built.

The future of coral reefs

In the face of such a variety of human-related regional and planet-wide impacts, the health of coral reef ecosystems is deteriorating rapidly, and the future is very bleak. Coral dominated ecosystems will disappear entirely from the planet in the next fifty years if the greenhouse gas emission reduction goals of the 2015 Paris Agreement—to keep the increase in average global temperature to well below 2°C above pre-industrial levels—are not met. At current rates of global emissions, the world will soon pass the point at which this goal can be achieved. Even if it is achieved, 70–90 per cent of the planet's corals will disappear by about 2050. We are thus, sadly, at the point where soon coral reefs will become legendary ecosystems with only movies and computer-generated simulations to remind future generations of what has been lost.

Fortunately, passionate coral biologists, philanthropists, and NGOs are now working together to develop long-term contingency plans to conserve at least some coral reef ecosystems in a relatively natural state and, perhaps, to re-establish them at some future time. Several complementary strategies are emerging which, taken together, provide a glimmer of hope for the future of coral reefs.

One important initiative is to establish a global portfolio of reef ecosystems that, on account of their geographic location, are most likely to be least affected by the impacts of climate change, including ocean warming and enhanced storms, and which are also best able to repopulate neighbouring regions through dispersal of their planula larvae when, hopefully, the climate has stabilized. This research has now been completed with fifty regions identified that harbour coral reefs that have a relatively good chance of surviving the worst impacts of climate change. These regions include sites in the Philippines, Borneo, Indonesia, the Great Barrier Reef, French Polynesia, East Africa, the Red Sea, and the Caribbean. The next step is to develop and implement management plans that will protect the coral reefs at these sites from local impacts, such as overfishing and pollution, to enhance their resilience to the stresses of climate change.

Another initiative is to identify coral reef 'oases' around the planet where small patches of coral appear to be surviving, and even thriving, against the worst effects of climate change and local impacts, including bleaching, storms, and crown-of-thorns outbreaks. Many such oases have so far been identified in the Pacific and Caribbean. In some instances, the oases appear to have so far escaped the worst impacts on account of their location, for example, away from major storm tracks, in deeper water less affected by storms, or experiencing low levels of pollution. In other cases, the corals appear to have biological traits that have adapted them to better resist the effects of high ocean temperatures, or the oases systems have ecological characteristics, such as adequate numbers of herbivores, that allow them to recover more quickly from bleaching events or crown-of-thorns damage. These small oases are helping identify areas that can be prioritized for conservation and may, in future, act as sites from which to repopulate neighbouring regions, either through passive larval dispersal or by actively outplanting corals with favourable characteristics to other sites.

Many coral reef scientists and managers now believe that such measures alone will not be enough to preserve and restore coral reefs and the ecological services they provide for future generations. They argue that more active interventions involving new approaches and technologies are urgently required. One suggested approach involves 'assisted gene flow' in which corals already resistant to higher ocean temperatures are relocated to reefs in cooler waters where they will have a better chance of survival as ocean temperatures increase there. This could involve, for example, transferring heat adapted corals from the northern Great Barrier Reef to cooler reefs in the southern Great Barrier Reef. Another approach, termed 'assisted evolution', is being developed by some research groups. One example of assisted evolution is to develop strains of coral species that are adapted to higher temperatures using selective breeding techniques. These thermally tolerant corals could then be farmed and outplanted to restore reefs. It has also been proposed that modern gene editing techniques, such as the use of CRISPR-Cas9, should be used to speed up assisted evolution to engineer superior strains of corals, and such techniques are already being trialled.

Although the widespread adoption of such radical technologies may help to preserve and restore coral reefs in 'high value' locations it would seem unlikely that they could cost-effectively be used to resurrect vast areas of reef ecosystems to their historical pre-disturbance state. In this case, artificial 'engineered' reef habitats may need to be developed that replicate some of the ecosystem services provided by natural reefs such as habitat for fisheries and coastal protection. Clearly, coral reef biology is, out of necessity, on the cusp of a new era focused on developing new approaches for protecting and restoring coral reef ecosystems and preserving at least some of their beauty and ecosystem services in the face of rapid climate change.

Mangroves

Mangrove is a collective term applied to a diverse group of trees and shrubs that colonize protected muddy intertidal areas in tropical and subtropical regions, creating mangrove forests, or mangals.

Two of the most common species of mangrove trees are the red mangrove, *Rhizophora mangle*, and the black mangrove, *Avicennia germinans*. The red mangrove can be distinguished by its characteristic tangle of prop roots that help support the tree in soft sediment. The black mangrove has a more typical tree-like trunk surrounded by a mass of peg-like structures, called pneumatophores (see Figure 28), which arise from a system of roots buried in the sediment and radiating out from the trunk.

Mangroves inhabit a very harsh environment consisting of sediments saturated with seawater and full of decaying matter,

28. Black mangrove tree, *Avicennia germinans*, St Thomas, US Virgin Islands, showing an extensive system of pneumatophores (P).

which makes them anaerobic, or lacking in oxygen. To deal with the lack of oxygen, mangrove trees have evolved root systems that are adept at extracting oxygen from the air or from the seawater when they are submerged. The prop roots of the red mangrove are covered with small nodular structures called lenticels through which oxygen is supplied to the underground root system. The peg-like pneumatophores of the black mangrove, which are also covered with lenticels, act like snorkels, drawing oxygen from the air or surrounding seawater (see Figure 28).

Mangrove trees have also adapted to growing in salty sediments. They deal with excess salt in several ways. Mangrove tree roots and stems have special tissues which act as a barrier to reduce the amount of salt that enters the plant. Nonetheless, some salt does penetrate the plant, which can tolerate salt concentrations in its sap that are ten to a hundred times greater than is found in normal plants. In addition, the leaves of the black mangrove possess special glands that concentrate and excrete excess salt. The salt crystals collect on the under surface of the leaves and are washed off during rain. Mangroves also concentrate salt in old leaves, bark, flowers, and fruit, which take away the salt when they drop off the tree.

Mangrove trees produce flowers pollinated by the wind or by bees. The flowers produce seeds which germinate into seedlings which grow into young trees with distinctive cigar-shaped stems while still on the tree. These young trees, or propagules, are ready to produce roots as soon as they fall from the parent tree and encounter a suitable habitat. The propagules are buoyant and can survive in seawater and can drift with the currents for more than a year. Once stranded on a suitable shore they quickly take root and grow.

Mangroves form a complex and productive habitat. Few organisms, except for a few crabs, can graze directly on the mangrove leaves. But mangroves are constantly dropping off dead leaves and branches, which are broken down by bacteria and fungi, and form the basis of a productive food web. Crabs and shrimps and other organisms graze on this detrital material and are then eaten by fish, turtles, and shorebirds.

Mangroves are of great importance from a human perspective. The sheltered waters of a mangrove forest provide an important nursery habitat for many species of juvenile coral reef fishes and for crabs and shrimp. Many commercial fisheries depend on the existence of healthy mangrove forests, including blue crab, shrimp, spiny lobster, and mullet fisheries. Mangrove forests also stabilize the foreshore and protect the adjacent land from erosion, particularly from the effects of large storms and tsunamis. For example, studies have shown that the area of flooding in south-western Florida caused by Hurricane Wilma in 2005 would have extended 70 per cent further inland if not for the protection provided by a zone of coastal mangroves. Mangroves also act as biological filters by removing excess nutrients and trapping sediment from land run-off before it enters the coastal environment, thereby protecting other habitats such as seagrass meadows and coral reefs.

Large-scale destruction of mangroves occurs naturally as a result of hurricanes, typhoons, and cyclones which uproot trees, or smother the roots with excess sediment. Mangroves can generally recover from such events in two or three decades. Unfortunately, most of the destruction of mangroves is now brought about by human activity. Mangrove trees are heavily harvested by humans for timber, firewood, and to produce charcoal. They are also routinely cleared to make way for coastal development. Furthermore, mangroves are frequently converted into agricultural land, for example for rice farming, and into large ponds for the culture of shrimp and fish and to produce salt.

As a result of this heavy human pressure, mangrove forests are disappearing rapidly. In a twenty-year period between 1980 and 2000 the area of mangrove forest globally declined from around

20 million hectares to below 15 million hectares and mangroves currently occupy just over 8 million hectares. In some specific regions the rate of mangrove loss has been truly alarming. For example, Puerto Rico lost about 89 per cent of its mangrove forests between 1930 and 1985, while the southern part of India lost about 96 per cent of its mangroves between 1911 and 1989. Concerted conservation and management efforts are required at community and local and national government levels to stem the pace of mangrove destruction in the face of a rapidly growing human population. As much as possible, existing stands of healthy mangroves need outright protection. Additionally, policies and strategies need to be developed and implemented to begin to regenerate degraded mangrove habitats in critical areas to restore their ecosystem services.

Chapter 6
Deep-ocean biology

There is no single definition of the deep ocean. Traditionally, the 200-metre depth was used to define the boundary between 'shallow' and 'deep' ocean, but other schemes have used 800, 1,000, or even 2,000 metres as the boundary. Here we will follow the current definition of the World Register of Deep-Sea Species (WoRDSS) that defines the deep ocean as the water column and ocean bottom greater than 500 metres, which is the depth at which seasonal variation in temperature and salinity and the influence of sunlight is minimal. This habitat encompasses roughly 90 per cent of the ocean's volume yet this vast region is the least investigated and understood environment on the planet. To put this into perspective, oceanographers have so far mapped about 10 to 15 per cent of the bottom of the Global Ocean at approximately 100-metre resolution, while astronomers have mapped practically the entire surface of Venus, Mars, and the moon at similar resolution, and much of Mars at about 20-metre resolution, and much of the moon at about 7-metre resolution. We therefore know more about the geography of objects in our solar system than we do about the largest habitat on our planet. Furthermore, at present only about 0.05 per cent of Earth's ocean floor has been mapped to the detail that allows us to detect features a few metres in size. Even less of the ocean floor has been observed from a crewed submersible or by remote operated vehicle. By comparison, 12 people have spent a total of 300 hours on the surface of the moon, whereas 8 people have spent less than 19 hours exploring the Challenger Deep, the deepest part of the Global Ocean.

The physical environment of the deep ocean

The deep ocean, except near its upper boundary, is devoid of sunlight, the last remnants of which cannot penetrate much beyond 200 metres in most parts of the Global Ocean, and no further than 800 metres or so in even the clearest oceanic waters.

Extreme pressure is another defining characteristic of the deep ocean. Seawater is a heavy substance and a column of seawater 10 kilometres high—typical of the deeper parts of the Global Ocean—exerts a pressure of 10,000 tonnes per square metre, which is about the weight of fifty-five jumbo jets.

Except in a few very isolated places, the deep ocean is a permanently cold environment, with sea temperatures generally ranging from about 2°C to 4°C. Since the deep ocean is mostly below the oxygen minimum zone, usually present at depths from about 200 to 1,000 metres, dissolved oxygen concentrations are generally more than adequate to support life.

Food is scarce in the deep ocean. Since there is no sunlight, there is no primary production of organic matter by photosynthesis. The base of the food chain in the deep ocean consists mostly of a shower of 'marine snow'—particulate organic matter (POM) sinking slowly through the water column from the sunlit surface waters of the ocean. This is supplemented by the bodies of large fish and marine mammals that sink more rapidly to the bottom following death, and which provide sporadic feasts for deep-ocean bottom dwellers.

The picture of the deep ocean that thus emerges is one of a cold, dark, extremely pressurized and food-limited habitat—a very harsh and extreme environment from a human perspective. And yet, this immense habitat possesses a great diversity of marine life beautifully specialized for living under such conditions.

Adaptations of deep-ocean animals

In the pelagic environment of the deep ocean, animals must be able to keep themselves within an appropriate depth range without wasting energy in their food-poor environment. This is often achieved by reducing the overall density of the animal to that of seawater so that it is neutrally buoyant. Thus, the tissues and bones of deep-ocean fish are often soft and watery. The deep-ocean pelagic environment is also dominated by gelatinous animals such as jellyfish, siphonophores, ctenophores, and salps whose body density is close to that of seawater.

Since food is scarce for deep-ocean fish, full advantage must be taken of every meal encountered. Compared to fish in the shallow ocean, many deep-ocean fish have very large mouths capable of opening very wide, and often equipped with numerous long, sharp, inward-pointing teeth. Good examples include the gulper eel, anglerfish, loosejaw, and black swallower (see Figure 29(a)). These fish can capture and swallow whole prey larger than themselves so as not to pass up a rare meal simply because of its size. These fish also have greatly extensible stomachs to accommodate such meals.

Although no sunlight penetrates the deep ocean, it sparkles with another kind of light that is of biological origin—the glow and flashes of bioluminescence. This is created by a chemical reaction in specialized organs called photophores present in the bodies of many deep-ocean animals including fish, octopuses, squid, jellyfish, worms, crustaceans, and sea stars. The animals generally produce the light themselves, although in some cases they have evolved a symbiotic relationship with bioluminescent bacteria which produce the light.

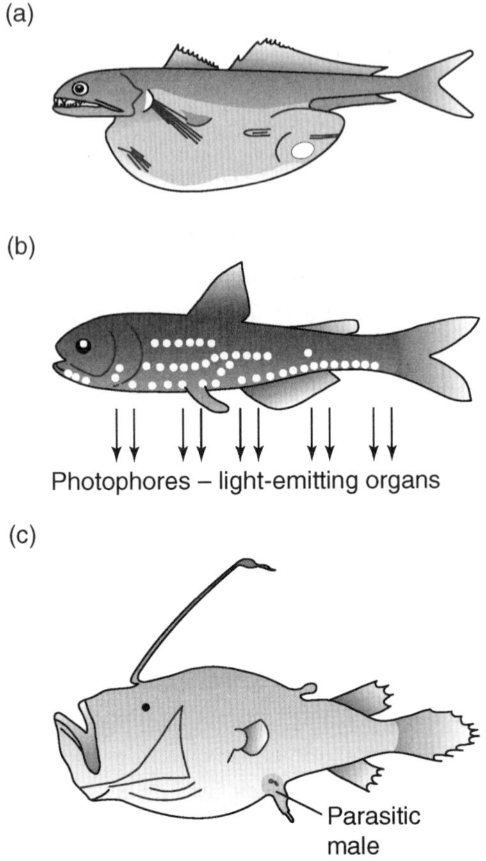

29. Examples of deep-ocean fish: (a) Black swallower with an engulfed prey fish; (b) Lanternfish showing photophores along the side and belly; (c) Anglerfish with attached parasitic male.

Bioluminescence is a major adaptation in the deep ocean and has evolved separately in many different animal groups to serve vital functions such as mating, finding food, and avoiding predators. For example, lanternfish possess rows of photophores along their belly and sides which emit blue, green, or yellow light (see Figure 29(b)). These are arranged in a pattern specific to each species of lanternfish and, in some species, the pattern differs between males and females. Their large eyes allow these fish to detect the light being emitted by other members of the same species which is used for communication and identifying a mate in the vastness of the deep ocean.

Some deep-ocean fish use bioluminescence to attract scarce prey. Anglerfish possess a long, flexible tentacle—a kind of fishing pole—that extends upwards between the eyes, at the end of which is a luminescent organ called the 'esca' (see Figure 29(c)). The esca is wiggled to resemble a small fish which acts as a lure to attract prey fish close enough to be engulfed whole. Contact with the esca automatically triggers the jaws to respond in trapdoor fashion. Variations on this theme are common in deep-ocean fish, many of which have light-emitting appendages located near their jaws which act as lures.

Many deep-ocean animals use bioluminescence to defend themselves against predators. For example, when the vampire squid is approached by a predatory fish it produces an array of flashes that startle the predator. If attacked further, it will release a fluid loaded with luminescent particles that envelopes the predator and helps the vampire squid to escape.

Finding a mate in the vastness of the deep ocean is a challenge. Anglerfish have solved this problem through an unusual adaptation—the males of most species have been reduced to a tiny parasitic form that attaches itself permanently to the much larger females (see Figure 29(c)). His mouth fuses to her body and his blood vessels merge with hers. Thus, a male is always present to fertilize the eggs of the female, eliminating the need for the female to find a male at breeding time. Of course, the dwarf male will have to locate a female in the first instance, presumably by smell or by being attracted to the bioluminescent esca, but once attached, the problem of finding a mate is solved.

Not surprisingly, deep-ocean animals have evolved adaptations for life in a highly pressurized environment. These high pressures not only impact on them structurally, but also have profound effects on their physiology and biochemistry. High pressure affects the physiology of cell membranes by compressing them, expelling fluid, and making them more rigid, and thus less capable of channelling nutrients and wastes in and out of the cell. Deep-ocean organisms have developed biochemical adaptations to maintain the functionality of their cell membranes under pressure, including adjusting the kinds of lipid molecules present in membranes to retain membrane fluidity under high pressure. High pressures also affect protein molecules, often preventing them from folding up into the correct shapes for them to function as efficient metabolic enzymes. In response, deep-ocean animals have evolved pressure-resistant variants of common enzymes that mitigate this problem.

Mass migrations from the ocean depths

An extraordinary behaviour is exhibited by masses of many kinds of deep-ocean animals—a daily vertical journey from the depths into shallower water, perhaps the planet's largest animal migration. As sunset sweeps across the oceans, vast numbers of marine animals including copepods, shrimp, jellyfish, squid, salps, and fish swim up from depths of 1,000 metres or more towards the surface. Some 5 billion tonnes of animals are estimated to move towards the surface each night, including huge numbers of lanternfish, one of the most abundant mid-water fish in the oceans. At sunrise, this aggregation of pelagic animals sinks back down into the depths again. The mass of migrating animals is so dense that it reflects the sound waves from ships' sonar systems, showing up as a distinct mid-water 'false bottom' called the Deep Scattering Layer (DSL). The daily variation in light level seems to be the important cue for maintaining the migration, although vertical migration also occurs under the Arctic ice during the constant darkness of winter. An internal biological clock must therefore also be involved.

The participants in this mass migration must derive some considerable benefit from undertaking this huge journey every day. The most accepted explanation at this time is that the zooplankton, such as copepods, are migrating to the surface to feed on phytoplankton at night; presumably, the copepods are less visible in the dark to visual predators such as fish, which are more abundant in shallower water. They then leave the photic zone during the day to avoid being seen. The lanternfish and other small consumers are presumably undergoing the migration to also avoid predators and to follow their zooplankton food. The migration may also confer an energetic advantage on some of the participants because they are spending the day in deeper, colder water where metabolic rates are lower and they can conserve energy while digesting their night-time meal.

Energy flow in the deep ocean

Almost all food for deep-ocean organisms comes from primary production in the photic zone. This food is in the form of dead organic material that sinks from the ocean surface as marine snow. This consists of small sticky clumps, or aggregates, of organic particles that include phytoplankton cells, dead zooplankton, and the faecal pellets produced by zooplankton. These aggregates sink slowly through the water column at a rate of about 100 to 200 metres per day. It thus takes in the order of weeks for them to reach the deep-ocean floor. Along the way, the nutritional value in the aggregates is being extracted by bacteria in the water column; thus, the deeper they sink, the more they become depleted of nutritious substances. When this organic material finally reaches the ocean floor, what food energy remains can be used by benthic animals. Some are suspension feeders—equipped to filter organic particles suspended in the layer of seawater just above the bottom. Others are deposit feeders—able to consume organic materials that have accumulated on or in the surface sediments. Predatory benthic

(a)

(b)

(c)

invertebrates feed on these particle feeders and bottom-dwelling demersal fish forage on the benthic fauna.

Because organic material accumulates on the bottom over very long periods, the deep-ocean sediments contain a considerable amount of organic matter in the form of DOM and POM which form the basis of a microbial food web, with abundant bacteria and archaea using this material as a food source. The sediments also contain extraordinary numbers of viruses—about 1 billion per gram of sediment. These create a viral loop by infecting the bacteria and archaea which release DOM and POM back into the sediments and water column when they die. It appears that much of this energy is rapidly recycled within the viral loop and not much is available for larger organisms such as protists and larger zooplankton.

Diversity of deep-ocean benthic animals

The deep-ocean bottom was once considered to be a biological desert, but as more high-quality samples were obtained in the 1960s and more observations made from submersibles and through the cameras of remote-operated vehicles, it became clear that a spectacular diversity of animals inhabit the deep-ocean floor. These include many different species of suspension-feeding invertebrates such as sponges, sea lilies, sea pens, sea anemones, sea fans, and fan worms; deposit-feeding animals such as worms, sea cucumbers, brittle stars, sea urchins, and clams; and predators such as sea urchins, sea stars, sea anemones, amphipods, and octopuses (see Figure 30).

---

30. Deep-ocean benthic diversity: (a) Sea cucumber at 2,660 metres depth. Note mouth (M) surrounded by a ring of feeding tentacles that pick-up food particles from the sediments; (b) Anemone-like animal clinging to a sponge stalk at approximately 4,000 metres depth; tentacles can be up to two metres long; (c) Octopus dubbed 'Casper' at 4,000 metres depth.

Hydrothermal vent and cold seep communities

The idea that all food in the deep ocean is derived from the surface is not strictly true. There are some very remarkable spots on the deep-ocean floor where food is created in place. This is a form of primary production that is not driven by the energy in sunlight but by the energy present in chemical compounds. Submarine hydrothermal vents represent one example of deep-ocean life driven by chemical energy.

Hydrothermal vents were discovered from the deep-diving submersible *Alvin* in 1977 on an ocean ridge near the Galapagos Islands at around 2,700 metres. Since then many other hydrothermal vents have been found throughout the Global Ocean, mostly on ocean ridges, and it has been estimated that many thousands of vents are active at any one time on the ocean floor.

Hydrothermal vents are created when seawater seeps deep down into the ocean floor where it reacts with hot rock to form a superheated fluid laden with chemicals. This fluid is ejected at high pressure back into the ocean through fissures as a hot water geyser. Generally, several geysers are clustered together to form vent fields that range from pool table to tennis court size.

Typically, hydrothermal vents eject black-coloured fluid through chimney-like structures that can be tens of metres in height (see Figure 31). The vent fluid from these 'black smokers' is highly acidic and darkened by tiny suspended sulphur-containing mineral particles that precipitate out of the vent fluid as it mixes with the surrounding cold seawater. The vent fluid from black smokers can exceed 400°C when it first exits the ocean floor. Other hydrothermal vent systems, called 'white smokers', form white chimneys formed of calcium carbonate that can be 60 metres tall and eject a highly alkaline lighter-coloured fluid at lower temperatures containing large quantities of hydrogen gas and methane.

31. A mass of tube worms (left of the picture) bask in warm seawater near a black smoker spewing 400°C fluid at a depth of 2,250 metres.

Many kinds of bacteria and archaea thrive near hydrothermal vents. They use chemical compounds present in vent fluids, including hydrogen sulphide, hydrogen, and methane, as an energy source to produce organic compounds such as glucose. The details of some of the many different chemosynthetic processes used by bacteria and archaea associated with hydrothermal vents are yet to be fully worked out. One widely used process, however, involves the breakdown of hydrogen sulphide (H_2S) to create energy to produce organic compounds from carbon dioxide that they absorb from the seawater. The process can be summarized with the following equation:

$$6O_2 + 6H_2S + 6CO_2 + 6H_2O \rightarrow \underset{\text{organic compounds}}{C_6H_{12}O_6} + \underset{\text{sulphuric acid}}{6H_2SO_4}$$

This form of chemosynthesis requires oxygen to drive the process and is therefore known as aerobic chemosynthesis. It is ultimately linked to sunlight because photosynthesis is the source of oxygen on the planet. On the other hand, chemosynthetic microorganisms that use hydrogen or methane from white smokers as an energy source do not require oxygen, a process termed anaerobic chemosynthesis. Furthermore, the hydrogen and methane that they use for energy can be generated by purely geochemical processes taking place beneath the ocean floor. Thus, this form of chemosynthetic primary production supports an intriguing and what might seem a rather alien form of life that has no link to the sun and light-driven photosynthesis.

The chemosynthetic bacteria and archaea associated with vents support an astonishing animal community that includes giant clams, giant mussels, and various species of crabs, limpets, sea anemones, worms, shrimp, amphipods, stalked barnacles, octopuses, and fish. Most of the species found at vents were previously unknown before the vents were discovered and are found only at vent systems.

Some of the bacteria and archaea are free living, suspended in the vent plume or forming mats on the rocky bottom adjacent to the vent. Some vent-associated animals, such as clams and mussels, filter these microorganisms from the seawater while others, such as limpets, graze on the microbial mats. Most vent animals do not, however, feed directly on these free-living microorganisms. Instead they have developed complex symbiotic relationships with chemosynthetic bacteria from which they derive their nutrition. A good example is the giant tube worm, *Riftia pachyptila*, which is abundant at many vent sites in the Pacific Ocean (see Figure 31). These peculiar worms live within white protective tubes up to two or more metres in length and have no trace of a digestive system as adults. They possess a bright red plume that can be extended out of their tube to absorb hydrogen sulphide and oxygen from their surroundings. These chemicals are then transported within the blood system of the worm to a specialized stomach-like structure called the trophosome that is filled with chemosynthetic bacteria that produce food for themselves and their tube worm host. Other vent species have evolved other kinds of symbiotic relationships with chemosynthetic bacteria. For instance, Yeti crabs, which are 15-centimetre-long crabs not discovered until 2005 on vents south of Easter Island, feed on chemosynthetic bacteria that they cultivate on their body. The giant clams and mussels at vents foster chemosynthetic bacteria in the tissues of their gills. The organic matter produced by the bacteria provides most of the food for the clams and mussels, and although they are capable of filter-feeding, they will die without the nutrition produced by their symbiotic partners.

Hydrothermal vents are unstable and ephemeral features of the deep ocean. Repeated observations of known vent systems show that the rate of flow and chemical composition of the vent fluids can vary over a period of months, and dead vents surrounded by the remains of vent communities have been observed. The lifespan of a typical vent is probably in the order of a decade up to a century. Since many vent animals can live only near vents, and the distance between vent systems can be hundreds or thousands of kilometres, it is a puzzle how vent animals escape a dying vent and colonize other distant vents or newly created ones. It is known that some vent animals grow very fast and can reach a large body size and sexual maturity before the vent dies. For example, the giant tube worm can grow as much as two metres in a year. On account of their large size, many vent animals can produce large numbers of planktonic larvae that slow-moving deep-ocean currents may disperse over long distances, allowing them to colonize other vent sites. In some species, the larvae may rise to the surface where they are dispersed more rapidly by surface currents before sinking back to the ocean floor where they may encounter a suitable vent site to colonize.

Hydrothermal vents are not the only source of chemical-laden fluids supporting unique chemosynthetic-based communities in the deep ocean. Hydrogen sulphide and methane also ooze from the ocean bottom at many locations at similar temperatures to the surrounding seawater. Since 1983 many such 'cold seeps' have been discovered scattered along the continental margins of all the world's oceans at depths from the intertidal to over 7,600 metres. The communities associated with cold seeps are much like hydrothermal vent communities, with many of the animals having a close relationship with chemosynthetic bacteria. Clams, mussels, sponges, and crabs can be very abundant, along with dense thickets of tube worms. Cold seeps appear to be more permanent sources of fluid compared to the ephemeral nature of hot water vents. Thus, in contrast to hydrothermal vent communities, cold seep communities can possess slow-growing, long-lived species. For example, some tube worms associated with cold seeps are estimated to be 250 or more years old.

Whale falls and other deep-ocean food riches

Although the deep ocean is one of the most food-limited environments on the planet, large packets of food do arrive on the bottom and create a localized nutritional oasis for a host of deep-ocean animals. The bodies of large marine animals that sink rapidly in an intact condition are the source of such food bonanzas.

'Whale falls', the carcasses of dead whales on the deep-ocean floor (see Figure 32), have been observed from submersibles and using side-scan sonar devices. It was once assumed that whale falls were rare events in the deep ocean but there is growing evidence that such feasts occur more frequently than thought. It has been estimated that at any one time there are hundreds of thousands of whale carcasses on the bottom of the Global Ocean in various stages of decomposition, each providing the nutritional value of roughly 2,000 years of marine snow accumulating at the site of the carcass. The average distance between whale falls on the ocean floor has been calculated to be about 12 kilometres and perhaps much less than this beneath the migration routes and breeding and feeding grounds of the more abundant whale

32. Remains of a whale fall in Monterey Canyon off the coast of California. This photo was obtained by MBARI researchers Robert Vrijenhoek and Shana Goffredi during a February 2002 dive using MBARI's remotely operated vehicle, *Tiburon*. The (red) 'fuzz' on the whale bones represents thousands of deep-ocean worms feeding on the fats and oils in the bones.

species. It is quite likely that whale falls were much more common on the deep-ocean floor prior to the great reduction in whale numbers resulting from human harvesting in the 1800 to 1960s period.

When these large 30–160-tonne corpses first arrive on the ocean floor they are located by smell within days by large aggregations of mobile scavengers such as hagfish, rattails, sharks, crabs, and amphipods which relentlessly remove much of the fleshy material over the course of months to a year, depending on the size of the whale. The whale bones, and also the sediments around the whale carcass, which have been enriched with material derived from decomposing flesh, are then colonized by huge numbers of worms, crustaceans, and other invertebrates that over the next couple of years consume the fats and oils present in the bones and sediments. These include specialized worms, called boneworms, which extend root-like structures into the whale bones. These 'roots' contain bacteria that help digest the fats and transfer the nutrients to the worms. In the final stage, which lasts for decades, chemosynthetic bacteria, and animals hosting such bacteria, such as clams and mussels, use hydrogen sulphide oozing from the decaying organic matter in the bones and sediments as an energy source. Interestingly, many of the animal species colonizing the final stage of whale fall decomposition are also found associated with hydrothermal vents and cold seeps. It is thus possible that the many whale falls scattered on the ocean floor act as shorter distance 'stepping stones' allowing these species to disperse more easily by means of their planktonic larval stages across the larger distances separating hydrothermal vent and cold seep communities.

Seamounts—unique deep-ocean ecosystems

Seamounts are sites of significant biological activity in the deep ocean. They rise abruptly from the ocean floor and their peaks can be thousands of metres beneath the ocean surface. In contrast to the surrounding flat, soft-bottomed abyssal plains, seamounts provide a complex rocky platform that supports an abundance of organisms that are distinct from the surrounding deep-ocean benthos.

The summit and flanks of seamounts are frequently dominated by a dense thicket-like community comprising cold-water stony corals, soft corals, sea fans, black corals, and sponges (see Figure 33). Unlike shallow-water, reef-building corals of the tropics, which obtain much of their food from their photosynthetic zooxanthellae, deep-ocean stony corals lack zooxanthellae and rely solely on filtering zooplankton and suspended organic particles from the seawater. These stony corals grow very slowly and can be several hundred years old. Other types of corals associated with seamounts also show extreme longevity, with life spans of thousands of years. For example, a type of black coral, *Leiopathes*, sampled from a seamount in the Pacific Ocean, was shown using radiocarbon dating to be about 4,200 years old, making it among the world's longest-living colonial animals. These coral-dominated thickets create habitat for a host of other animals such as feather stars, sea lilies, brittle stars, sea stars, sea cucumbers, barnacles, sea squirts, worms, shrimp, and dense aggregations of fish.

33. Feather stars and soft corals living at a depth of about 1,200 metres on Davidson Seamount off the coast of California. This photo was obtained using MBARI's remotely operated vehicle, *Tiburon*, during expeditions funded by the National Oceanic and Atmospheric Administration's Office of Exploration and the David and Lucile Packard Foundation (through MBARI).

The high productivity of seamount communities is driven by several factors which vary with the depth of the seamount and the patterns of ocean circulation in its vicinity. Seamounts with peaks relatively close to the surface can obstruct the downward-migrating Deep Scattering Layer, trapping and concentrating large numbers of zooplankton each night. These provide a source of food for abundant suspension feeders and plankton-eating fish. Seamounts can also interact with and modify the horizontal currents flowing past them. This can result in the creation of 'Taylor columns', or vortices of rotating seawater that are retained over the summit of the seamount. These can further serve to retain and concentrate zooplankton around the summit and flanks of the seamount.

Seamounts support a great diversity of fish species, with around 800 species recorded living around seamounts. In the 1960s, deep-ocean fishing vessels looking for new stocks of fish began to trawl seamounts and discovered large aggregations of commercially important species. This triggered the creation of new deep-ocean fisheries focused on seamounts. Bottom trawls are towed from the summit down the flanks of seamounts to capture the fish. Commercial fish species that are targeted include orange roughy, oreos, alfonsino, grenadiers, and toothfish. These fish are not generally permanent residents of seamounts but aggregate at seamounts at certain times of the year to spawn, to feed on squid and small fish, or simply to rest. They are very slow-growing and long-lived and mature at a late age, and thus have a low reproductive potential. A good example of this is the orange roughy, which is known to live for more than 120 years and reaches maturity at around 30 years of age, with the females producing relatively small numbers of eggs. Such a life history is typical of many deep-ocean fish species.

Seamount fisheries have often been described as mining operations rather than sustainable fisheries. Fisheries typically collapse within a few years of the start of fishing and the trawlers then move on to other unexploited seamounts to maintain the fishery. The recovery of localized fisheries will inevitably be very slow because of the low reproductive potential of these deep-ocean fish species.

The destruction of fish stocks is not the only concern associated with seamount fishing. The trawling of seamounts causes extensive damage to the fragile coral communities, with the trawls bringing up not only fish, but large numbers of stony corals, black corals, and other benthic animals associated with the corals. The intensity of trawling on seamounts can be very high, with many hundreds to thousands of trawls often carried out on the same seamount. Tens of tons of coral can be brought up in a single trawl, and in one new seamount fishery it was estimated that almost one-third of the total catch consisted of coral bycatch. Comparisons of 'fished' and 'unfished' seamounts have clearly shown the extent of habitat damage and loss of species diversity brought about by trawl fishing, with the dense coral habitats reduced to rubble over much of the areas investigated.

Unfortunately, most seamounts exist in areas beyond national jurisdiction, which makes it very difficult to regulate fishing activities on them, although some efforts are under way to establish international treaties to better manage and protect seamount ecosystems. Not surprisingly, seamount-based fisheries are controversial. The New Zealand orange roughy fishery provides a good example of the history of seamount fisheries and current views regarding their sustainability. This fishery began in the late 1970s and expanded very rapidly, and by the 1980s annual catches had peaked at about 54,000 tonnes. By then it was clear that orange roughy stocks were much less productive than thought and that they were being severely overfished. The total allowable catch was reduced to 25,000 tonnes by the mid-1990s and to around 17,000 tonnes by 2000, and several stocks were completely closed to fishing. Many large food retailers banned the sale of orange roughy from their shelves and the fishery had basically collapsed. The New Zealand government together with the fishing industry then developed improved methods for estimating the productivity of orange roughy and some stocks have since begun to rebuild. Annual catches are now around 7,000 tonnes and the emphasis has switched to 'taking less and earning more'. In 2016 three orange roughy stocks achieved certification by the London-based Marine Stewardship Council (MSC) as sustainable based on the size of the stocks, the impacts of the fishery on the wider marine ecosystem, and the quality of fishery management. About two-thirds of the total fishery is now under certification. One condition was that fishing vessels must return to the same trawl tow sites each year to minimize seamount coral destruction, and the industry must develop a plan to increase understanding of fishing impacts on coral. Nevertheless, not all conservation groups agree with the MSC certification, including WWF and Greenpeace, arguing that it is still too early to call this fishery sustainable, and New Zealand Forest & Bird still list orange roughy as a 'don't eat' choice in their 2017 Best Fish Guide.

Chapter 7
Intertidal life

The intertidal region of the Global Ocean is a thin strip of shoreline lying between the high and low tide marks—it is completely submerged by seawater at the highest high tides and completely uncovered at the lowest low tides. The intertidal region is occupied almost exclusively by marine organisms that have adapted to live in a very stressful physical environment influenced by exposure to air, temperature extremes, wind, and the pounding of waves. Although this region represents just a small part of the Global Ocean, it is home to a diverse and interesting marine community that people can study and enjoy on a routine basis on account of its accessibility. It is also a place where people routinely harvest seafood, and it is prone to a wide range of human impacts, including overharvesting, oil spills, coastal development, and the footsteps of thousands of visitors.

Tides

The regular rise and fall of the tides are the dominant feature of the intertidal region. The driving force behind these tides is the gravitational pull of the moon and the sun on the fluid mass of the Global Ocean. Since the moon is much closer to the Earth than the sun, it has a greater effect in creating tides than the sun.

The moon causes the oceans on the side of the Earth closest to the moon to bulge out slightly. Another bulge in the oceans occurs on the opposite side of the Earth because, in simple terms, the Earth is also being pulled towards the moon and away from the water on this far side. The Earth continues to rotate beneath these two bulges and thus, in theory, any one point on the planet will pass beneath two bulges each day, which explains why tides on a shoreline often occur twice a day, roughly twelve hours apart.

The pull of the sun modulates the influence of the moon. When the Earth, moon, and sun are all roughly positioned in a straight line (each month at the full and new moon), the pull of the sun is added to that of the moon and thus the tides are highest around this time—these are the 'spring' tides. When the Earth, moon, and sun are at roughly right angles to each other (at the first and last quarters of the moon), the pull of the sun subtracts from that of the moon and the tides are lowest at around this time—'neap' tides.

In this way the moon and sun establish the basic rhythm and height of the tides on our planet. These are modified greatly by the continental land masses, which obviously interfere with the ocean bulges, and by the shape of the ocean basins and the peculiarities of the local shoreline. The result is that the moon and sun set up a kind of basin-scale tidal sloshing of the oceans that is modified regionally and locally to create different tidal patterns and heights at any one shoreline location. Thus, although most coastal locations have two low and two high tides per day of about the same height (termed semidiurnal tides), some have two high and two low tides of quite different heights each day (mixed semidiurnal tides), and a few places have only one high and one low tide per day (diurnal tides).

Adaptations of intertidal organisms

The tides have a profound impact on intertidal marine organisms, which are regularly submerged by the incoming tide and then exposed for varying periods of time to air, heat, cold, rain, and waves on the receding tide. Intertidal organisms have evolved various ways to deal with such stresses. For example, small marine snails, or periwinkles, which live in the rocky intertidal zone of the tropics, have various ways to avoid overheating when the tide is out. They have light-coloured shells to reduce heat absorption, little bumps on their shells that act like the cooling fins on a radiator, and they hang on to the rocks as much as possible with a mucous thread to avoid direct contact with the hot substratum. Mussels and barnacles living in the rocky intertidal avoid water loss and desiccation at low tide by tightly closing their shells and trapping enough water inside to survive until the next high tide. Crabs seek shelter in crevices or under moist mats of seaweed, or simply retreat down the shore with the receding tide. Some seaweeds living in the intertidal can tolerate extremes of dehydration, losing up to 90 per cent of the water in their tissues at low tide. Others secrete a gelatinous mucous covering that helps lock in water. Intertidal animals and plants living in cold climates must cope with extremes of temperature, sometimes tens of degrees below freezing, for periods of hours or days when exposed to the air. Some of these organisms produce antifreeze compounds that help prevent their tissues from freezing or are otherwise extremely tolerant to becoming frozen.

Intertidal organisms on exposed shorelines must also deal with the crushing and dragging forces of waves. Adult barnacles and oysters deal with these forces by cementing themselves permanently to rocks, while limpets, snails, and chitons hang on tightly with muscular foot-like attachment structures; adult mussels secure themselves to rocks by secreting strong, thread-like fibres called 'byssal threads'. Intertidal algae use holdfasts to attach to a hard surface and have flexible fronds that can bend and twist with the waves without damage.

Intertidal zonation

A classic feature of the intertidal region, particularly on rocky shores, is vertical zonation—the separation of intertidal life into

34. Typical pattern of intertidal zonation at low tide on a rocky shore in Washington State, USA.

prominent horizontal bands, often distinguished by different colours (see Figure 34).

The observed pattern of vertical zonation on rocky shores is quite similar from one region to another around the planet, which has led to a generally accepted 'universal' system for describing these zones. In this system the intertidal region is divided into four zones which, from highest to lowest on the shore, can be referred to as the splash zone, the high intertidal zone, the mid-intertidal zone, and the low intertidal zone (see Figures 34 and 35).

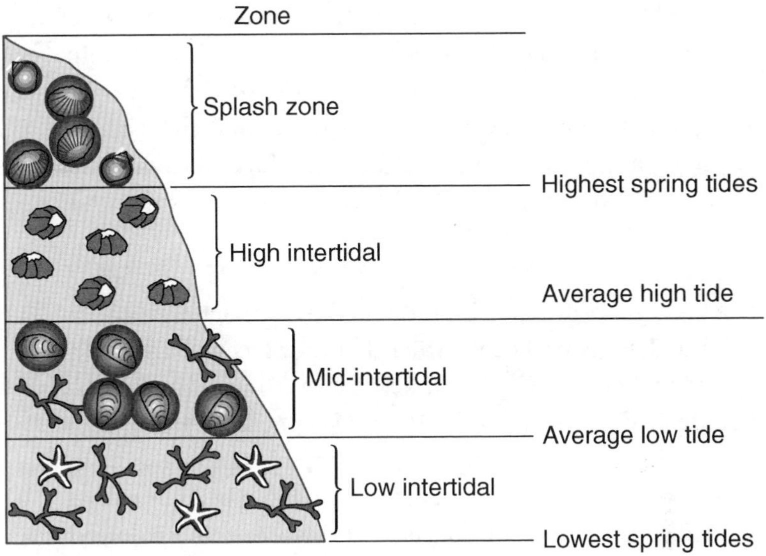

35. The division of the rocky intertidal into four 'universal' zones.

The splash zone is above the line of highest spring tides and its only direct connection with the marine environment is the spray from waves. This is a sparsely populated part of the shore because few organisms can withstand its extremely harsh conditions. The high intertidal zone is completely submerged only during spring tides, with parts exposed to the air for days to weeks, so it too is quite a harsh environment. The mid-intertidal zone is the area of the shore between about the average high tide and the average low tide levels, and thus most of it is submerged for prolonged periods during most tide cycles. This zone is densely covered by a variety of marine plants and animals. The low intertidal zone is the area between the average low tide level and lowest spring tides. Thus, it stays completely submerged during most tide cycles and is the least physically stressed part of the intertidal region.

On rocky intertidal shores in temperate regions the splash zone is colonized by patches of bright orange- and greyish-coloured lichens; blue-green cyanobacteria that form a thin black layer on the rocks; and hair-like green algae. Periwinkles and limpets are common in the splash zone, grazing on the bacteria and algae, along with isopods scavenging on dead organic material. For these animals, the splash zone is a refuge from predatory crabs and snails that cannot venture for long into this harsh environment.

The high intertidal zone is dominated by barnacles which are often so densely packed together that they create a distinct white band on the shore. Barnacles have a tiny, shrimp-like larval stage, called a cyprid, that drifts and swims about freely in the ocean. When the larva encounters a suitable place to settle in the intertidal region, it secretes glue from a gland in its head and cements itself onto a solid surface. It then secretes a calcareous box-like shelter around itself that is capped by two pairs of plates that can be opened and closed like a trapdoor. When the plates are opened at high tide, the barnacle extends a set of feathery legs that filter plankton out of the seawater. At low tide the plates are sealed shut to protect the animal inside from predators and from drying out.

The mid-intertidal zone is heavily populated by mussels which often create a distinct black band on the shore. Like barnacles, mussels also produce tiny free-living larvae, called veligers, that disperse for a period in the ocean and then seek a suitable place to settle in the intertidal region. When a mussel larva detects a good spot, it secures itself to the rock by secreting byssal threads from a gland in its foot and then grows and transforms into the familiar two-shelled adult. The adults filter plankton from the seawater when submerged and otherwise close their shells tightly to avoid dehydration and roaming predators such as sea stars. The mid-intertidal zone is also occupied by oysters, limpets, and periwinkles as well as various species of fleshy brown seaweeds which provide a moist shelter for sea stars, sea urchins, and other marine animals at low tide.

The low intertidal zone is richly populated by a range of seaweeds and animals that can tolerate occasional exposure to air. Here, red, green, and brown seaweeds proliferate, along with many kinds of marine animals including sea anemones, sea stars, sea urchins, brittle stars, sea cucumbers, crabs, snails, sea slugs, and worms.

On rocky intertidal shores in the tropics, various species of bacteria and algae create grey- and black-coloured films on the rocks in the splash zone. Here, a variety of periwinkles graze on these films. Rock-boring algae often give the high intertidal zone of the tropics a yellow appearance. Barnacles, limpets, and snails can be present in the high intertidal, but generally in small numbers compared to temperate rocky shores. A pink zone is often present in the mid-intertidal zone created by encrusting coralline algae. Various snails occupy this zone along with mussels, sea anemones, limpets, and barnacles. Brown seaweeds often cover rocks in the low intertidal zone, which is home to a variety of marine organisms such as sea urchins, sea anemones, limpets, sea cucumbers, and sponges.

Causes of intertidal zonation

For many decades marine biologists have worked at understanding the factors that create the distinct patterns of vertical zonation on rocky intertidal shores. It is now known that intertidal zonation is caused by a complex interaction of biological and physical factors. In general, a seaweed or animal's tolerance to physical factors, such as exposure to air, heat, cold, desiccation, and wave forces, determines where in the intertidal region it can potentially live. But biological factors, such as competition, grazing, predation, and patterns of larval settlement, interact and modify the influence of physical factors, and ultimately determine where an organism actually occurs on the shore.

The biological interactions between barnacles, mussels, sea stars, and seaweeds on a temperate rocky shore provide a good example of how this works. Living space is at a premium in the intertidal region and hence competition for space is an important factor influencing the actual distribution of some species on the shore. Barnacles can settle and live anywhere in the mid- and high intertidal zones of temperate rocky shores because of their tolerance to physical stresses. However, they are generally excluded from much of the more benign mid-intertidal zone where they would be subject to less stress, have more time to feed, and grow faster. This is because mussels outcompete barnacles for space in the mid-intertidal. They do this by overgrowing and smothering the barnacles. Thus, barnacles ultimately persist mainly in the refuge of the high intertidal zone where mussels cannot tolerate the harsh environment.

Yet barnacles are not entirely excluded from the mid-intertidal and persist in patches here and there in this zone. This is a result of another biological interaction—predation. In the mid-intertidal, mussels can be eaten by sea stars and are thus prevented from completely dominating this zone. But sea stars can only venture up into the mid-intertidal to eat mussels for limited periods at high tide, and thus are prevented from overeating mussels. In the low intertidal zone, though, sea stars can prey on mussels mostly at will and so almost completely eliminate mussels in this zone.

Hence, in this situation, the upper limit of barnacle distribution is set by physical factors and the lower limit by a biological factor—competition for space from mussels; similarly, the upper limit of mussel distribution is set by physical factors and the lower limit by a biological factor, in this case predation by sea stars. The more closely the rocky intertidal region is studied, the greater the complexity of biological interactions revealed. For example, brown seaweeds are also competing for space in the mid-intertidal and, if they become well established, they can maintain their foothold by preventing mussel and barnacle larvae from settling there. This appears to be a result of the blades of the seaweeds being swept back and forth across the rocky surface by wave action and preventing mussel and barnacle larvae from securing an attachment. On the other hand, grazing on seaweeds by limpets and snails can reduce seaweed cover, allowing mussels and barnacles to become established. In response to grazing, some seaweeds can produce toxic chemicals that deter further grazing.

Human impacts

The intertidal region can be subject to severe human impacts on account of its accessibility and very close association with land and human development. It supplies humans with a ready source of wild marine food such as mussels, oysters, limpets, periwinkles, sea urchins, crabs, clams, abalone, and various seaweeds which are often harvested on a recreational and largely unregulated basis. In some places close to populated regions, such organisms have been overharvested and are now scarce or absent in the intertidal where they were once abundant. Such harvesting can also fundamentally change the structure of intertidal communities. A good example is provided by the harvesting of a large predatory intertidal snail by local people in Chile. In areas where this snail is harvested, the mid-intertidal zone is dominated by a monoculture of mussels, but where such harvesting is prevented, the mid-intertidal is populated by barnacles and seaweeds, as well as mussels, and has a higher overall species diversity. This is because the snail eats mussels and so prevents the mussels from completely outcompeting other species for space.

In some jurisdictions around the world, steps have been put in place to more carefully manage the impacts of recreational harvesting in the intertidal by enforcing recreational quotas or by establishing 'no take' marine reserves where harvesting of any kind is not allowed.

Larger-scale commercial harvesting of intertidal organisms also occurs. For instance, an abundant brown seaweed, known as 'rockweed', is harvested on a commercial basis from intertidal regions of eastern Canada and Maine. The seaweed is dried and used as an organic fertilizer, animal feed, food supplement, and for the extraction of alginates which have many uses, including as an additive to ice creams and other dairy products. Wild mussels are also harvested commercially off the coast of Maine, while oysters are harvested commercially in the intertidal regions of South Africa and elsewhere around the world.

Just the simple act of walking and turning over rocks in the intertidal to observe the organisms underneath can be destructive. This is not an issue on isolated coasts, but rocky shores near urban centres attract huge numbers of visitors and can be highly impacted. To put this into perspective, some popular 'high-use' rocky intertidal sites along the Californian coast attract 25,000 to 50,000 visitors per year per 100 metres of shoreline. Less popular sites are still subjected to 2,000 to 10,000 visitors per year per 100 metres of shoreline. The trampling caused by all these visitors walking in the intertidal at low tide dislodges and crushes seaweeds and animals. Many visitors also turn over rocks, which will crush the organisms living on the top of the rock and expose those organisms living under the rocks to desiccation, wave action, and predation. This creates rocks which have only a fringe of organisms around their edges and none on the top and bottom surfaces. Even in no-take marine reserves, people can walk freely in the intertidal and so this kind of impact will still occur. Thus, if there is a desire to more fully protect some high-use intertidal regions, it is necessary to educate the public about the impacts they can cause and, in some instances, limit the number of visitors, keep them to intertidal 'trails', or restrict access completely at some sites.

In our fossil-fuelled civilization, oil pollution is a threat to intertidal communities just about anywhere on the planet, as evidenced by the ubiquitous tar balls—balls of crude oil—found washed up on beaches. Crude oil gets into the ocean from four major sources: natural seeps, extraction processes, transportation, and consumption. Based on data published in 2003 by the US National Research Council of the National Academy of Sciences, the breakdown of these sources is roughly as follows:

Around 600,000 tonnes of crude oil seeps naturally into the marine environment each year from oil-containing geological formations below the ocean floor. This represents almost half of all the crude oil entering the oceans. This large amount of crude oil is released at a slow enough rate, and from so many different locations, that the marine environment as a whole is not damaged.

The human activities associated with exploring for and producing oil result in the release on average of an estimated 38,000 tonnes of crude oil into the oceans each year, which is about 6 per cent of the total anthropogenic input of oil into the oceans worldwide. Although small in comparison to natural seepage, crude oil pollution from this source can cause serious damage to coastal ecosystems because it is released near the coast and sometimes in very large, concentrated amounts. In fact, the catastrophic Gulf of Mexico oil spill of 2010 is so far the largest accidental release of oil into the marine environment in history. In this incident, a deep-ocean drilling platform about 66 kilometres off the coast in about 1,500 metres of water failed, allowing huge amounts of crude oil to gush from a reservoir under the ocean floor. During a three-month period, about 670,000 tonnes of oil escaped into the Gulf of Mexico before the undersea gusher was finally capped. Around 790 kilometres of coastline were contaminated by oil which coated, smothered, and poisoned intertidal and subtidal marine life as well as coastal wildlife. It also resulted in the closure of shrimp fisheries in much of the Gulf. In addition, the chemical dispersants and mechanical devices used in the clean-up phase caused further damage to marine life.

The transport of oil and oil products around the globe in tankers results in the release of about 150,000 tonnes of oil worldwide each year on average, or about 22 per cent of the total anthropogenic input. Oil spills from tankers can be catastrophically large and concentrated, and thus very damaging. When the tanker *Exxon Valdez* grounded on rocks off the coast of Alaska in 1989, about 37,000 tonnes of oil were spilled into Prince William Sound. Currents carried the oil slick down the Alaskan coast, where it coated around 2,100 kilometres of coastline and extensively damaged the intertidal and killed hundreds of thousands of seabirds, thousands of marine mammals, and an indeterminate number of fish; also, fisheries for salmon, herring, crab, shrimp, rockfish, and sablefish were closed. The impacts of this disaster linger to this day with parts of the shoreline still contaminated with oil just beneath the surface. It is encouraging that the number of large (greater than 700 tonnes) tanker spills, and thus the total amount of oil entering the marine environment from this source, has decreased significantly over the last three decades, from an average of 7.7 spills per year between 1990 and 1999, to 3.2 between 2000 and 2009 and 1.8 between 2010 and 2017.

About 480,000 tonnes of oil make their way into the marine environment each year worldwide from leakage associated with the consumption of oil-derived products in cars and trucks, and to a lesser extent in boats. Oil lost from the operation of cars and trucks collects on paved urban areas from where it is washed off into streams and rivers, and from there into the oceans. Surprisingly, this represents the most significant source of human-derived oil pollution into the marine environment—about 72 per cent of the total. Because it is a very diffuse source of pollution, it is the most difficult to control. The impact of this chronic, diffuse oil pollution on marine organisms and the functioning of marine communities is insidious. It is known that the many kinds of organic hydrocarbons found in oil have deleterious and cumulative effects on many marine organisms, even at very low concentrations, with the larval stages of marine animals being particularly vulnerable.

Chapter 8
Food from the oceans

Humans have been harvesting food from the oceans for millennia. This would have begun as small-scale subsistence fishing in coastal waters but, with more experience and as population numbers increased, it evolved into a wide-ranging commercial enterprise. Now fishing the oceans takes place globally on an industrial scale and provides the human population with its last significant source of wild food. Today, there are more than 4.6 million fishing vessels on the oceans, around 2.8 million of which are motorized, and more than 40 million people work in the marine fishing primary sector. The landed value of wild-caught seafood is in excess of US$130 billion annually and seafood is a sought-after component of the diet of many billions of people worldwide, providing them with a source of high-quality protein. Unfortunately, global seafood catches peaked in the mid-1990s and are now stagnant or in decline, and fully a third of all fish stocks are overfished and facing collapse. Overfishing is seriously impacting not only the target species but also the biodiversity and functioning of many marine ecosystems.

Historical expansion of seafood harvesting

It is often assumed that in ancient times catches of seafood were limited by low population numbers and the simplicity of fishing gear and vessels available, and that seafood stocks were only lightly exploited until recent times. On the contrary, it has been deduced from historical marine ecological studies that humans have had significant impacts on marine resources for thousands of years. The Mediterranean Sea provides a good example of long-standing human pressure on marine resources.

Humans have occupied the shores of the Mediterranean Sea on a sustained basis for about 50,000 years. Fishing communities have existed there for at least 10,000 years and seafood has been an important source of protein for Mediterranean people since at least the Greek and Roman periods, starting about 900 BC. Species harvested included dolphins, sea turtles, sharks, rays, tuna, sardines, anchovies, mullet, grouper, flatfish, oysters, mussels, clams, and scallops. Some of these species were depleted by Roman times and by the 1st century AD the coastal waters around Italy had been largely overfished and harvesting had spread to offshore islands like Sicily and Corsica. The collapse of the Roman Empire most likely relieved some pressure on marine resources but strong population growth recommencing in the 15th century resulted in renewed depletion of marine resources in coastal areas. In the late 19th century, fishing capacity grew greatly in the Mediterranean as population numbers increased exponentially. Through the early and middle 20th century, the fishing fleet became motorized and industrial fishing expanded into all offshore waters of the Mediterranean Sea. Now, after 100 years of intense fishing pressure, virtually all traditional marine food species in the Mediterranean Sea have been reduced to less than 50 per cent of their original abundance and about a third are now very rare and many are functionally extinct. The greatest impact has been on the top predators, which were the first to be targeted by fishers.

The intensive exploitation of marine resources got under way in other parts of Europe much later than in the Mediterranean. By about the 8th or 9th centuries, though, the Vikings were exploiting large stocks of cod, haddock, pollock, herring, and other species that flourished in the seas of northern Europe at that time. They brought this skill with them when they spread into Britain and Normandy, where marine fishing became well established by the 11th century. By the end of the 18th century, many of the fish stocks of northern Europe were in serious decline from overfishing and the first steps were taken to protect some stocks. Nonetheless, intensive fishing continued unabated and by 2000 more than half of northern European fish stocks were considered seriously overexploited. It is estimated that, collectively, the European fish stocks of today are just one-tenth of their size in 1900 (see Figure 36). Going back to a time when European fish stocks were unexploited, it has been suggested that at present European seas contain less than 5 per cent of the total mass of fish that once swam there.

Exploitation of marine food resources spread outwards from Europe surprisingly early in history. As early as AD 1000, Vikings were exploiting the rich fish stocks around Iceland and Greenland and possibly into the seas of northern Canada. Some 200 years later, Basque fishers were also harvesting North Atlantic fish

36. Scene at Grimsby fish market, UK in 1906. The amount and size of fish are extraordinary by today's standards.

stocks and may have been fishing off the coast of North America before Columbus' voyage of 1492. Nonetheless, by the early 1500s, Basque, French, and Portuguese fishers were routinely exploiting cod from the shallow Grand Banks off the coast of Newfoundland for the European market. By 1600, more than 150 shiploads of cod per year were being extracted from Canadian seas. The catch was preserved by either drying or salting it, in which form it could be stored for several years and provided a ready source of protein for Europeans. The permanent colonization of North America starting in the 17th century marked the beginning of the exploitation of the fish stocks off the east coast of the United States, including sturgeon, shad, salmon, alewife, and oysters. By the early 1800s, the fish stocks of the eastern seaboard of North America were showing signs of serious decline.

In the late 1800s and early 1900s, rapidly increasing urbanization and global population growth created an ever-increasing demand for seafood. This was linked to improvements in transport and preservation of the catch that meant that offshore fish stocks could be more easily exploited and distant markets served. The marine harvest increased at an unprecedented rate in size and geographic footprint from just after the Second World War, with a vast expansion of the global fishing fleet and improvements in fishing gear and the introduction of onboard processing of the catch. This marked the start of the mass industrialization of extraction of food from the sea. Fishing increased greatly in coastal waters throughout much of the world and fishing fleets began to exploit marine resources in deeper waters down the continental slopes, trawl seamounts, and pursue open-ocean species such as tuna across entire oceans. By 2000 fishing had intensified in just about all regions around the world and particularly in the Asian region, where China now reports by far the world's largest total marine catches.

From a 21st-century perspective it is almost impossible to conceive just how abundant fish once were in the oceans. However, the accounts of early explorers and settlers, along with articles and photographs from old newspapers and magazines, 19th-century fisheries statistics, and historical records of fishing competitions, paint a picture of astonishing past abundance and fish size compared to the present.

Commercial fishing methods and their effects

The advent of motorized fishing vessels enabled super-efficient seafood catching with the use of trawls. Trawls are large, cone-shaped nets that are towed behind a fishing vessel, scooping up fish and other marine organisms. The mouth of a large trawl net can be about as wide as a football field and as high as a three-storey building.

Bottom trawling involves dragging a trawl along the ocean floor to catch demersal, or bottom-living, fish and invertebrates (see Figure 37(a)). Mid-water, or pelagic, trawls are towed off the bottom to catch schools of fish living in the water column. Commercial trawlers ply the shallow waters of the continental shelves and fish the continental slopes as well as canyons and seamounts down to depths of over 2,000 metres (see Figure 37(b)).

In heavily fished regions, bottom trawlers can fish the same parts of the ocean floor many times per year. Such intensive trawling causes great cumulative damage to the ocean floor. The trawls scrape and pulverize rich and complex bottom habitats built up over centuries by living organisms such as tube worms, cold-water corals, and oysters. These habitats are eventually reduced to uniform stretches of rubble and sand. These areas become permanently altered and occupied by a much changed and much less rich community adapted to frequent disturbance. Bottom trawls can also catch large amounts of unwanted, non-target species of fish and invertebrates, known as bycatch, which are often discarded. Furthermore, they can also unintentionally catch

(a)

(b)

37. **Bottom trawling: (a) Bottom trawl net being dragged along ocean floor; (b) Fishers unloading a trawl net full of orange roughy.**

turtles, dolphins, and seals which drown in the nets. For these reasons bottom trawling is a particularly destructive form of fishing and has been banned from use in large areas of the oceans worldwide. Pelagic trawling is less destructive because there is no contact with the bottom. However, bycatch can still be a problem.

Another common harvesting method is longline fishing, which involves a vessel trailing a line from which baited hooks are suspended. There can be over 2,000 hooks hung from a line many kilometres long. Longlines can be set for catching pelagic or demersal fish, depending on the target species. This fishing method catches non-target fish species, as well as marine mammals, turtles, and seabirds. These issues can be mitigated by setting longlines at night to avoid catching seabirds which hunt visually, using weighted longlines that sink quickly, and using speciality hooks that do not easily snare non-target species.

Purse seines are used in the open ocean to catch fish such as tuna, sardines, salmon, and mackerel. Here, a school of fish is surrounded by a vertical curtain of netting, the bottom of which is drawn together to enclose the fish. Purse seines do not impact the ocean bottom, but they can capture non-target species, juvenile fish, and marine mammals, such as dolphins.

Gill net fishing involves hanging a curtain of netting to entangle fish. There is generally no contact with the bottom and the mesh size can be adjusted to minimize catch of juveniles. Nevertheless, gill nets carry the risk of bycatch and capturing protected species such as dolphins. Nets can be equipped with noise-producing 'pingers' that keep dolphins away.

Commercially exploited marine species

There are thousands of species of marine fish but most of the global catch comprises a relatively small number of species falling into several main groups (see Figure 38). The clupeoid fish

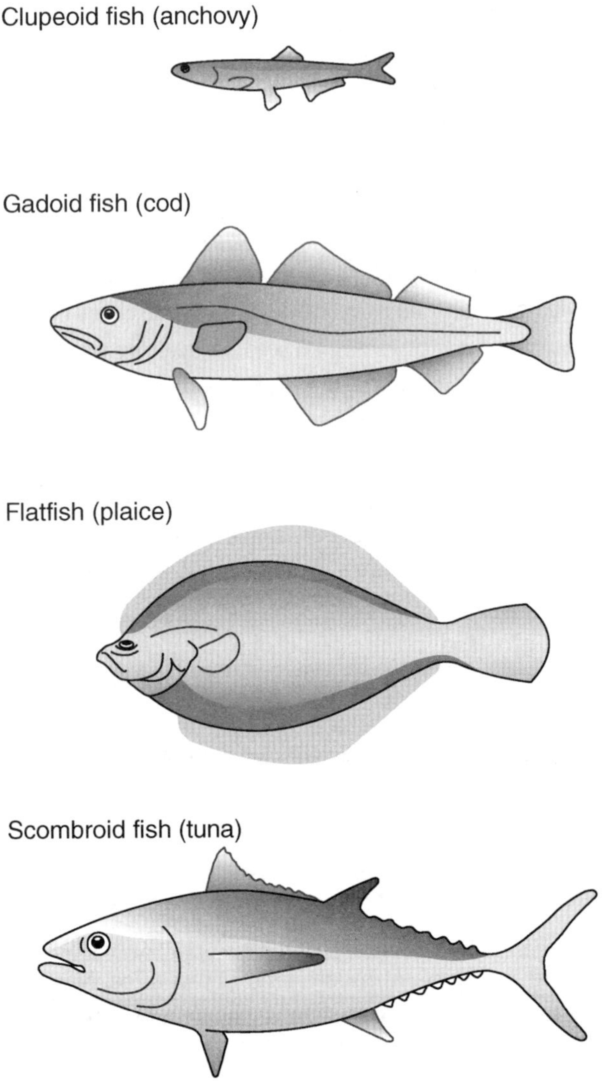

38. Major groups of commercial marine species.

account for a large proportion of the marine catch. These are small, schooling fish that feed directly on phytoplankton and zooplankton and include the herrings, sardines, and anchovies. The gadoid fish are another important group of commercial species. These are demersal fish and include cod, haddock, hake, and pollock, which are species that live in coastal waters of the North Pacific and North Atlantic Oceans. Flatfish such as flounder, halibut, sole, and plaice are another significant group of commercial bottom-dwelling species, whose habitat is also in coastal waters. Then there are the large, fast-swimming, pelagic carnivores, the scombroids, which include mackerels and tunas, the latter a major open-ocean fishery. Sharks comprise another exploited group of marine fish. There are also large fisheries for marine invertebrates, including crustaceans such as lobsters, crabs, and shrimp; and molluscs such as squid, oysters, and clams.

The largest marine fishery in the world is the anchoveta or Peruvian anchovy (*Engraulis ringens*) fishery, which can account for about 8 per cent or more of the global marine catch of seafood in any particular year. Anchoveta are small (up to about 20 cm in length) fast-growing fish that filter-feed on phytoplankton and zooplankton in the nutrient-rich upwelling areas off the coast of Peru. They tend to congregate in large, dense schools, which allows them to be caught efficiently in large numbers by purse seiners and pelagic trawlers.

The anchoveta catch fluctuates wildly from year to year. In a good year catches can be upwards of 11 million tonnes; in bad years the catch can be around 2 million tonnes; and in very bad years below 150,000 tonnes. Much of this fluctuation is related to the El Niño Southern Oscillation (ENSO) (see Chapter 2).

The second largest fishery in the world is for Alaska pollock which is a demersal species widely distributed in the North Pacific Ocean. It is caught using pelagic trawls which occasionally contact the bottom but with minimal damage compared to bottom trawls. Catches are currently averaging about 3 million tonnes annually. This species is widely used in the fast food industry. During El Niño years the catch of Alaska pollock can be greater than for anchoveta.

The third largest fishery is for skipjack tuna, which are abundant in the tropical regions of the Atlantic, Pacific, and Indian oceans and are the main species of canned tuna. They are often caught by purse seiners and catches have been averaging about 2.6 million tonnes annually.

The anchoveta and some other very oily fish are less desirable for direct consumption by humans, but their high oil content makes them ideal to produce fish meal and fish oil, which are both valuable commodities. Fish meal is made by cooking, drying, and grinding up the fish and is used as a protein supplement incorporated into commercial feeds for farmed fish, poultry, and pigs. Fish oil is pressed from the cooked fish and is used mainly in the production of feed for farmed fish, but is also put into capsules as a human health supplement. Almost the entire Peruvian anchoveta catch is converted into fish meal and fish oil, which accounts for about a third of the global production of these products.

The inclusion of wild-caught fish products into feeds used to farm seafood has been controversial because analyses have shown there is a considerable loss of food energy compared to the fish being eaten directly by humans. However, progress is being made in addressing this issue and the amount of fish being converted into fish meal and oil has been declining. In the 1990s about a third of the entire global catch of fish was converted into these ingredients rather than consumed directly by humans, but in 2016 about 15 million tonnes, or about 19 per cent of the reported marine catch, was converted into fish meal and oil. Much more of these ingredients are now being produced from fish by-products such as offal and fish frames, which were often wasted in the past, and they are being used more selectively in fish feeds. Some recent work has shown that under current marine fish farming practices 1 kilogram of wild fish ingredients incorporated into fish feed is producing on average about 2 kilograms of farmed fish, in which case the use of these wild fish ingredients is producing additional food for humans. For salmon farming, specifically, this ratio is currently less favourable, about 1:1, but improving over time with the adoption of improved practices.

Trends in the global seafood catch—exceeding the limits of exploitation

The Food and Agriculture Organization of the United Nations (FAO) maintains a global database on seafood catches going back to 1950 which is based on official information reported by member countries and the European Union. FAO data show that in 1950 the total global catch of marine seafood was 18 million metric tonnes fresh weight. Catches increased steadily and rapidly from then until the late 1980s when they began to level off (see Figure 39). The highest reported global catch on record was

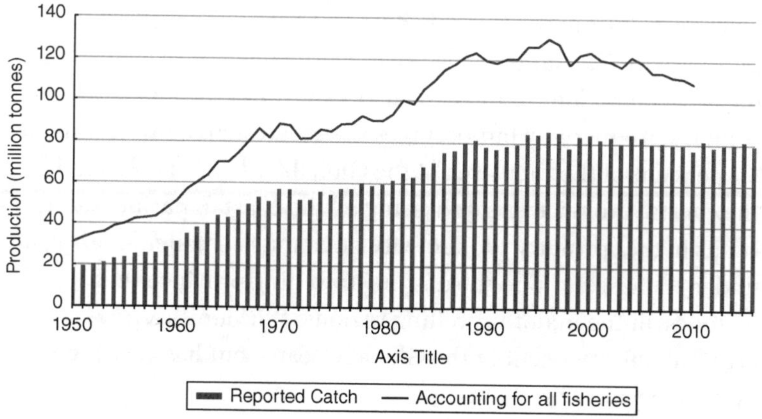

39. Trends in annual global marine capture fisheries production. Bars show reported catch while line shows estimated catch accounting for all fisheries.

86 million tonnes in 1996. Since then global marine catches have fluctuated below this level and the reported catch in 2016 was 79 million tonnes. But these data do not include all marine seafood caught globally. This is because official member reports often omit bycatch that is frequently discarded at sea, as well as catches from illegal, unreported, and unregulated (IUU) fisheries, including small-scale artisanal and subsistence fisheries, all of which are difficult to obtain reliable information for. Thus, the actual catch of marine species from the wild will be higher than the FAO estimates, but by how much is controversial. Recent studies drawing from a broader range of data sources suggest that the global catch most likely peaked at around 130 million tonnes in the 1990s and that catches have been declining since then to somewhere between 100 and 120 million tonnes currently.

Looking ahead, what contribution will the Global Ocean make to providing wild-caught seafood for the roughly 9.8 billion people that will occupy our planet by 2050? One way to address this question is founded on basic ecological principles regarding the efficiency with which the Global Ocean's total net primary production is transferred through marine food chains (see Table 2). Using this approach, the Global Ocean can be divided into three provinces designated by their different levels of primary productivity. The largest, the oceanic province, consists of all the open-ocean regions of the Global Ocean. It has the lowest average primary productivity but occupies the greatest area by far—about 90 per cent of the total area of the Global Ocean. The second is the coastal province encompassing all the coastal marine waters. It has higher primary productivity but a much smaller area—just under 10 per cent. The third is the upwelling province that includes all the major upwelling regions. It occupies a tiny area—about 1 per cent of the Global Ocean—but has very high average primary productivity.

The next step is to estimate the number of trophic levels within the food webs in each province. It is reasonable to assign an

Table 2. Estimated annual total fish production of the Global Ocean (from Ryther 1969)

Province	% of the ocean	Mean productivity (g C m^{-2} yr^{-1})	Total primary production (billion tonnes of C yr^{-1})	Number of trophic levels	% efficiency	Fish production (tonnes fresh weight)
Oceanic	90.0	50	16.3	5	10	1.6 million
Coastal	9.9	100	3.6	3	15	120 million
Upwelling	0.1	300	0.1	1.5	20	120 million
Total						Approximately 240 million

average of five trophic levels between the primary producers and exploited fish in complex open ocean food webs (see Chapter 2). By comparison, food webs in upwelling regions are very simple. The anchoveta fishery is a case in point—here the anchoveta feed directly on phytoplankton or on zooplankton, so they are only one or two trophic levels removed from the primary producers. Thus, this province can be assigned 1.5 trophic levels between primary producers and fish. The coastal province can be viewed as transitional in nature between the open ocean and the upwelling regions and can be assigned an average of three trophic levels.

One can then estimate the efficiency with which energy is transferred between each trophic level in each province. Energy transfer is least efficient in the complex and dispersed food webs of the open ocean and can be assigned a value of 10 per cent. In contrast, energy transfer is much more efficient in the simple, concentrated food webs of the upwelling zones and can be assigned a figure of 20 per cent. An intermediate figure of 15 per cent can be assigned to the coastal province.

By combining the data on primary productivity, number of trophic levels, and energy transfer efficiencies in each province, it is possible to estimate the approximate annual fish production in each province and thus produce an estimate of total world fish production—240 million metric tonnes per year (see Table 2).

One of the insights from Ryther's analysis is the overwhelming importance of coastal and upwelling regions in fish production because of their high primary productivity and simpler and more efficient food webs. Together they account for almost all the fish production of the Global Ocean. The open-ocean region, despite its immense size, accounts for little fish production. This is consistent with the known facts—the largest commercial fisheries—for clupeoids, gadoids, and flatfish—are all situated in upwelling regions and coastal areas of the Global Ocean.

The exception is the open-ocean fisheries for species such as tuna and mackerel, the top predators in a vast oceanic system.

Not all the estimated 240 million tonnes of annual fish production is available to humans for harvest. If all of it were exploited each year fish stocks would be rapidly depleted to unsustainable levels. Also, much of this fish production must be shared with other top predators besides humans—such as marine mammals, sharks, and seabirds—and it would be impossible to locate and exploit all fish stocks at optimal levels at all times. On this basis, it is reasonable to assume that a maximum of about 100 million tonnes of fish would be available for exploitation by humans on a sustained basis each year.

These and other similar approaches provide a theoretical underpinning for estimating the amount of seafood that humans might expect to sustainably capture from the Global Ocean based on ecological principles. The key point is that the actual global seafood catch, which is currently estimated at about 120 million tonnes, exceeds the theoretical limits. Furthermore, global catches are now stagnant or in gradual decline despite an overall increase in fishing effort in terms of the size and efficiency of the fishing fleet. These are clear signals that globally marine fisheries are now overexploited. There is thus little, if any, headroom for increasing the amount of wild-caught seafood humans can extract from the oceans to feed a burgeoning human population under our current fisheries management approaches.

This conclusion is further supported by the increasingly precarious state of global marine fishery resources. The most recent information from the FAO shows that 60 per cent of all fish stocks are fully exploited—their current catches are at their maximum sustainable levels of production and there is no scope for further expansion. Another 33 per cent are overfished and in decline or facing collapse (up from 10 per cent in 1974), and only 7 per cent are underexploited. This paints a grim picture of the state of the world's marine fisheries and the real question is not whether we can catch more fish from the oceans but whether we can responsibly sustain the amount of fish we are harvesting at present, which represents a vital source of food for the human population. Clearly, the 70 per cent or so extra food soon needed to feed around 9.8 billion people will have to come from somewhere else. Marine aquaculture is currently helping to fill the demand for seafood—in 2016 a total of 29 million tonnes of farmed seafood was produced in addition to the roughly 120 million tonnes of wild-caught seafood.

Overfishing not only devastates target species, but also impacts the functioning of the marine ecosystems they are part of, often in unexpected ways. The collapse of the cod fishery in the north-west Atlantic provides a good example of how the effects of overfishing can ripple down dramatically through the rest of the food web. Cod were once abundant off the north-eastern coast of the USA but the fishery collapsed due to overfishing in the early 1990s. Cod are a major predator of lobsters and with their removal from the ecosystem lobster numbers exploded. There is so far no sign of the cod fishery recovering, so this transition to a lobster-dominated ecosystem appears to be a new long-term state. The high numbers of lobsters are good for lobster fishers at this time but crowding, together with stress associated with ocean warming, makes them susceptible to disease, which has decimated lobster stocks in other areas. Another example of the ecosystem effects of overfishing involves the sardine and anchovy fisheries off the south-west coast of Africa. These fisheries collapsed in the 1970s as a result of a combination of overfishing and changing environmental conditions. The sardines and anchovies were rapidly replaced with large numbers of goby fish and jellyfish, which are much less nutritious. As a result, other animals in the ecosystem, which formerly fed on nutritious sardines and anchovies, declined precipitously, including penguins and gannets, as well as several species of hake that were once thriving fisheries.

This also appears to be a long-term transition to a new and less diverse and productive ecosystem. These examples show that fisheries managers must not only manage the target species but also take a much broader 'ecosystems-based' approach to fisheries management which requires a much greater understanding of how all the organisms at various trophic levels in the ecosystem interact.

Future of marine fisheries—the last wild food

It is currently proving very difficult for nations to manage overexploitation and control illegal fishing in the face of the ever-increasing demand for valuable wild-caught seafood fuelled by a rapidly growing and affluent global population. Governments around the world must work much harder to better monitor stock levels, enforce catch limits, reduce fishing effort, and stamp out illegal fishing to allow stocks to rebuild and ecosystems to hopefully recover. They also must be prepared to make hard and unpopular decisions to close fisheries that are not managed in a sustainable fashion. The retailers and consumers of seafood have an important role to play as well. Overexploitation of fish stocks is often driven by consumer demand, indifference, and lack of knowledge. If consumers are properly educated about the problems of overfishing, they will be in a better position to make decisions not to purchase unsustainably caught species. For example, the Marine Stewardship Council (MSC) certifies fisheries deemed to be sustainably fished by independent assessment by marine scientists. Packaged seafood products from MSC certified fisheries bear an easily recognizable MSC 'blue fish' label. Similarly, WWF produces country-specific guides that provide information on the state of individual fish stocks and labels species as green, yellow, or red depending on their level of sustainability.

There has been some recent progress in rebuilding overfished stocks, particularly in developed countries with improved management regimes. For example, the proportion of stocks fished sustainably in US waters increased from 53 per cent in 2005 to 74 per cent in 2016 and in Australian waters from 27 per cent in 2004 to 69 per cent in 2015. But overfishing is increasing in less developed countries due to limited monitoring, management, and enforcement capacity. Reversing this trend and rebuilding depleted stocks is a hugely important enterprise for maintaining the diversity and health of marine ecosystems and for preserving humankind's last significant source of wild food.

The role of marine protected areas in fisheries management

Properly enforced 'no-take' marine protected areas (MPAs) provide a space within which fish and invertebrates cannot be harvested by recreational and commercial fishers. This helps species build up their numbers within the MPA, live longer, and reach a larger body size. Larger animals can produce a greater number of eggs, while the longer an animal lives, the more times it can reproduce. Thus, dense populations of large-bodied, long-lived animals in MPAs produce large numbers of eggs and larvae that drift out of the reserve and enhance recruitment to depleted stocks in adjacent areas. There is also a 'spillover' effect created by MPAs. As populations of mobile species, such as fish and lobsters, grow in number they eventually saturate the protected area and begin to spread out into unprotected areas where they bolster recreational and commercial fisheries. It is not surprising, then, as many fishers have come to realize, that the best fishing is often adjacent to an established MPA.

A key question is how much of the Global Ocean needs to be protected to bring about a meaningful recovery of our planet's ocean ecosystems and permit fish stocks to rebuild to the point where they provide stable commercial returns to the fishing industry and a sustainable and secure supply of wild-caught seafood for humans. The growing consensus among marine scientists is that a network of no-take MPAs covering more than 30 per cent of the area of the Global Ocean needs to be established and effectively managed to achieve this, although some ecologists now believe that half of the Earth's land and, by extension, half of the oceans, needs to be protected from human interference to stem the loss of our planet's biodiversity.

The costs of establishing and administering such a network of MPAs are high but would be more than offset by the expected benefits, including an uplift in yield of commercial fisheries, the large numbers of jobs created, and the increased income from visitors to MPAs. For instance, fisheries scientists have estimated that if all overfished marine stocks were allowed to rebuild and then fished sustainably, the global catch could increase by about 16.5 million tonnes annually.

In 2015 the United Nations adopted a Sustainable Development Goal for the Oceans to 'Conserve and sustainably use the oceans, seas and marine resources'. One of the targets of the goal is that at least 10 per cent of coastal and marine areas should be protected by 2020. An online platform, Protected Planet, managed by the UN's World Conservation Monitoring Centre, provides monthly updated statistics on the coverage of MPAs globally. Their data show that MPA coverage in 2000 was only 2 million square kilometres, or 0.7 per cent of the oceans. Since then there has been over a tenfold increase with over 15,000 MPAs established worldwide covering 27 million square kilometres or about 7.5 per cent of the oceans. This is good progress, but still well short of the minimum 30 per cent required. Furthermore, the coverage is uneven, with less than 3 million square kilometres of coverage, or about 11 per cent of the total, in the High Seas. This is because of the legal difficulties currently involved in creating MPAs in international waters. Another problem is that due to a lack of resources many MPAs are not effectively managed so fishing carries on as before. In response, the International Union for Conservation of Nature is setting up a 'Green List' of MPAs that meet the required management standards to deliver real conservation outcomes.

MPAs will not address all the problems of the oceans, of course, and are just one of the tools for their effective management. Apart from overfishing, marine ecosystems are under pressure from pollution and the climate change effects of ocean warming and acidification, all of which ignore the boundaries of marine reserves and work synergistically to reduce the ability of marine ecosystems to function normally. Other responses and tools are needed to address these issues.

Chapter 9
The future of our oceans

As discussed throughout this book, Anthropocene marine ecosystems are profoundly altered compared to their state in the pre-industrial era and the pace of change has accelerated greatly over the past four decades. What will be the state of our oceans in 2050? Are we destined to stay on the current negative course? Or are we capable of plotting a new course and reversing many of the most severe impacts we have had on the oceans so far?

The end of ocean wilderness

A recent study of human impacts on global ocean ecosystems has revealed the full extent of human influence on the marine environment and acts as a 2018 baseline against which to measure future changes, be they positive or negative. This analysis involved identifying areas of 'marine wilderness'—places where marine ecosystems are functioning in a largely natural way mostly free from human disturbance. The researchers divided the Global Ocean into fifteen geographic regions and scored each region based on the number, intensity, and cumulative effects of a range of human 'stressors' including pollution, overfishing, invasive species, and climate change. They discovered that when climate change stressors (which included rising ocean temperatures and acidification) were included in the analysis no ocean wilderness remained anywhere on the planet since the impacts of climate change are so widespread and unmanageable. Even when climate change stressors were not included, only about 13 per cent of the oceans could be considered as marine wilderness. These areas were mainly located in parts of the open ocean in the southern hemisphere and in the Southern Ocean and Arctic Ocean. The painful conclusion from this and other studies is that human activities have impacted the oceans everywhere and the notion that there are still marine ecosystems that are intact and can be 'conserved' is no longer tenable. The challenge for humans now is to find ways to stabilize and prevent the further degradation of marine ecosystems and embark on a path of ocean restoration. It remains to be seen whether society will fully understand and acknowledge the problems facing the oceans and care enough about the marine environment to put in place quickly enough the measures that are required to restore marine ecosystems. Not to do so, however, will ultimately be calamitous. The actions humans take in the next few decades will decide the outcome.

I am optimistic that society and its institutions will respond rationally and choose a path that puts us on a course to restore our oceans and protect the many benefits they provide. This position is based on the knowledge that public and media awareness, concern, and engagement in marine environmental matters are increasing rapidly, particularly among young people, and also spreading to less developed countries. These well-informed people will put increased pressure on politicians, international and national organizations, and the companies they do business with to deal responsibly with marine environmental issues. Furthermore, some of these people will become political leaders and prominent spokespeople for the marine environment, while others will be part of a new wave of marine scientists who can set us on a path to restore marine ecosystems. Keeping this in mind, I will briefly lay out a vision for the state of the Global Ocean in 2050 in ten points below. It is a mainly hopeful outlook but one that is entirely realistic if we accelerate and fully implement many of the actions already under way and are bold with implementing some new approaches.

The oceans in 2050—one possible future

In 2050 the majority of the world's nations are active members of an **effective international body** responsible for the overall governance of Earth's oceans. This organization has evolved from the International Union for Conservation of Nature and operates under an international legal framework first provided by the United Nations Convention on the Law of the Sea (UNCLOS). It develops and implements long-term strategies for the management of the planet's marine environment and its resources, and coordinates and monitors the actions and progress of its members in implementing these strategies. It also provides effective enforcement in the case of non-compliance. Members of this body have set aside most of their disagreements on ocean management issues that were based on short-term priorities and national self-interest to cooperate effectively to achieve agreed long-term outcomes for ocean ecosystem restoration and resource management.

The **marine plastic debris crisis** has been largely addressed thanks to a groundswell of community concern that galvanized governments and industry to take appropriate measures. Governments, particularly in poorer nations, have funded improved waste collection systems that stem the loss of plastics from the land to the oceans via rivers. The demand for plastics has been greatly reduced because of global bans on single use plastic bags and reduced use of plastic in packaging. Furthermore, efficient systems are in place to collect and recycle plastic into new products thus greatly reducing the amount of virgin plastic being manufactured. After some initial teething problems effective systems to remove plastic debris from the oceanic gyres are in operation and the amount of plastic in the gyres has been reduced by three-quarters, reducing harm to marine organisms and reducing the source of much of the microplastics in the oceans. Shorelines and seascapes around the world are now much cleaner and there are much reduced levels of microplastics in seafood.

Nutrient losses to the oceans have been halved as a result of widespread adoption of more sustainable agricultural practices in most countries driven by consumer concerns, effective legislation, and improved education and decision support tools for farmers. In addition, most coastal cities have installed effective sewage management systems. These initiatives have greatly reduced the loss of nitrogen and phosphorus into the coastal environment and the number and size of dead zones in the coastal oceans are decreasing for the first time. The frequency of harmful phytoplankton blooms is also decreasing.

A global network of actively managed and properly enforced **no-take marine protected areas** (MPAs) is in place covering more than 30 per cent of the area of the Global Ocean, with half of this coverage in the High Seas now that many of the legal difficulties involved in creating MPAs in international waters have been resolved. The cost of administering this network is greatly offset by a significant uplift in yield and income from commercial fisheries benefiting from the fisheries enhancement effects provided by MPAs. As a result, many large fishing companies sponsor the ongoing management of MPAs. MPAs receive significant income from marine tourists snorkelling and scuba diving in their protected waters. The MPA network has become so successful and widely supported that the international ocean governance body has set a new target of 50 per cent Global Ocean coverage by 2070.

Improved fisheries management practices based on an ecosystems approach are the norm for most countries, with wealthy countries assisting less wealthy countries to develop, implement, and enforce improved fisheries management programmes and apply them to previously unregulated fisheries. There is much improved monitoring of stock levels and enforcement of catch limits among all marine fishing nations. Country reports on marine seafood catches to the FAO now include data on bycatch as well as estimated catches from artisanal and recreational fisheries, making the FAO annual reports more representative of actual global marine catches. Illegal fishing has been almost completely abolished as a result of detection and tracking of all fishing boats on the oceans using satellite radar data obtained from a large fleet of CubeSats orbiting the planet. Global fishing effort has been substantially reduced with people formerly working in the fishing industry employed in monitoring and management of MPAs and marine tourism. The fishing industry has moved to a 'take less and earn more' business model with the emphasis on obtaining better prices for quality fish products harvested sustainably. Bottom trawl fishing has been reduced to a few small approved and monitored areas of ocean floor. All large food retailers supply only seafood products sourced from fisheries certified as sustainable by approved organizations. Well-informed consumers routinely use 'smart codes' on packaged seafood to confirm its origin. For the first time in many decades many formerly depleted fish stocks are rebuilding and the biodiversity and stability of a range of marine ecosystems are improving as the numbers of ecologically important marine animals such as predatory fish, whales, and sharks recover.

The Global Ocean is **monitored intensively** using a vast array of sensors mounted on ocean moorings, robotic underwater gliders, autonomous underwater vehicles, and satellites. These provide huge amounts of real time data on the physical, chemical, and biological status of the marine environment that are analysed and visualized using advanced computing techniques and made widely available as free and open data sources. This information provides a detailed synoptic picture of the status of the oceans updated monthly which informs ongoing management decisions and allows measurement of progress towards agreed ocean restoration goals.

Much work is now directed at **adapting to and managing the ongoing impacts of the human-induced climate crisis** on marine ecosystems and fisheries. Although many countries have made progress in decarbonizing their economies, the world is struggling to meet the emission reduction goals of the 2015 Paris Agreement to keep the increase in average global air temperature to well below 2°C. The planet is on course for a 2.5°C warming before the climate is stabilized sometime after 2100 and greenhouse gases in the atmosphere start to decline. As predicted, more than 80 per cent of the planet's coral reefs have collapsed into macroalgal-dominated systems as a result of a series of global back-to-back bleaching events caused by ocean surface temperature extremes. The remaining patches of relatively healthy coral reefs surviving in climate change refugia in scattered places in the tropical oceans are carefully managed and protected from overfishing, pollution, and crown-of-thorns infestations so that they remain as resilient as possible to ongoing ocean temperature rises, ocean acidification, and the increased frequency and intensity of storms. It is hoped that the surviving corals at these sites will repopulate neighbouring regions once the planet's climate has stabilized. Active interventions are well under way to partially restore coral reef ecosystems at some key sites. These include assisted gene flow and assisted evolution technologies. Gene editing techniques are being used to engineer strains of corals that have greater tolerance to thermal stress and acidified seawater. These are cultivated in large numbers in land-based facilities and outplanted to favourable sites to partially resurrect some coral reef ecosystems and restore some of their ecosystem services. Engineered artificial reef-like habitats are being constructed in many places to re-establish some coral reef fisheries and help protect vulnerable coastlines.

Offshore oil and gas exploration has been greatly reduced as these fossil fuels have been substantially replaced by renewable energy sources deployed on land and in the oceans. This has greatly reduced marine pollution from exploration and transport of oil. The electrification of the transport system has also greatly reduced input of oil into the coastal environment from leakage associated with the consumption of oil-derived products in cars and trucks.

The **industrialization of the oceans** for seabed mining, offshore wind and wave energy developments, and ocean farming is accelerating, but these activities are assessed and managed carefully. Exploration of deep-ocean ecosystems is well advanced using autonomous underwater vehicles and a new generation of crewed deep-ocean vehicles. This knowledge is used to assess the impacts of seabed mining proposals. Climate engineering projects involving large-scale iron fertilization of the oceans have been abandoned as too ecologically risky.

Governments and industry invest heavily in **marine research and development** to provide the knowledge needed to adapt to climate change disruptions of marine ecosystems and restore the marine environment and its resources. Marine biologists, ecologists, molecular biologists, microbiologists, chemists, physical oceanographers, sensor and robotics engineers, computer scientists, and information system experts work together on complex marine environmental issues.

In conclusion, this scenario for the future of the oceans in 2050 depicts just one possible pathway. Many other scenarios are possible, of course, including some that are not nearly so hopeful. The next decade will be the one in which society decides the state of life in the oceans that we leave behind for future generations.

References and further reading

General reading

Knowlton, N. (2010) *Citizens of the Sea: Wondrous Creatures from the Census of Marine Life*. National Geographic Society.
Levinton, J. S. (2018) *Marine Biology: Function, Biodiversity, Ecology*. 5th Edition. New York: Oxford University Press.
Palumbi, S. R. and Palumbi, A. R. (2014) *The Extreme Life of the Sea*. Princeton and Oxford: Princeton University Press.
Roberts, C. (2012) *Ocean of Life*. London: Penguin Group.
Rossi, S. (2019) *Oceans in Decline*. Basel: Springer Nature Switzerland AG.
Thomas, D. N. and Bowers, D. G. (2012, reprinted 2018) *Introducing Oceanography*. Edinburgh: Dunedin Academic Press Ltd.

Introduction

Barbier, E. B. (2017) Marine ecosystem services. *Current Biology* 27, R507–10.
Hoegh-Guldberg, O. et al. (2015) *Reviving the Ocean Economy: The Case for Action—2015*. Geneva: WWF International.
United Nations Department of Economic and Social Affairs (2017) World population projected to reach 9.8 billion in 2050, and 11.2 billion in 2100. (Online) Available from: <https://www.un.org/development/desa/en/news/population/world-population-prospects-2017.html> (Accessed 11 January 2019).

WWF-UK [GB]. (2018) Introducing the Sustainable Blue Economy Finance Principles. (Online) Available from: <https://www.wwf.org.uk/updates/sustainable-blue-economy-finance-principles> (Accessed 11 January 2019).

Chapter 1: The oceanic environment

Bähr U. (ed.) (2017) *Ocean Atlas: Facts and Figures on the Threats to our Marine Ecosystems.* 1st Edition. Berlin: Heinrich Boll Foundation.

Charette, M. A. and Smith, W. H. F. (2010) The volume of the Earth's ocean. *Oceanography* 23 (2), 104–6.

Laffoley, D. and Baxter, J. M. (eds). (2016) *Explaining Ocean Warming: Causes, Scale, Effects and Consequences. Full Report.* Gland, Switzerland: IUCN.

Praetorius, S. K. (2018) North Atlantic circulation slows down. *Nature* 556, 180–1.

Quote Investigator (2017) Planet 'Earth': we should have called it 'Sea'. (Online) Available from: <https://quoteinvestigator.com/2017/01/25/water-planet/> (Accessed 11 January 2019).

USGS (2016) How much water is there on, in, and above the Earth? (Online) Available from: <https://water.usgs.gov/edu/earthhowmuch.html> (Accessed 11 January 2019).

Wessel, P., Sandwell, D. T., and Kim, S.-S. (2010) The global seamount census. *Oceanography* 23 (1), 24–33.

Wittmann, A. C. and Pörtner, H.-O. (2013) Sensitivities of extant animal taxa to ocean acidification. *Nature Climate Change* 3, 995–1001.

Chapter 2: Marine biological processes

Bar-On, Y. M., Phillips, R., and Milo, R. (2018) The biomass distribution on Earth, *Proceedings of the National Academy of Sciences* (Online) 115 (25) 6506–11. Available from: DOI:10.1073/pnas.1711842115 (Accessed 12 January 2019).

Biller, S. J., Berube, P. M., Lindell, D., and Chisholm, S. W. (2015) *Prochlorococcus*: the structure and function of collective diversity. *Nat Rev Microbiol.*13 (1), 13–27. Available from: DOI: 10.1038/nrmicro3378.

Brierley, A. S. (2017) Plankton. *Current Biology* 27, R478–83.

Bristow, L. A., Mohr, W., Ahmerkamp, S., and Kuypers, M. M. M. (2017) Nutrients that limit growth in the oceans. *Current Biology* 27, R474–8.

Carradec, Q., Pelletier, E., Da Silva, C., et al. (2018) A global ocean atlas of eukaryotic genes. *Nature Communications* (Online) 9, Article number 373. Available from: <https://doi.org/10.1038/s41467-017-02342-1> (Accessed 19 January 2019).

Chisholm, S. W. (2017) *Prochlorococcus. Current Biology* 27, R447–8.

Coutinho, F. H., Silveira, C. B., Gregoracci, G. B., et al. (2017) Marine viruses discovered via metagenomics shed light on viral strategies throughout the oceans. *Nature Communications* (Online) 8, 15955. Available from: doi: 10.1038/ncomms15955 (Accessed 19 January 2019).

de Vargas, C., Audic, S., Henry, N., et al. (2017) Eukaryotic plankton diversity in the sunlit ocean. *Science* (Online) 348 (6237). Available from: DOI: 10.1126/science.1261605. (Accessed 19 January 2019).

Fenchel, T. (2008) The microbial loop—25 years later. *Journal of Experimental Marine Biology and Ecology* 366, 99–103.

Keeling, P. J. and del Campo, J. (2017) Marine protists are not just big bacteria. *Current Biology* 27, R541–9.

NASA (n.d.). *Oceancolor Web*. (Online) Available from: <https://oceancolor.gsfc.nasa.gov/about/> (Accessed 13 January 2019).

Pomeroy, L. R. (1974) The ocean's food web, a changing paradigm. *BioScience* 24 (9), 499–504.

Pomeroy, L. R., Williams, P. J. leB., Farooq Azam, F., and Hobbie, J. E. (2007) The microbial loop. *Oceanography* 20 (2), 28–33.

Powell, H. (2008) Fertilizing the ocean with iron. *Oceanus Magazine* 46 (1), 4–9. Available from: <https://www.whoi.edu/oceanus/feature/fertilizing-the-ocean-with-iron>.

Salazar, G. and Sunagawa, S. (2017) Marine microbial diversity. *Current Biology* 27, R489–94.

Suttle, C. A. (2007) Marine viruses—major players in the global system. *Nature Reviews Microbiology* 5, 801–12.

Tara Oceans (2015) Planktonic world: the new frontier. First scientific results from the Tara Oceans expedition. (Online) Available from: <https://oceans.taraexpeditions.org/wp-content/uploads/2015/05/press-kit_tara-oceans.pdf> (Accessed 11 January 2019).

Tollefson, J. (2017) Plankton-boosting project in Chile sparks controversy. *Nature* 345, 393–4.

Chapter 3: Life in the coastal ocean

Anderson, D. (2014) HABs in a changing world: a perspective on harmful algal blooms, their impacts, and research and management in a dynamic era of climactic and environmental change. *Harmful Algae 2012 (2012)*, 3–17. Available from: <https://www.ncbi.nlm.nih.gov/pmc/articles/PMC4667985/>.

Breitburg, D., Grégoire, M., and Isensee, K. (eds). (2018) *Global Ocean Oxygen Network 2018. The Ocean is Losing its Breath: Declining Oxygen in the World's Ocean and Coastal Waters.* IOC-UNESCO, IOC Technical Series, No. 137 40pp. Available from: <http://www.fao.org/fishery/topic/14776/en>.

De Poorter, M., Darby, C., and MacKay, J. (2009) *Marine Menace: Alien Invasive Species in the Marine Environment.* Gland, Switzerland: IUCN, 1–31.

Eriksen, M., Lebreton, L. C. M., Carson, H. S., Thiel, M., Moore, C. J., et al. (2014) Plastic pollution in the world's oceans: more than 5 trillion plastic pieces weighing over 250,000 tons afloat at sea. *PLOS ONE* (Online) 9 (12). e111913. Available from: <https://doi.org/10.1371/journal.pone.0111913> (Accessed 13 January 2019).

Evans, S. M., Griffin, K. J., Blick, R. A. J., Poore, A. G. B., and Vergés A. (2018) Seagrass on the brink: decline of threatened seagrass *Posidonia australis* continues following protection. *PLoS ONE* (Online) 13 (4): e0190370. Available from: <https://doi.org/10.1371/journal.pone.0190370> (Accessed 13 January 2019).

Food and Agriculture Organization of the United Nations (2019) Ballast waters: pollution and invasive species. (Online) Available from: <http://www.fao.org/fishery/topic/14776/en> (Accessed 13 January 2019).

Galloway, T. and Lewis, C. (2017) Marine microplastics. *Current Biology* 27, R445–6.

Irwin, A. (2018) How to solve a problem like plastics. *New Scientist* 238 (3178), 25–31.

Ling, S. D., Scheibling, R. E., Rassweiler, A., et al. (2015) Global regime shift dynamics of catastrophic sea urchin overgrazing. *Phil. Trans. R. Soc. B: Biological Sciences* (Online). Available from: <http://dx.doi.org/10.1098/rstb.2013.0269> (Accessed 13 January 2019).

McClenachan, L., Jackson, J. B. C., and Newman, M. J. H. (2006) Conservation implications of historic sea turtle nesting beach loss. *Front. Ecol. Environ.* 4 (6), 290–6.

The Ocean Cleanup (2019) The largest cleanup in history. (Online) Available from: <https://www.theoceancleanup.com/> (Accessed 13 January 2019).

Reynolds, P. L. (2018) Seagrass and seagrass beds. (Online) Available from: <https://ocean.si.edu/ocean-life/plants-algae/seagrass-and-seagrass-beds> (Accessed 13 January 2019).

Tegner, M. J. and Dayton, P. K. (2000) Ecosystem effects of fishing in kelp forest communities. *ICES Journal of Marine Science* 57, 579–89.

Unsworth, R. K. F. and Cullen-Unsworth, L. C. (2017) Seagrass meadows. *Current Biology* 27, R443–5.

Chapter 4: Polar marine biology

Alfred-Wegener-Institut (2018) What goes on beneath the floes. (Online) Available from: <https://www.awi.de/en/focus/sea-ice/life-in-and-underneath-sea-ice.html> (Accessed 13 January 2019).

Atkinson, A., Siegel, V., Pakhomov, E., and Rothery, P. (2004) Long-term decline in krill stock and increase in salps within the Southern Ocean. *Nature* 432, 100–3.

Barnes, D. K. A. and Tarling, G. A. (2017) Polar oceans in a changing climate. *Current Biology* 27, R454–60.

Bowman, J. S. (2015). The relationship between sea ice bacterial community structure and biogeochemistry: a synthesis of current knowledge and known unknowns. *Elementa: Science of the Anthropocene* (Online) 3, 000072. Available from: DOI:http://doi.org/10.12952/journal.elementa.000072 (Accessed 14 January 2019).

FAO (2018) *The State of World Fisheries and Aquaculture 2018—Meeting the Sustainable Development Goals.* Rome. Licence: CC BY-NC-SA 3.0 IGO.

Kock, K.-H. (2007) Antarctic marine living resources—exploitation and its management in the Southern Ocean. *Antarctic Science* 19 (2), 231–8.

Miller, D. G. M. (1991) Exploitation of Antarctic marine living resources: a brief history and a possible approach to managing the krill fishery. *South African Journal of Marine Science* 10, 321–39.

National Snow & Ice Data Center (2018) State of the cryosphere: is the cryosphere sending signals about climate change? (Online) Available from: <https://nsidc.org/cryosphere/sotc/sea_ice.html> (Accessed 13 January 2019).

Chapter 5: Marine life in the tropics

Anthony, K., Bay, L. K., Costanza, R., Firn, J., et al. (2017) New interventions are needed to save coral reefs. *Nature Ecology & Evolution* 1, 1420–2.

Beyer, H. L., Kennedy, E. V., Beger, M., et al. (2018) Risk-sensitive planning for conserving coral reefs under rapid climate change. *Conservation Letters* (Online) 11 (6) e12587. Available from: <https://doi.org/10.1111/conl.12587> (Accessed 14 January 2019).

Camp, E. F., Schoepf, V., Mumby, P. J., Hardtke, L. A., et al. (2018) The future of coral reefs subject to rapid climate change: lessons from natural extreme environments. *Front. Mar. Sci.* (Online) 5 (4). Available from: doi: 10.3389/fmars.2018.00004 (Accessed 14 January 2019).

Degan, B. (2017) Love connection: breakthrough fights crown-of-thorns starfish with pheromones. (Online) Available from: <https://theconversation.com/love-connection-breakthrough-fights-crown-of-thorns-starfish-with-pheromones-75779> (Accessed 14 January 2019).

Guest, J. R., Edmunds, P. J., Gates, R. D., et al. (2018) A framework for identifying and characterising coral reef 'oases' against a backdrop of degradation. *J Appl Ecol.* 55 (6), 2865–75. Available from: <https://doi.org/10.1111/1365%962664.13179>.

Hall, M. R., Kocot, K. M., Baughman, K. W., Fernandez-Valverde, S. L., et al. (2017) The crown-of-thorns starfish genome as a guide for biocontrol of this coral reef pest. *Nature* 544 (7649), 231–4. Available from: doi: 10.1038/nature22033.

Hausheer, J. E. (2018) River pollution threatens Australia's great barrier reef. (Online) Available from: <https://blog.nature.org/science/2018/12/03/river-pollution-threatens-australias-great-barrier-reef/> (Accessed 19 January 2019).

Hughes, T. P., Barnes, M. L., Bellwood, D. R., Cinner, J. E., et al. (2017) Coral reefs in the Anthropocene. *Nature* 546, 82–90.

Keith, S. A., Maynard, J. A., Edwards, A. J., et al. (2016) Coral mass spawning predicted by rapid seasonal rise in ocean temperature. *Proc. R. Soc. B* (Online) 283: 20160011. Available from: <http://dx.doi.org/10.1098/rspb.2016.0011> (Accessed 19 January 2019).

Libro, S. and Vollmer, S. V. (2016) Genetic signature of resistance to White Band Disease in the Caribbean Staghorn Coral *Acropora cervicornis*. *PLoS ONE* (Online)11 (1): e0146636. Available from: doi:10.1371/journal. pone.0146636 (Accessed 14 January 2019).

Mollica, N. R., Guo, W., Cohen, A. L., Huang, K.-F., et al. (2018) Ocean acidification affects coral growth by reducing skeletal density. *PNAS* (Online)115 (8), 1754–9. Available from: <http://www.pnas.org/cgi/doi/10.1073/pnas.1712806115> (Accessed 14 January 2019).

Plaisance, L., Caley, M. J., Brainard, R. E., and Knowlton, N. (2011) The diversity of coral reefs: what are we missing? *PLoS ONE* (Online) 6 (10): e25026. Available from: doi:10.1371/journal.pone.0025026 (Accessed 14 January 2019).

Pratchett, M. S., Caballes, C. F., Wilmes, J. C., Matthews, S., et al. (2017). Thirty years of research on Crown-of-Thorns Starfish (1986–2016): scientific advances and emerging opportunities. *Diversity* (Online) 9 (4), 41. Available from: doi:10.3390/d9040041 (Accessed 14 January 2019).

Putman, H. M., Barott, K. L., Ainsworth, T. D., and Gates, R. D. (2017). The vulnerability and resilience of reef-building corals. *Current Biology* 27, R528–40. Available from: <http://dx.doi.org/10.1016/j.cub.2017.04.047>.

Reaka-Kudla, M. L. (1997) The global biodiversity of coral reefs: a comparison with rain forests. In M. L. Reaka-Kudla, D. E Wilson, and E. O. Wilson (eds) *Biodiversity II: Understanding and Protecting Our Biological Resources*. Washington, DC: Joseph Henry Press, pp. 83–108 Available from: <https://doi.org/10.17226/4901>.

Roche, R. C., Williams, G. J., and Turner, J. R. (2018) Towards developing a mechanistic understanding of coral reef resilience to thermal stress across multiple scales. *Current Climate Change Reports* 4 (1), 51–64. Available from: <https://doi.org/10.1007/s40641-018-0087-0>.

Romañach, S. S., DeAngelis, D. L., Koh, H. L., Li, Y., et al. (2018) Conservation and restoration of mangroves: global status, perspectives, and prognosis. *Ocean and Coastal Management* 154, 72–82. Available from: <https://doi.org/10.1016/j.ocecoaman.2018.01.009>.

Uthicke, S., et al. (2015) Outbreak of coral-eating Crown-of-Thorns creates continuous cloud of larvae over 320 km of the Great Barrier Reef. *Sci. Rep.* (Online) 5, 16885. Available from: doi: 10.1038/srep16885 (Accessed 14 January 2019).

Van Oppen, M. J. H., Gates, R. D., Blackall, L. L., et al. (2017) Shifting paradigms in restoration of the world's coral reefs. *Global Change Biology* (Online) 23, 3437–48. Available from: doi:10.111/gcb.13647. (Accessed 19 January 2019).

Chapter 6: Deep-ocean biology

Anonymous (2018) The house that sank: creatures called giant larvaceans help ferry food—and pollution—to the deeps. *The Economist*, 22 and 28 September 2018, p. 68. Available from: <https://www.economist.com/science-and-technology/2018/09/20/giant-larvaceans-make-their-houses-from-mucus> (Accessed 16 January 2019).

Clark, M. R., Tittensor, D., Rogers, A. D. P., et al. (2006) *Seamounts, Deep-Sea Corals and Fisheries: Vulnerability of Deep-Sea Corals to Fishing on Seamounts beyond Areas of National Jurisdiction.* Cambridge: UNEP-WCMC.

Conniff, R. (2017) Up from the depths: the mass nighttime movement of life from deep sea up to surface is Earth's largest wildlife migration—a vertical feast that helps fuel the planet. (Online) Available from: <https://www.nwf.org/Magazines/National-Wildlife/2018/Dec-Jan/Animals/Vertical-Migration> (Accessed 24 January 2019).

Copley, J. (2014) Mapping the deep, and the real story behind the '95% unexplored' oceans. (Online) Available from: <http://moocs.southampton.ac.uk/oceans/2014/10/04/mapping-the-deep-and-the-real-story-behind-the-95-unexplored-oceans/.>.

Dubilier, N., Bergin, C., and Lott, C. (2008) Symbiotic diversity in marine animals: the art of harnessing chemosynthesis. *Nat Rev Micro* (Online) 6, 725–40. Available from: DOI:10.1038/nrmicro1992 (Accessed 19 January 2019).

Etnoyer, P. J. (2010) Deep-sea corals on seamounts. *Oceanography* 23 (1), 128–9.

The Five Deeps Expedition (n.d.) The world's first manned expedition to the deepest point in each of the five oceans. (Online) Available from: <https://fivedeeps.com/> (Accessed 6 July 2019).

Forest & Bird (n.d.) Best fish guide 2017. (Online) Available from: <http://bestfishguide.org.nz/> (Accessed 16 January 2019).

Katija, K., Choy, C. A., Sherlock, R. E., Sherman, A. D., and Robison, B. H. (2017) From the surface to the seafloor: how giant larvaceans transport microplastics into the deep sea. *Science Advances* (Online) 3 (8), e1700715 Available from: DOI: 10.1126/sciadv.1700715 (Accessed 16 January 2019).

Lampert, W. (1989) The adaptive significance of diel vertical migration of zooplankton. *Functional Ecology* 3, 21–7.

Marine Stewardship Council (2016) Orange Roughy: the extraordinary turnaround. From a troubled history to Marine Stewardship Council certification. (Online) Available from: <http://orange-roughy-stories.msc.org/> (Accessed 16 January 2019).

Nakagawa, S. and Takai, K. (2008) Deep-sea vent chemoautotrophs: diversity, biochemistry and ecological significance. *FEMS Microbiol. Ecol.* (Online) 65, 1–14. Available from: DOI:10.1111/j.1574-6941.2008.00502.x (Accessed 19 January 2019).

Ramirez-Llodra, E., Brandt, A. Danovaro, R. E., et al. (2010) Deep, diverse and definitely different: unique attributes of the world's largest ecosystem. *Biogeosciences Discussions*, 7, 2361–485.

Roark, E. B., Guilderson, T. P., Dunbar, R. B., Fallon, S. J., and Mucciarone, D. A. (2009) Extreme longevity in proteinaceous deep-sea corals. *PNAS* (Online)106 (13), 5204–8. Available from: <https://doi.org/10.1073/pnas.0810875106> (Accessed 16 January 2019).

Smith. C. (2012) Chemosynthesis in the deep-sea: life without the sun. *Biogeosciences Discussions* (Online) 9, 17037–52. Available from: doi:10.5194/bgd-9-17037-2012 (Accessed 15 January 2019).

Smith, C. R. and Baco, A. R. (2003) Ecology of whale falls at the deep-sea floor. *Oceanography and Marine Biology: An Annual Review*, 41, 311–54.

Wikipedia (2019) Challenger Deep. (Online) Available from: <https://en.wikipedia.org/wiki/Challenger_Deep> (Accessed 14 January 2019).

Woods Hole Oceanographic Institution (2015) Making organic molecules in hydrothermal vents in the absence of life. (Online) Available from: <https://www.whoi.edu/news-release/methane-formation> (Accessed 16 January 2019).

WoRDSS (n.d.) World Register of Deep-Sea Species. (Online) Available from: <http://www.marinespecies.org/deepsea/> (Accessed 14 January 2019).

Chapter 7: Intertidal life

Anonymous (2003) *Oil in the Sea III: Inputs, Fates, and Effects.* Washington, DC: National Academies Press. Available from: <http://www.nap.edu/catalog/10388.html>.

Castilla, J. C. and Duran, L. R. (1985) Human exclusion from the rocky intertidal zone of central Chile: the effects on *Concholepas concholepas (Gastropoda). Oikos* 45, 391–9.

Connell, J. H. (1961) The influence of intra-specific competition and other factors on the distribution of the barnacle *Chthamalus stellatus*. *Ecology* 42, 710–23.
Michel, J., Esler, D., and Nixon, Z. (2016) *Studies on Exxon Valdez Lingering Oil: Review and Update on Recent Findings—February 2016*. Exxon Valdez Oil Spill Trustee Council.
Paine, R. T. (1994) Marine rocky shores and community ecology: an experimentalist's perspective. Ecology Institute, Oldendorf/Luhe, Germany. Available from: <https://www.int-res.com/articles/eebooks/eebook04.pdf>.
Smith, J., Fong, P., and Ambrose, R. (2008) The impacts of human visitation on mussel bed communities along the California coast: are regulatory marine reserves effective in protecting these communities? *Environmental Management* 41 (4), 599–612.
Tomanek, L. and Helmuth, B. (2002) Physiological ecology of rocky intertidal organisms: a synergy of concepts. *Integrative and Comparative Biology* 42 (4), 771–5. Available from: <https://doi.org/10.1093/icb/42.4.771>.

Chapter 8: Food from the oceans

FAO (2018) *The State of World Fisheries and Aquaculture 2018—Meeting the Sustainable Development Goals.* Rome. Licence: CC BY-NC-SA 3.0 IGO.
Gaines, S. D., Costello, C., Owashi, B., et al. (2018) Improved fisheries management could offset many negative effects of climate change. *Sci. Adv.* (Online) 4 (8), eaao1378. Available from: DOI: 10.1126/sciadv.aao1378. (Accessed 20 January 2019).
Gill, D. A., Mascia, M. B., Ahmadia, G. N., et al. (2017) Capacity shortfalls hinder the performance of marine protected areas globally. *Nature* 543, 665–9.
IFFO. The Marine Ingredients Organisation (2015) Fish In: Fish Out (FIFO) ratios for the conversion of wild feed to farmed fish, including salmon. (Online) Available from: <http://www.iffo.net/fish-fish-out-fifo-ratios-conversion-wild-feed> (Accessed 17 January 2019).
Lotze, H. K., Coll, M., and Dunne, J. A. (2011) Historical changes in marine resources, food-web structure and ecosystem functioning in the Adriatic Sea, Mediterranean. *Ecosystems* 14, 198–222.

Marine Stewardship Council (n.d.) Enjoy the seafood you love. (Online) Available from: <https://www.msc.org/> (Accessed 17 January 2019).

Montañez, A. (2018) How much of the world's protected land is actually protected? Available from: <https://www.scientificamerican.com/article/how-much-of-the-worlds-protected-land-is-actually-protected1/> (Accessed 17 January 2019).

Pauly, D. and Zeller, D. (2016) Catch reconstructions reveal that global marine fisheries catches are higher than reported and declining. *Nat. Commun.* (Online) 7, 10244. Available from: doi: 10.1038/ncomms10244 (Accessed 17 January 2019).

Roberts, C. M., O'Leary, B. C., McCauley, D. J., et al. (2017) Marine reserves can mitigate and promote adaptation to climate change. *PNAS* (Online) 114 (24), 6167–75. Available from: <http://www.pnas.org/cgi/doi/10.1073/pnas.1701262114> (Accessed 20 January 2019).

Ryther, J. H. (1969) Photosynthesis and fish production in the sea. *Science* 166, October, 72–6.

Steneck, R. S. (2012) Apex predators and trophic cascades. *PNAS* (Online) 109 (21), 7953–4; DOI:10.1073/pnas.1205591109 Available from: <https://doi.org/10.1073/pnas.1205591109> (Accessed 17 January 2019).

Travis, J., Coleman, F. C., Auster, P. J., et al. (2014) Integrating the invisible fabric of nature into fisheries management. *PNAS* (Online) 111 (2), 581–4. Available from: <https://doi.org/10.1073/pnas.1305853111> (Accessed 17 January 2019).

UNEP-WCMC and IUCN (2019) Marine protected planet. (Online) Available from: <http://www.protectedplanet.net. (Accessed 17 January 2019).

Watson, R. A. and Tidd, A. N. (2018). Mapping nearly a century and a half of global marine fishing: 1869 to 2015. *Marine Policy* 93, 171–7. Available from: <https://doi.org/10.1016/j.marpol.2018.04.023>.

WWF (2017) Get to know your seafood. (Online) Available from: <http://wwf.panda.org/get_involved/live_green/out_shopping/seafood_guides/> (Accessed 17 January 2019).

Ye, Y., Cochrane, K., Bianchi, G., et al. (2013) Rebuilding global fisheries: the World Summit goal, costs and benefits. *Fish and Fisheries* 14, 174–85. DOI: 10.1111/j.1467-2979.2012.00460.x.

Chapter 9: The future of our oceans

Grip, K. (2017) International marine environmental governance: a review. *Ambio* (Online) 46, 413–27. Available from: DOI 10.1007/s13280-016-0847-9. (Accessed 20 January 2019).

Jackson, J. B. C. (2008) Ecological extinction and evolution in the brave new ocean. *Proceedings of the National Academy of Science of the USA*, 105 Suppl. 1, 11458–65.

Jackson, J. B. C. (2010) The future of the oceans past. *Philosophical Transactions of the Royal Society of London* B 365, 3765–8.

Jones, K. R., Klein, C. J., Halpern, B. S., et al. (2018) The location and protection status of Earth's diminishing marine wilderness. *Current Biology* (Online) 28, 1–7. Available from: <https://doi.org/10.1016/j.cub.2018.06.010>. (Accessed 20 January 2019).

Lotze, H. K. and McClenachan, L. (2013) Marine historical ecology: informing the future by learning from the past. In M. D. Bertness, J. F. Bruno, B. R. Silliman, and J. J. Stachowicz (eds) *Marine Community Ecology and Conservation*. Sunderland, Mass.: Sinauer. Available from: <https://www.lenfestocean.org/-/media/legacy/lenfest/pdfs/mcec_ch08.pdf?la=en&hash=41C7D8770BC6AB33744FB13D40CD5A3DB111EDF0>.

McCauley, D. J., Pinsky, M. L., Palumbi, S. R., et al. (2015) Marine defaunation: animal loss in the global ocean. *Science* (Online) 347 (6219), 1255641. Available from: DOI: 10.1126/science.1255641. (Accessed 20 January 2019).

Rockström, J., Gaffney, O., Rogelj, J., et al. (2017) A roadmap for rapid decarbonization. *Science* (Online) 355 (6331), 1269–71. Available from: doi: 10.1126/science.aah3443. (Accessed 20 January 2019).

Visbeck, M. (2018) Ocean science research is key for a sustainable future. *Nature Communications* (Online) 9 (690), 1–4. Available from: DOI: 10.1038/s41467-018-03158-3. (Accessed 20 January 2019).

“牛津通识读本”已出书目

古典哲学的趣味
人生的意义
文学理论入门
大众经济学
历史之源
设计，无处不在
生活中的心理学
政治的历史与边界
哲学的思与惑
资本主义
美国总统制
海德格尔
我们时代的伦理学
卡夫卡是谁
考古学的过去与未来
天文学简史
社会学的意识
康德
尼采
亚里士多德的世界
西方艺术新论
全球化面面观
简明逻辑学
法哲学：价值与事实
政治哲学与幸福根基
选择理论
后殖民主义与世界格局
福柯
缤纷的语言学
达达和超现实主义
佛学概论
维特根斯坦与哲学
科学哲学
印度哲学祛魅
克尔凯郭尔
科学革命
广告
数学
叔本华
笛卡尔
基督教神学
犹太人与犹太教
现代日本
罗兰·巴特
马基雅维里
全球经济史
进化
性存在
量子理论
牛顿新传
国际移民
哈贝马斯
医学伦理
黑格尔
地球
记忆
法律
中国文学
托克维尔
休谟
分子
法国大革命
民族主义
科幻作品
罗素
美国政党与选举
美国最高法院
纪录片
大萧条与罗斯福新政
领导力
无神论
罗马共和国
美国国会
民主
英格兰文学
现代主义
网络
自闭症
德里达
浪漫主义
批判理论

德国文学
戏剧
腐败
医事法
癌症
植物
法语文学
微观经济学
湖泊
拜占庭
司法心理学
发展
农业
特洛伊战争
巴比伦尼亚
河流
战争与技术
品牌学
数学简史
物理学
行为经济学
计算机科学
儒家思想
未来
基因
儿童心理学
时装
现代拉丁美洲文学
卢梭
隐私
电影音乐
抑郁症
传染病
希腊化时代
知识
环境伦理学
美国革命
元素周期表
人口学
社会心理学
动物
项目管理
美学
管理学
卫星
国际法
计算机
亚当·斯密
代数
天体生物学
电影
俄罗斯文学
古典文学
大数据
洛克
幸福
免疫系统
银行学
景观设计学
神圣罗马帝国
大流行病
亚历山大大帝
气候
第二次世界大战
中世纪
工业革命
传记
公共管理
社会语言学
物质
学习
化学
天体物理学
意大利文学
海洋生物学